TABLE.

CHAPITRE PREMIER.

De la Trigonométrie rectiligne.

TRAITÉ ÉLÉMENTAIRE

DE

TRIGONOMÉTRIE RECTILIGNE

ET SPHÉRIQUE,

ET D'APPLICATION DE L'ALGÈBRE

A LA GÉOMÉTRIE,

PAR S. F. LACROIX.

QUATRIÈME ÉDITION,
revue et augmentée.

A PARIS,

Chez COURCIER, Imprimeur—Libraire pour les Mathématiques, quai des Augustins, n° 57.

AN 1807.

AVIS DU LIBRAIRE.

L'Auteur a exposé le plan de cet Ouvrage ainsi que de toutes les autres parties de son Cours, dans ses Essais sur l'Enseignement en général, et sur celui des Mathématiques en particulier, où il s'est proposé de réunir ce qu'il y a de plus précis et de plus important sur la philosophie de ces sciences.

———————

Tous Exemplaires du présent Traité, qui ne porterait pas, comme ci-dessous, les signatures de l'Auteur et du Libraire, sera contrefait. Les mesures nécessaires seront prises pour atteindre, conformément à la Loi, les fabricateurs et les débitans de ces Exemplaires.

C H A P I T R E I I.

De la Trigonométrie sphérique.

CHAPITRE III.

De l'Application de l'Algèbre à la Géométrie.

. A P P E N D I C E

Contenant les premiers principes de l'application de l'Algèbre aux surfaces courbes et aux courbes à double courbure.

Équations du plan et de la ligne droite. 251

Fin de la Table.

Fautes essentielles à corriger.

Pages 14, ligne 14, *fig.* 9, *lisez fig.* 8.

16, —— 17 et 4 en remontant, *fig.* 6, *lis. fig.* 9.

22, —— 21 π, *lis.* 2π. Ibid. 25, $\frac{1}{2}\pi$, *lis.* π.

23, —— 3 en remontant, *après CAN ajoutez*, *fig.* 9.

25, —— 2, *AC. lis. AB*, *ibid* 7, QN', *lis.* $Q'N'$.

50, —— 13, *AC*, *lis. BC*.

110, —— *dernière*, $D''F'$, *lis,* $D'F'$.

170, —— 16, $AH=0$, *lis.* $AH=e$.

184, —— *dernière*, $\sqrt{CF'}$, *lis.* $2\sqrt{CF'}$.

TRAITÉ

TRAITÉ ÉLÉMENTAIRE

DE

TRIGONOMÉTRIE RECTILIGNE

ET SPHÉRIQUE,

ET D'APPLICATION DE L'ALGÈBRE

A LA GÉOMÉTRIE.

CHAPITRE PREMIER.

De la Trigonométrie rectiligne.

1. Dans un triangle rectiligne, il y a six choses à considérer, savoir : trois angles et trois côtés ; mais il suffit de connaître un certain nombre de ces diverses parties pour déterminer les autres. Il suit en effet des propositions démontrées, relativement aux triangles égaux, que l'on peut toujours construire un triangle lorsqu'on connaît trois des six choses qui le constituent, et que, parmi les choses connues, il se trouve au moins un côté. Pour ne rien laisser à desirer sur la théorie des triangles, il faut pouvoir appliquer le calcul aux constructions géométriques, parce que l'exactitude de ces dernières est limitée par l'imperfection des

instrumens, tandis que rien n'arrête le calcul, qu'on est toujours maître de pousser jusqu'à tel degré de précision qu'on veut. Tel est l'objet qu'on se propose dans la *Trigonométrie rectiligne*.

Ceux qui ont entrepris les premiers de développer, par une suite d'opérations numériques ou par des formules algébriques, les relations qu'ont entre elles les différentes parties d'un triangle, ont dû se trouver arrêtés par la difficulté de faire entrer dans le calcul la grandeur des angles, qui, mesurés par des arcs de cercle, ne peuvent être comparés avec les lignes droites : mais ils ont bientôt reconnu que s'ils pouvaient, par un moyen quelconque, calculer une suite de triangles dont les angles eussent toutes les valeurs possibles, cette suite en renfermerait nécessairement un qui serait semblable au triangle que l'on aurait à déterminer, quel qu'il fût ; et qu'alors de simples proportions suffiraient pour déduire les parties du second de celles du premier. L'exemple suivant éclaircira ce que ces notions peuvent avoir d'abstrait.

FIG. 1.   2. Je suppose que, dans le triangle ABC, *fig.* 1re, on connaisse l'angle B, l'angle C et le côté BC : on cherchera dans la suite des triangles calculés, celui qui a deux angles b et c respectivement égaux aux angles B et C ; il sera nécessairement semblable au triangle proposé ABC ; et puisque toutes ses parties ab, ac, bc sont connues, on aura les proportions

$$bc : ab :: BC : AB, \quad bc : ac :: BC : AC,$$

dans chacune desquelles les trois premiers termes sont donnés. On trouvera par conséquent

$$AB = \frac{BC \times ab}{bc}, \quad AC = \frac{BC \times ac}{bc};$$

et comme on a d'ailleurs $A = a$, toutes les parties du triangle ABC seront déterminées.

3. Maintenant qu'on voit le parti qu'on peut tirer d'une suite de triangles faits sur tous les angles possibles, et dont les côtés seraient calculés, il est naturel de chercher les moyens de former une pareille suite. Pour considérer d'abord le cas le plus simple, je suppose que les triangles qu'on se propose de déterminer soient rectangles; il est facile de voir qu'on les pourra construire tous dans un quart de cercle, en abaissant de chacun des points de l'arc AB, *fig.* 2, des perpendiculaires MP, $M'P'$, FIG. 2 $M''P''$, etc. sur le rayon AC, et tirant les rayons MC, $M'C$, $M''C$, etc., les triangles MPC, $M'P'C$, $M''P''C$, etc. formés ainsi, seront rectangles en P, P', P'', etc., et les angles MCP, $M'CP'$, $M''CP''$, etc. auront successivement toutes les valeurs possibles : enfin les angles CMP, $CM'P'$, $CM''P''$, etc. qui, avec les précédens, forment un angle droit, seront aussi tels que l'exige la nature des triangles rectangles, et il ne saurait exister de triangle rectangle qui ne soit pas équiangle avec quelqu'un de ceux que fournit la construction présente. Il est à propos de remarquer que ces derniers ont tous une même hypoténuse, égale au rayon de l'arc AB.

4. On pourrait encore former une suite de triangles rectangles, ayant tous un des côtés de l'angle droit égal au rayon du cercle; il suffit pour cela d'élever la tangente indéfinie AT à l'extrémité du rayon AC, et de mener par le centre C et par les points M, M', M'', etc. les sécantes CN, CN', CN'', etc. Il est évident que les triangles CAN, CAN', CAN'', etc. auront successivement toutes les combinaisons d'angles qui peuvent exister dans un triangle rectangle; et parmi ces triangles, il s'en trouvera nécessairement un semblable à tel triangle rectangle qu'on voudra.

5. Dans les triangles CPM, $CP'M'$, $CP''M''$, etc.,

dont l'hypoténuse ne change pas, les côtés PM, $P'M'$, $P''M''$, etc. qui croissent en même temps que les angles ACM, ACM', ACM'', etc., et que les arcs AM, AM', AM'', etc. qui mesurent ces angles, ont reçu un nom à cause de cette dépendance : la ligne PM s'appelle le *sinus* de l'arc AM ; la ligne PM' est de même le sinus de l'arc AM', et ainsi des autres. Il suit de là que *le sinus d'un arc est la perpendiculaire abaissée de l'une des extrémités de cet arc sur le rayon qui passe par l'autre extrémité*. Les lignes CP, CP', CP'', etc. qui diminuent lorsque les arcs AM, AM', AM'', etc. augmentent, sont respectivement égales, comme parallèles comprises entre parallèles, aux perpendiculaires MQ, $M'Q'$, $M''Q''$, etc. abaissées des points M, M', M'', etc. sur le rayon CB, perpendiculaire au rayon CA; et il est évident que les lignes MQ, $M'Q'$, $M''Q''$, etc. sont, par rapport aux arcs, BM, BM', BM'', etc. ce que sont PM, $P'M'$, $P''M''$, etc. par rapport aux arcs AM, AM', AM'', etc., et que par conséquent MQ est le sinus de BM, $M'Q'$ celui de BM', $M''Q''$ celui de BM'', etc.

Deux arcs qui, pris ensemble ou soustraits l'un de l'autre, donnent le quart de la circonférence, sont dits *complémens* l'un de l'autre. Les arcs BM, BM', BM'', etc. sont respectivement les complémens de AM, AM', AM'', etc. On a désigné les lignes MQ, $M'Q'$, $M''Q''$, etc., ainsi que leurs égales CP, CP', CP'', etc. sous le nom de *cosinus* des arcs AM, AM', AM'', etc. D'après ces notions, *le cosinus d'un arc quelconque est le sinus du complément de cet arc, et est égal à la partie du rayon comprise entre le centre et le pied du sinus.*

Les triangles rectangles CPM, $CP'M'$, $CP''M''$, etc. qui ont tous une même hypoténuse, sont donc formés par le rayon du cercle, et par le sinus et le cosinus de celui de leurs angles aigus qui a son sommet au centre (*).

6. Je passe aux triangles *CAN*, *CAN'*, *CAN"*, etc. Leurs hypoténuses sont les *sécantes* des arcs *AM*, *AM'*, *AM"*, etc., parce qu'on *nomme sécante d'un arc le rayon mené par une des extrémités de cet arc, et prolongé jusqu'à la rencontre de la tangente menée par l'autre extrémité*. Les portions *AN*, *AN'*, *AN"*, etc. prises sur la tangente *AT*, sont les tangentes des arcs *AM*, *AM'*, *AM"*, etc., parce que l'on est convenu d'appeler *tangente d'un arc la partie qu'interceptent, sur la tangente menée par l'une des extrémités de cet arc, les deux rayons qui le terminent* (**).

7. Si, par l'extrémité *B* de l'arc *AB*, *fig.* 3, on mène la tangente *Bn* prolongée jusqu'à ce qu'elle rencontre la sécante *CN*, la ligne *Cn* est la sécante de l'arc *BM*, complément de *AM*, et se nomme la *cosécante* de *AM*; la ligne *Bn*, tangente de *BM*, est la *cotangente* de *AM*; parce qu'on appelle *cotangente et cosécante d'un arc, la tangente et la sécante de son complément*. La cotangente et la cosécante, comme on voit, ne font pas partie des mêmes triangles que la tangente et la sécante, ainsi que cela arrive pour le sinus et le cosinus.

8. Les tangentes et les sécantes ont avec les sinus et

FIG. 3.

(*) La partie *AP* du rayon *AC*, comprise entre le pied du sinus et l'extrémité de l'arc, se nomme *sinus verse*. Cette ligne, d'ailleurs, n'est d'aucun usage en trigonométrie.

(**) On voit ici les mots *sécante et tangente*, pris dans une acception différente de celle qu'on leur donne dans les Élémens de Géométrie. Dans cette partie des mathématiques, la sécante et la tangente sont des droites indéfinies, dont l'une coupe le cercle, et l'autre le touche; mais en trigonométrie, les mêmes dénominations s'appliquent toujours à des lignes d'une grandeur déterminée: quand il peut y avoir équivoque, on appelle ces dernières *tangentes et sécantes trigonométriques*.

les cosinus des relations très-simples, au moyen desquelles on peut trouver les unes lorsqu'on connaît les autres. Les triangles CPM et CAN étant semblables, donnent $CP : PM :: CA : AN$, d'où l'on tire $AN = \dfrac{PM \times CA}{CP}$; mettant, au lieu des lignes CP, PM et AN, leur désignation, savoir : cos AM, sin AM et tang AM, et représentant le rayon CA par R ; on aura tang $AM = \dfrac{R \sin AM}{\cos AM}$.

Des mêmes triangles CPM et CAN, on déduit aussi $CP : CM :: CA : CN$, ce qui conduit à $CN = \dfrac{CM \times CA}{CP}$; mais $CN =$ séc AM, $CM = CA = R$, $CP =$ cos AM : donc séc $AM = \dfrac{R^2}{\cos AM}$.

9. Si l'on compare entre eux les triangles CAN et CBn, qui sont encore semblables, puisqu'ils sont tous les deux rectangles, et que l'angle $ACN = CnB$, comme alternes internes par rapport à la sécante Cn, on aura la proportion

$$AN : CA :: CB \text{ ou } CA : Bn,$$

qui donne

$$Bn = \frac{\overline{CA}^2}{AN}, \qquad \text{ce qui revient à} \qquad \cot AM = \frac{R^2}{\text{tang } AM}.$$

Cette proportion et celle qui a été trouvée pour la sécante, font voir que *le rayon est moyen proportionnel entre la sécante et le cosinus, entre la tangente et la cotangente*, puisqu'on a

cos $AM \times$ séc $AM = R^2$, tang $AM \times$ cot $AM = R^2$.

10. Avec ce qui précède, il ne manque plus, pour être en état de construire les tables nécessaires à la trigonométrie, que de connaître les moyens de calculer les sinus et les cosinus seulement. Le cosinus même se

déduit immédiatement du sinus; car le triangle rectangle CPM, qui les contient l'un et l'autre, et qui a pour hypoténuse le rayon, donne

$$\overline{CP}^2 + \overline{PM}^2 = \overline{CM}^2 \text{ ou } (\sin AM)^2 + (\cos AM)^2 = R^2,$$

c'est à dire, que *le quarré du rayon est égal à la somme des quarrés du sinus et du cosinus*, d'ou il suit :

$$\cos AM = \sqrt{R^2 - (\sin AM)^2}$$

La proposition suivante, qui donne l'expression du sinus et du cosinus de la somme ou de la différence de deux arcs, mérite la plus grande attention, parce qu'elle renferme implicitement toutes les propriétés des sinus et des cosinus.

11. *Soient deux arcs quelconques* a *et* b ; *on aura*

$$\sin (a \pm b) = \frac{\sin a . \cos b \pm \sin b . \cos a}{R},$$

$$\cos (a \pm b) = \frac{\cos a . \cos b \mp \sin a . \sin b}{R}.$$

Pour le prouver, je prends sur le cercle AMB, *fig* 4, l'arc $AM = a$; je porte de chaque côté du point M les arcs MN et MN', égaux à b ; je tire la corde NN' ; des points N, M, N', j'abaisse sur le rayon AC, les perpendiculaires NQ, MP, $N'Q'$; par le point M, je mène le rayon MC, et du point E, où il rencontre la corde NN', j'abaisse sur AC la perpendiculaire EF ; par les points E et N', je mène les droites ED, $N'G$, parallèles à AC.

Cela fait, je remarque, 1° que NQ est le sinus de l'arc $AN = AM + MN = a + b$, et que CQ est le cosinus du même arc ; 2° que $N'Q'$ est le sinus de l'arc $AN' = AM - MN' = a - b$, et que CQ' en est le cosinus. Mais la corde NN' étant nécessairement partagée en deux parties égales au point E, puisque le rayon CM passe par le milieu de l'arc NN', d'après la construction, il suit de la similitude évidente des triangles NED, $NN'G$, que NG est aussi divisée en deux parties égales au point D, et que $DN = DG$. De plus, $DQ = EF$, $GQ = N'Q'$, $DE = FQ$, à cause des parallèles; et comme DE est la moitié de $N'G$, FQ sera la moitié de $Q'Q$; ensorte que $Q'F = QF = DE$. Enfin

$$N\,Q = DQ + DN = EF + DN,$$
$$N'Q' = GQ = DQ - DG = EF - DN,$$
$$C\,Q = CF - FQ = CF - DE,$$
$$C\,Q' = CF + FQ' = CF + DE;$$

mettant pour NQ, $N'Q'$, CQ, CQ', leurs désignations respectives, savoir :

$$\sin(a+b),\ \sin(a-b),\ \cos(a+b),\ \cos(a-b),$$

j'aurai

$$\sin(a+b) = EF + DN,\quad \cos(a+b) = CF - DE,$$
$$\sin(a-b) = EF - DN,\quad \cos(a-b) = CF + DE.$$

Il ne reste plus qu'à calculer les quatre lignes EF, CF, DN et DE; les deux premières s'obtiennent par les triangles semblables CMP et CEF, dont on tire

$$CM : PM :: CE : EF,\quad CM : CP :: CE : CF.$$

Or, puisque $AM = a$, j'ai $PM = \sin a$, $CP = \cos a$; il suit aussi des définitions du sinus et du cosinus (5) que EN est le sinus de l'arc MN, que CE en est le cosinus, et que par conséquent $EN = \sin b$, $CE = \cos b$; d'ailleurs, $CM = R$: substituant ces valeurs dans les proportions ci-dessus, je trouve

$$EF = \frac{PM \times CE}{CM} = \frac{\sin a \cos b}{R},$$
$$CF = \frac{CP \times CE}{CM} = \frac{\cos a \cos b}{R}.$$

Je compare ensuite les triangles CMP, DEN, qui sont semblables, parce que les côtés du second sont perpendiculaires à ceux du premier, et je déduis de ces triangles,

$$CM : EN :: CP : DN, \quad CM : EN :: PM : DE.$$

Substituant aux trois premiers termes de chacune de ces proportions, leur désignation rapportée ci-dessus, elles donnent

$$DN = \frac{EN \times CP}{CM} = \frac{\sin b \cos a}{R},$$

$$DE = \frac{PM \times EN}{CM} = \frac{\sin a \sin b}{R}.$$

Réunissant ces valeurs aux précédentes pour former celles de sin $(a+b)$ et de sin $(a-b)$, il vient les quatre équations

$$\begin{cases} \sin (a+b) = \dfrac{\sin a \cos b + \sin b \cos a}{R}, \\[2mm] \sin (a-b) = \dfrac{\sin a \cos b - \sin b \cos a}{R}, \end{cases}$$

$$\begin{cases} \cos (a+b) = \dfrac{\cos a \cos b - \sin a \sin b}{R}, \\[2mm] \cos (a-b) = \dfrac{\cos a \cos b + \sin a \sin b}{R}, \end{cases}$$

qui se réduisent aux deux qui composent l'énoncé de la proposition.

Avec ces équations, on peut trouver le sinus et le cosinus d'un arc double, triple, et en général multiple de celui dont on connaît le sinus et le cosinus. En effet, si l'on prend successivement $b = a$, $b = 2a$, on aura

$$\begin{cases} \sin 2a = \dfrac{2 \sin a \cos a}{R}, \\[2mm] \cos 2a = \dfrac{\cos a^2 - \sin a^2}{R}, \end{cases}$$

$$\begin{cases} \sin 3a = \dfrac{\sin a \cos 2a + \sin 2a \cos a}{R}, \\[2mm] \cos 3a = \dfrac{\cos a \cos 2a - \sin a \sin 2a}{R}; \end{cases}$$

et on tirera des deux dernières équations $\sin 3a$ et $\cos 3a$, lorsque $\sin 2a$ et $\cos 2a$ seront calculés.

12. L'équation $\sin 2a = \dfrac{2 \sin a \cos a}{R}$, conduit aussi du sinus d'un arc a, à l'expression du sinus de sa moitié. Si l'on remplace $\cos a$ par sa valeur $\sqrt{R^2 - \sin a^2}$ (*), il vient alors

$$\sin 2a = \frac{2 \sin a \sqrt{R^2 - \sin a^2}}{R},$$

et en élevant au quarré, on trouve

$$R^2 \sin 2a^2 = 4R^2 \sin a^2 - 4 \sin a^4 ;$$

prenant $\sin a$ pour l'inconnue, dans cette équation qui peut se résoudre à la manière de celles du second degré, on obtient

$$\sin a = \pm \sqrt{\tfrac{1}{2} R^2 \pm \tfrac{1}{2} R \sqrt{R^2 - \sin 2a^2}}.$$

Si l'on fait $2a = a'$, on aura $a = \tfrac{1}{2} a'$, et par conséquent

$$\sin \tfrac{1}{2} a' = \pm \sqrt{\tfrac{1}{2} R^2 \pm \tfrac{1}{2} R \sqrt{R^2 - \sin a'^2}},$$

ou $\quad \sin \tfrac{1}{2} a' = \pm \tfrac{1}{2} \sqrt{2R^2 \pm 2R \cos a'}$,

en mettant $\cos a'^2$ au lieu de $R^2 - \sin a'^2$ (10), en multipliant les quantités sous le radical par 4, et en divisant au-dehors par 2, ce qui ne change rien à l'expression. Telle est la formule qui donne le sinus de la moitié d'un arc, lorsqu'on a celui de cet arc.

13. On peut arriver à ce résultat par une construction très-simple.

FIG. 5.   Si l'on divise l'arc AM, *fig.* 5, en deux parties égales, la corde AQM se trouvera également divisée en deux

---

(*) Le Lecteur est prévenu que dorénavant je désignerai le quarré du sinus de l'arc a par $\sin a^2$, expression qu'il ne faut pas prendre pour le sinus du quarré de l'arc a, ainsi $\sin a^2 = (\sin a)^2$.

parties égales, et QM sera le sinus de MN ou de la moitié de AM; le triangle AMP, rectangle en P, donnera

$$AM = \sqrt{\overline{PM}^2 + \overline{AP}^2};$$

et comme $AP = AC - CP = R - \cos AM = R - \cos a'$, que d'ailleurs $PM = \sin AM = \sin a'$, on aura

$$AM = \sqrt{\sin a'^2 + R^2 - 2R\cos a' + \cos a'^2} = \sqrt{2R^2 - 2R\cos a'},$$

à cause que $\sin a'^2 + \cos a'^2 = R^2$ (10); et on en déduira

$$QM = \tfrac{1}{2} AQM = \tfrac{1}{2} \sqrt{2R^2 - 2R\cos a'}.$$

On ne trouve de cette manière que la deuxième valeur de $\sin \tfrac{1}{2} a'$, l'autre est MQ'; car l'arc $MN'A'$, qui compose avec l'arc AM, la demi-circonférence, a aussi pour sinus PM, puisque cette ligne est bien en effet la perpendiculaire abaissée de l'extrémité M sur le rayon CA' qui passe par l'autre extrémité (5); et rien dans l'équation d'où l'on est parti, ne faisant connaître lequel de ces deux arcs on se propose de diviser, on doit trouver en même temps le sinus de la moitié du premier et celui de la moitié du second. Suivant la construction, on aurait

$$A'M = \sqrt{\overline{PM}^2 + \overline{A'P}^2} = \sqrt{\overline{PM}^2 + (A'C + CP)^2}$$
$$= \sqrt{\sin a'^2 + (R + \cos a')^2}$$
$$= \sqrt{\sin a'^2 + R^2 + 2R\cos a' + \cos a'^2}$$
$$= \sqrt{2R^2 + 2R\cos a'},$$

et par conséquent

$$MQ' = \sin \tfrac{1}{2} a' = \tfrac{1}{2} \sqrt{2R^2 + 2R\cos a'},$$

résultat qui est la première valeur de $\sin \tfrac{1}{2} a'$. Il faut bien observer que, quoique $\sin a'$ soit le même dans les deux valeurs de $\sin \tfrac{1}{2} a'$, l'arc a' est différent : pour l'une d'elles, cet arc est AM, et pour l'autre, $A'M$, qui est le supplément de *AM*, car *on entend par le supplément d'un angle ou d'un arc, ce qu'il faut ajouter à cet angle ou à cet arc pour en faire deux droits, ou la demi-circonference.* On conclura aussi de ce qui précède, que le sinus du supplément d'un arc est le même que celui de cet arc. Je donnerai plus loin des notions générales sur les différens arcs qui peuvent avoir un même sinus, une même tangente, etc.

14. Il suit de ce qui précède, que le sinus d'un arc quelconque *AN* est la moitié de la corde *AM* de l'arc double *ANM*, et que la corde *AM* est le double du sinus de l'arc *AN*, moitié de *ANM*; de manière que lorsque les sinus sont connus, on en déduit les cordes, *et vice versâ*.

15. Ce ne sont pas les valeurs absolues des sinus que l'on a besoin de calculer, mais seulement leur rapport avec le rayon, puisqu'il suffit de connaître FIG. 2. dans tous les triangles *CPM*, *CP'M'*, etc. *fig.* 2, les rapports que les côtés ont entre eux. On peut en conséquence, pour plus de simplicité, prendre le rayon pour unité, et exprimer les sinus *PM*, *P'M'*, etc. en parties décimales de cette unité, ou, comme on faisait autrefois, supposer ce rayon divisé en 100 000 parties.

16. Il est à propos d'observer que la longueur d'un arc est toujours moindre que celle de sa tangente, et plus grande que celle de son sinus. En effet, si on FIG. 6. prend au-dessous du rayon *AC*, *fig.* 6, l'arc *AM'* = *AM*, que l'on tire la corde *MM'*, et que l'on mène les tangentes *MT*, *M'T*, il est facile de voir que ces tangentes doivent rencontrer toutes deux le rayon *AC* dans un même point, puisque les triangles *CMT* et *CM'T*, sont égaux. Les lignes *MT'* et *M'T* étant égales aussi bien que les lignes *PM* et *PM'*, et les arcs *AM* et *AM'*, on aura $2AM < 2MT$ et $2AM > 2PM$ parce

que la longueur d'un arc de cercle est comprise entre celles des portions correspondantes des polygones inscrit et circonscrit (*Géom.* 150.) (*) ; et l'on en conclura $AM < MT, AM > PM$.

Je ferai remarquer à cette occasion, que le rapport entre la tangente et le sinus d'un arc tend sans cesse vers l'unité à mesure que l'arc diminue ; en effet, de

$$\tang a = \frac{\sin a}{\cos a}, \quad \text{on tire} \quad \frac{\sin a}{\tang a} = \cos a ; \quad \text{et comme}$$

$\cos a$ approche sans cesse de l'unité , il s'ensuit que la tangente et le sinus approchent aussi de plus en plus de l'égalité , parce que la *limite* (*Alg.* 234) de leur rapport est l'unité.

17. Il suit évidemment de là que si la valeur de la tangente et celle du sinus d'un petit arc AM , ne diffèrent point dans un certain nombre de leurs premiers chiffres, ces mêmes premiers chiffres donneront aussi une valeur approchée de l'arc. En prenant, par exemple, $PM = 0,0001$, on trouve

$$CP = \sqrt{\overline{CM}^2 - \overline{PM}^2} = 0,999\,999\,995,$$

$$\text{et} \quad MT = \frac{CM \times PM}{CP} = 0,000\,100\,000\,000\,5,$$

(*) La proposition rappelée ci-dessus est un cas particulier de cette autre : *Les lignes qui sont partout convexes dans le même sens, sont d'autant plus longues qu'elles s'écartent davantage de la ligne droite.* En effet, si l'on mène à la ligne courbe $ACB, fig.$ 7, intérieure à la courbe AMB , une tangente DE , cette tangente sera plus courte que l'arc DME , et on aura $ADEB < AMB$. Tirant ensuite par les points H et L , intermédiaires entre A et C, C et B, les tangentes FG , IK , on formera une nouvelle ligne brisée $AFGIKB$, qui sera moindre que la première, puisque $FG < FD + DG$, $IK < IE + EK$. Il est évident que l'on construira de la même manière une suite indéfinie de lignes brisées qui iront sans cesse en diminuant à mesure qu'elles approcheront de se confondre avec la courbe ACB, qui sera donc non-seulement plus petite que AMB, mais encore que toutes les lignes brisées dont on vient de parler.

FIG. 7.

valeur qui ne diffère de *PM* qu'au treizième chiffre ; on peut donc prendre ce nombre pour la valeur de l'arc *AM* exprimé en parties du rayon (*).

18. Pour appliquer les formules des n°ˢ 12, 11 et 10, il faut connaître au moins le sinus de l'un des arcs compris dans le quart de cercle ; or il y a deux de ces arcs dont le sinus est facilement connu, savoir, le quadrans et son tiers. En effet, *le sinus du quadrans n'est autre chose que le rayon*, et *le sinus du tiers de cet arc est égal à la moitié du rayon*.

La première de ces valeurs est évidente par la figure 2; et la seconde résulte de ce que le côté de l'hexagone inscrit, ou, ce qui est la meme chose, la corde des $\frac{2}{3}$ du quadrans, *fig.* 9, est égale au rayon (*Géom.* 146) ; la moitié de cette corde sera donc le sinus de $\frac{1}{3}$ du quadrans (14).

FIG. 9.

En partant du quadrans entier, la formule

$$\sin \tfrac{1}{2} a' = \tfrac{1}{2} \sqrt{2R^2 - 2R \cos a'}$$

donne le sinus de la moitié, puis celui de la moitié de cette moitié ou du quart du quadrans, et conduit à toutes les fractions comprises dans la suite

$$\tfrac{1}{2}, \; \tfrac{1}{4}, \; \tfrac{1}{8}, \; \tfrac{1}{16}, \; \tfrac{1}{32}, \; \text{etc.}$$

(*) La même chose se prouve en réduisant en série l'expression de la tangente. En effet, on a $\tang a = \dfrac{\sin a}{\cos a} = \dfrac{\sin a}{\sqrt{1 - \sin a^2}}$ (8,10) ;

mais $\dfrac{\sin a}{\sqrt{1 - \sin a^2}} = \sin a \, (1 - \sin a^2)^{-\frac{1}{2}}$; développant la dernière quantité par la formule du binome, on trouvera

$$\tang a = \sin a + \tfrac{1}{2} \sin a^3 + \tfrac{3}{8} \sin a^5 + \text{etc.}$$

Il est évident que tant que $\sin a$ sera une petite fraction décimale, le terme $\tfrac{1}{2} \sin a^3$ ne pourra influer que sur les derniers chiffres de l'expression de $\tang a$, et que dans les premiers on aura $\tang a = \sin a$.

Pour $\sin a = 0,0001$, on a $\tfrac{1}{2} \sin a^3 = 0,000\,000\,000\,000\,5$, résultat qui ne peut changer que le treizième chiffre.

La même formule, lorsqu'on part du tiers du quadrans, détermine successivement les sinus des fractions

$$\tfrac{1}{6}, \ \tfrac{1}{12}, \ \tfrac{1}{24}, \ \tfrac{1}{48}, \ \tfrac{1}{96}, \ \text{etc.}$$

de cet arc.

On voit par là que s'il était divisé en un nombre de
parties égal à quelqu'un des dénominateurs des fractions
ci-dessus, on trouverait directement le sinus de chacune
de ses parties, et on en formerait une table, en les
inscrivant à côté des arcs auxquels ils appartiennent;
mais il n'en est pas ainsi : les astronomes indiens seuls
paraissent avoir divisé le quadrans en 24 parties pour
en calculer les sinus. Un usage très-ancien, et ensuite
d'autres raisons, ont fait adopter des divisions différentes
des progressions établies ci-dessus.

19. On divisait autrefois la circonférence entière en
360 parties qu'on appelait *degrés*; on subdivisait ensuite
chacun de ces degrés en 60 parties appelées *minutes*;
chacune de ces minutes en 60 parties appelées *secondes*;
chacune de ces secondes en 60 parties appelées *tierces*, etc. La marque des degrés est le caractère ° placé
à la droite du nombre et au-dessus, celle des minutes ′,
celle des secondes ″, celle des tierces ‴, etc., ensorte
que 42° 31′ 14″ 5‴ signifie 42 degrés 31 minutes 14 secondes 5 tierces.

Puisque dans la mesure des angles on n'a aucun égard
à la valeur absolue des arcs, mais seulement à leur
rapport avec la circonférence entière, il semblerait
fort naturel de la prendre pour l'unité, et d'exprimer
les arcs par des fractions, soit quelconques, soit décimales. Cependant quelques considérations particulières
ont déterminé les savans chargés de la réforme des poids
et mesures, à prendre l'angle droit pour l'unité des
angles, et par conséquent le quart de cercle ou *quadrans* pour l'unité des arcs. Ils l'ont divisé en cent

parties égales qu'ils ont nommées *grades*, et qu'ils ont substituées aux anciens degrés ; puis chacun de ces grades en cent parties égales. Ces dernières divisions remplacent les minutes, et peuvent être subdivisées autant qu'on le voudra, suivant la progression décimale.

En employant dans le cours de cet ouvrage la nouvelle division du cercle, j'exprimerai les arcs par des nombres décimaux écrits à l'ordinaire ; mais je placerai au-dessus du chiffre des unités, et à droite, la lettre q, pour désigner que l'unité est le quart de cercle, et pour empêcher qu'on ne confonde les mesures d'arcs avec les autres nombres. $0^q,435$, par exemple, représentera l'arc égal à $\frac{435}{1000}$ ou $\frac{4350}{10000}$ du quadrans, et sera par conséquent composé de 43 grades et 50 minutes (*).

20. Le rayon du cercle sur lequel on se propose de construire les tables étant 1, et sa circonférence étant
FIG. 6. désignée ordinairement par 2π, le sinus de AB, *fig.* 6, ou $\sin \frac{1}{2} \pi = 1$; on a d'ailleurs $\cos \frac{1}{2} \pi = 0$: faisant donc $a' = \frac{1}{2} \pi$ la formule $\sin \frac{1}{2} a' = \frac{1}{2} \sqrt{2R^2 - 2R \cos a'}$ (13) fait voir que le sinus de la moitié du quart de cercle ou de $\frac{1}{4} \pi$ est $\frac{1}{2} \sqrt{2}$ (**).

(*) Il paraît que les principales raisons qui ont fait choisir l'angle droit pour unité, sont, 1°. que le cercle entier, à proprement parler
FIG. 2. ne mesure point un angle, puisqu'alors le rayon mobile CM, *fig* 2, est revenu s'appliquer sur le rayon CA ; 2°. que le sinus auquel on rapporte toutes les autres lignes trigonométriques, prend dans l'étendue du quart de cercle ou de l'angle droit, toutes les valeurs dont il est susceptible.

(**) On peut aussi s'en convaincre à *priori*, puisque le triangle
FIG. 6. CMP, *fig.* 6, est alors isoscèle, et que l'on a par conséquent

$$2\overline{PM}^2 = \overline{CM}^2 = 1,$$

d'où

$$\overline{PM}^2 = \tfrac{1}{2}, \quad \text{et} \quad PM = \sqrt{\tfrac{1}{2}} = \sqrt{2 \times \tfrac{1}{4}} = \tfrac{1}{2} \sqrt{2}.$$

L'arc

L'arc $AB = \frac{1}{2}\pi$, étant pris pour unité, AM sera de $0^q,5$: on aura donc

$$\sin 0^q,5 = \cos 0^q,5 = \frac{1}{2}\sqrt{2} = 0,707106781186.$$

Maintenant si on fait $0^q,5 = a'$, on trouvera

$$\sin \tfrac{1}{2} a' = \sin 0^q,25 = 0,382683432365$$
$$\cos \tfrac{1}{2} a' = \cos 0^q,25 = 0,923879532511;$$

mais en continuant ainsi de partager chaque arc en deux parties égales, on ne tombera sur aucune des parties décimales du quadrans ; on parviendra seulement à des arcs de plus en plus petits, et qui par cette raison approcheront sans cesse d'être égaux à leurs sinus (17). A la quatorzième division, par exemple, on arrive à un arc qui n'est que $\frac{1}{16364}$ du quadrans, et dont le sinus est $0,000\,095\,873\,799$, moindre par conséquent que $0,0001$: la petitesse de cet arc est donc telle, qu'il ne différera point de son sinus dans les 12 premiers chiffres décimaux.

A plus forte raison en sera-t-il de même pour les arcs moindres ; or il est visible que tous les arcs qui se confondent avec leurs sinus et leurs tangentes, sont proportionnels à ces lignes : il vient donc

$$\sin \frac{1^q}{16384} : \sin \frac{1^q}{100000} :: \frac{1^q}{16384} : \frac{1^q}{100000},$$
$$\text{ou} :: 100000 : 16384,$$

d'où

$$\sin 0^q,00001 = \frac{16384 \sin \dfrac{1^q}{16384}}{100000} = 0,000\,015\,707\,963,$$

au moins dans les douze premières décimales. On trouvera par la même raison

$$\sin 0^q,00002 = 2 \sin 0^q,00001$$
$$\sin 0^q,00003 = 3 \sin 0^q,00001$$
$$\sin 0^q,00004 = 4 \sin 0^q,00001$$
$$\text{etc.}$$

Trigonométrie. B

Ayant soin de calculer en même temps le cosinus et la tangente de chacun de ces arcs, on verra qu'on peut suivre cette voie jusqu'à l'arc dont le sinus et la tangente se confondent encore dans les douze premières décimales.

Si l'on ne voulait avoir les valeurs approchées que jusqu'à la huitième décimale, on pourrait pousser ainsi jusqu'à l'arc de $0^q,001$.

Pour s'élever ensuite à des arcs plus grands, on se servira des équations

$$\sin 2a = 2 \sin a \cos a$$
$$\cos 2a = \cos a^2 - \sin a^2$$
$$\sin (a \pm b) = \sin a \cos b \pm \cos a \sin b$$
$$\cos (a \pm b) = \cos a \cos b \mp \sin a \sin b;$$

faisant successivement $a = 0^q,001$, $a = 0^q,002$, etc. dans les deux premières, on en déduira

$$\sin 0^q,002 \,, \cos 0^q,002 \,, \sin 0^q,004 \,, \cos 0^q,004 \,, \text{etc.}$$

et prenant ensuite $a = 0^q,001$, $b = 0^q,002$, $a = 0^q,002$, $b = 0^q,003$, etc. on obtiendra par le moyen des deux dernières,

$$\sin 0^q,003 \,, \cos 0^q,003 \,, \sin 0^q,005 \,, \cos 0^q,005 \,, \text{etc.}$$

Cet exposé suffit pour faire concevoir comment on a pu former les tables trigonométriques. Il existe d'ailleurs des méthodes plus expéditives pour calculer les sinus des arcs quelconques, par le moyen de séries convergentes qui se déduisent des équations du numéro 11. On les trouvera dans l'Introduction de mon *Traité du Calcul différentiel et du Calcul intégral.*

21. Pour faciliter les calculs on a substitué depuis long-temps, aux valeurs des sinus, cosinus, tangentes et cotangentes, leurs logarithmes; et dans la plupart des tables, on ne trouve plus que ces derniers; ensorte que, par leur moyen, on résout toujours l'une ou l'autre de ces questions:

1°. *Un arc étant donné, trouver le logarithme de son sinus, ou celui de son cosinus, ou celui de sa tangente, ou celui de sa cotangente.*

2°. *Connaissant le logarithme du sinus, ou celui du cosinus, ou celui de la tangente, ou celui de la cotangente d'un arc, trouver cet arc.*

La solution de ces questions tient à la disposition des tables, disposition qui n'est pas la même dans toutes, et qui se trouve toujours expliquée en tête de chacune d'elles; c'est pourquoi je n'en parlerai point ici. Je me bornerai à indiquer les tables de Callet, comme les meilleures relativement à l'ancienne division, et celles de Borda ou celles de MM. Hobert et Ideler, par rapport à la nouvelle.

Les tables trigonométriques n'embrassent que l'étendue du quart de cercle; mais elles donnent malgré cela les sinus et les cosinus, les tangentes et les cotangentes, pour tous les arcs, quelque grands qu'ils soient, ainsi que je vais le faire voir en examinant la marche des lignes trigonométriques par rapport aux divers degrés de grandeur par lesquels peut passer un arc de cercle.

22. Pour bien comprendre ce qui va suivre, il faut se pénétrer d'avance de la continuité qui règne toujours entre les différens résultats qu'on déduit d'une même expression algébrique, ou d'une même construction géométrique, et qui consiste en ce que chaque valeur que prend l'expression dont il s'agit, est toujours précédée ou suivie de valeurs qui diffèrent aussi peu qu'on voudra de la première, et en ce que, dans la description d'une ligne, chaque point est toujours précédé ou suivi de points qui lui sont immédiatement contigus. Cela posé, si on conçoit que le rayon MC, fig. 10, d'abord couché sur AC, FIG. 10. tourne autour du point C, comme sur une charnière, ce rayon formera successivement, avec AC, tous les angles possibles; et le point M, situé à son extrémité, passera

sur tous les points de la circonférence du cercle $ABA'B'A$,
ou, ce qui est la même chose, la décrira. En suivant avec
attention le mouvement que je viens d'indiquer, on voit
d'abord qu'au point A, où l'arc est nul, le sinus est
nul aussi, et le cosinus ne diffère pas du rayon AC.
Lorsque le rayon CM s'est détaché de AC, le sinus
PM augmente à mesure que le point M, que j'appellerai
désormais le *point décrivant*, s'avance vers B; et quand
il y est parvenu, PM devient égal à CB, ou au rayon.
Dans les mêmes circonstances, le cosinus PC diminue
sans cesse, et devient nul lorsque le point M est en B;
l'angle ACB est alors droit, et l'arc $AB = \frac{1}{2}\pi$. Le point
M continuant son mouvement au-delà du point B, le sinus
décroît, et le cosinus, qui tombe maintenant sur le diamètre AA', d'un côté du point C, opposé à celui où il
était avant le point B, augmente. C'est ce que prouve la
seule inspection de la figure : $P'M'$, sinus de ABM', est
moindre que BC, sinus de AB; et CP', cosinus du premier de ces arcs, surpasse le cosinus du second, qui est
nul. Il est à propos de remarquer que $P'M'$ et CP' sont
respectivement le sinus et le cosinus de l'arc $A'M'$,
compté du point A' et supplément de ABM'; d'où il suit
qu'*un angle obtus a le même sinus et le même cosinus
que son supplément.*

Lorsque le point M' est parvenu en A', le sinus est nul
comme au point A, et le cosinus est encore une fois égal
au rayon. Au point A', l'arc ABA' est égal à la demi-
circonférence, ou à π : l'angle ACM a atteint sa plus
grande limite, mais rien ne s'oppose à ce que le rayon
CM et le point décrivant ne continuent leur mouvement
et ne passent au-dessous du diamètre AA'. Le sinus, qui
devient alors $P''M''$, tombe aussi au-dessous du diamètre, et augmente à mesure que le point M'' s'approche
de B', tandis que le cosinus CP'' diminue. Au point B',
où l'arc $ABA'B'$ est les $\frac{3}{4}$ de la circonférence, ou $\frac{3}{4}\pi$,

l'un est égal au rayon CB', et l'autre est nul. Enfin, depuis B' jusqu'en A, le sinus $P''' M'''$, toujours au-dessous de $A A'$, diminue sans cesse, et le cosinus CP''', qui se trouve alors du même côté où il était dans le premier quart de cercle AB, augmente et devient égal au rayon en A. A ce point le sinus est nul, le point décrivant a achevé une révolution, mais il en peut recommencer une autre ; et considérant toujours comme un seul arc la totalité du chemin parcouru par ce point , depuis le commencement du mouvement , on aura des arcs plus grands que la circonférence, et qui auront les mêmes sinus, cosinus, tangentes, cotangentes, que ceux qui ont été décrits dans la première révolution. Ces considérations mènent à des conséquences très-importantes pour l'analyse , et que j'ai développées dans le premier volume de mon *Traité du Calcul differentiel et du Calcul intégral.*

23. Il faut chercher maintenant comment les expressions algébriques des sinus et cosinus répondent aux diverses circonstances que je viens d'exposer. Pour cela, je fais d'abord $a = \frac{1}{2}\pi$ dans les équations

$$\left.\begin{array}{l}\cos (a \pm b) = \cos a \cos b \mp \sin a \sin b \\ \sin (a \pm b) = \sin a \cos b \pm \sin b \cos a\end{array}\right\} \ \ \dots (A).$$

En observant que $\cos \frac{1}{2}\pi = 0$, et que $\sin \frac{1}{2}\pi = 1$, on trouve

$$\cos (\tfrac{1}{2}\pi \pm b) = \mp \sin b \, ,$$
$$\sin (\tfrac{1}{2}\pi \pm b) = \cos b.$$

Il faut remarquer deux choses dans ces expressions, savoir : leur valeur absolue, et le signe dont elle est affectée.

La première se vérifie sur la figure ; car AB étant égal à $\frac{1}{2}\pi$, si on prend l'arc BM' pour b, la perpendiculaire $P'M'$ étant le sinus de $A'M'$ aussi bien que de AM', sera le cosinus de BM' ou de b ; tandis que CP' en sera le sinus. Voilà pour la valeur de cos $(\frac{1}{2}\pi + b)$; quant au signe — qui l'affecte, il en résulte que, si l'on regarde comme positifs le sinus et le cosinus d'un arc moindre que le quart de la circonférence, le cosinus d'un arc plus grand sera négatif, tandis que son sinus sera positif. Si l'on fait aussi $b = \frac{1}{2}\pi$, on aura $\cos\pi = -1$, $\sin\pi = 0$.

Supposant ensuite que, dans les équations (A), $a = \pi$, on obtiendra, d'après ce qui précède,

$$\cos(\pi \pm b) = -\cos b$$
$$\sin(\pi \pm b) = \mp \sin b.$$

La valeur absolue de ces formules peut se vérifier aussi facilement que celle des précédentes : leur signe montre que tout arc compris entre π et $\frac{3}{2}\pi$ aura son sinus et son cosinus négatifs; et lorsque $b = \frac{1}{2}\pi$, on a

$$\cos\tfrac{3}{2}\pi = 0, \qquad \sin\tfrac{3}{2}\pi = -1.$$

Enfin quand $a = \frac{3}{2}\pi$, les équations (A) se réduisent, en vertu des valeurs précédentes, à

$$\cos(\tfrac{3}{2}\pi \pm b) = \pm \sin b,$$
$$\sin(\tfrac{3}{2}\pi \pm b) = -\cos b,$$

et il s'ensuit que tout arc compris entre $\frac{3}{2}\pi$ et $\frac{4}{2}\pi$ ou π, a son cosinus positif et son sinus négatif.

En récapitulant ces résultats on verra,

1°. Que depuis le point A jusqu'au point A', où l'arc $ABA' = \frac{1}{2}\pi$, les sinus sont positifs;

2°. Que depuis le point A' jusqu'au point A, où l'arc $ABA'B'A = 2\pi$, c'est-à-dire de π jusqu'à 2π, les sinus sont négatifs;

3°. Que depuis le point A jusqu'au point B, où l'arc $AB = \frac{1}{2}\pi$, les cosinus sont positifs;

4°. Que depuis le point B jusqu'au point B', où l'arc $ABA'B' = \frac{3}{2}\pi$, c'est-à-dire de $\frac{1}{2}\pi$ à $\frac{3}{2}\pi$, les cosinus sont négatifs;

5°. Enfin que depuis le point B' jusqu'au point A, où l'arc $ABA'B'A = 2\pi$, c'est-à-dire de $\frac{3}{2}\pi$ à 2π, les cosinus sont positifs :

Et l'on remarquera sans peine que les sinus changent de signe lorsqu'ils passent au dessous du diamètre AA', et les cosinus lorsqu'ils passent d'un côté à l'autre du point C, ou qu'ils tombent en-deçà ou en-delà du diamètre BB', perpendiculaire au premier.

Avec ces attentions, on étendra les formules du n° 11 à toutes les grandeurs possibles des arcs AM et AN; et les valeurs conclues de ces formules s'accorderont avec celles qu'on déduirait de la construction et des raisonnemens du n° cité, si on les appliquait immédiatement aux arcs proposés; exercice qui peut être utile au lecteur.

24. En suivant le cours des tangentes on trouvera qu'elles augmentent sans cesse depuis le point A jusqu'au point B, où l'arc AM est devenu égal à $\frac{1}{2}\pi$. A ce point, la sécante NC se confondant avec CB, est parallèle à la tangente AN, et ne la rencontre par conséquent plus; ensorte que l'arc AB n'a point, à proprement parler, de tangente trigonométrique. On dit cependant que sa tangente est infinie ; mais par cette expression, il faut entendre qu'en prenant le point M aussi près du point B qu'il sera nécessaire, on trouvera une tangente AN plus grande que telle quantité qu'on voudra. C'est aussi ce que prouve l'équation $\tang a = \dfrac{\sin a}{\cos a}$, qui donne pour tang a une valeur d'autant plus grande, que cos a est plus petit, ou qu'on approche davantage du point B.

Lorsque $a = 0^q,5o$, il vient cos $a = \sin a$, et par conséquent tang $0^q,5o = 1$.

On prouve la même chose par le triangle CAN, qui devient isoscèle dans ce cas, puisque l'angle ACN étant égal à la moitié d'un droit, il en est nécessairement de même de l'angle ANC; la tangente AN est donc égale au rayon.

Quand l'arc AM est plus grand que $\frac{1}{2}\pi$, le rayon MC ne rencontre plus la ligne AN au-dessus du diamètre, mais au-dessous. La véritable tangente AN' est égale, ainsi qu'il est facile de le voir, à $A'n'$ tangente de l'arc $A'M'$, supplément de AM', mais se trouve placée dans un sens opposé. Dans le troisième quart du cercle, la tangente qui a été nulle au point A', repasse au-dessus du diamètre AA', et AN est encore la tangente de l'arc $AA'M''$. Le rayon devenant encore parallèle à AN, au point B', la tangente est encore infinie à ce point, passé lequel elle revient au-dessous du diamètre : en effet, l'arc $AA'M'''$ par exemple, a évidemment pour tangente AN'.

25. Je vais examiner maintenant ce qui résulte de l'expression algébrique $\operatorname{tang} a = \dfrac{\sin a}{\cos a}$.

Il est visible que sa valeur sera positive dans tous les cas où le sinus et le cosinus seront de même signe, ce qui a lieu depuis o jusqu'à $\frac{1}{2}\pi$, et depuis π jusqu'à $\frac{3}{2}\pi$; elle sera par conséquent négative depuis $\frac{1}{2}\pi$ jusqu'à π, et depuis $\frac{3}{2}\pi$, jusqu'à 2π; d'où il suit que, pour les tangentes comme pour les sinus et les cosinus, les changemens de signes correspondent aussi aux changemens de situation. On trouverait de même que les cotangentes sont positives depuis $o°$ jusqu'à $\frac{1}{2}\pi$, depuis π jusqu'à $\frac{3}{2}\pi$, et négatives depuis $\frac{1}{2}\pi$ jusqu'à π, depuis $\frac{3}{2}\pi$ jusqu'à 2π.

26 Dans le calcul on rencontre quelquefois des arcs négatifs, dont le sinus et le cosinus, peuvent aussi se déterminer par les formules du n° 11. L'expression de $\sin(a-b)$ changeant de signe quand on y change a en b et b en a, fait voir que $\sin(b-a) = -\sin(a-b)$:

ainsi quand $a > b$, l'arc négatif $b - a$ a un sinus négatif. Mais si en construisant la figure 4, on portait FIG. 4.
à partir du point A; sur l'arc AC, le petit arc MN
au lieu de AM, et qu'ensuite, on prît AM en place
de MN, pour opérer comme il a été dit dans le
numéro 11, l'arc AN' se trouverait au-dessous
de AC au lieu d'être au-dessus : le sinus QN' changerait donc de côté, ainsi que l'arc. Quant au cosinus,
il demeurerait du même côté; et par les formules on
trouve aussi que $\cos(b - a) = \cos(a - b)$.

27. La proposition démontrée dans le n° 11 a encore de
nombreuses conséquences, dont quelques-unes seront
nécessaires dans la suite; c'est pourquoi je les placerai ici.

1°. En ajoutant entre elles les deux équations

$$\sin(a + b) = \frac{\sin a \cos b + \sin b \cos a}{R}$$

$$\sin(a - b) = \frac{\sin a \cos b - \sin b \cos a}{R},$$

on aura

$$\sin(a + b) + \sin(a - b) = \frac{2 \sin a \cos b}{R},$$

d'où

$$\sin a \cos b = \frac{R}{2} \sin(a + b) + \frac{R}{2} \sin(a - b).$$

2°. En retranchant la seconde équation de la première, on aura

$$\sin(a + b) - \sin(a - b) = \frac{2 \sin b \cos a}{R},$$

d'où

$$\sin b \cos a = \frac{R}{2} \sin(a + b) - \frac{R}{2} \sin(a - b).$$

Lorsque $a = b$, cette formule et la précédente donnent

$$\cos a \sin a = \frac{R}{2} \sin 2a.$$

3°. En ajoutant entre elles les deux équations

$$\cos (a + b) = \frac{\cos a \cos b - \sin a \sin b}{R};$$

$$\cos (a - b) = \frac{\cos a \cos b + \sin a \sin b}{R},$$

on aura

$$\cos (a + b) + \cos (a - b) = \frac{2 \cos a \cos b}{R};$$

d'où

$$\cos a \cos b = \frac{R}{2} \cos (a + b) + \frac{R}{2} \cos (a - b).$$

Lorsque $a = b$, cette formule donne

$$\cos a^2 = \frac{R}{2} \cos 2 a + \frac{R^2}{2}.$$

en observant que le cosinus est égal au rayon, lorsque l'arc est nul.

4°. En retranchant la première de la seconde, il viendra

$$\cos (a - b) - \cos (a + b) = \frac{2 \sin a \sin b}{R},$$

d'où

$$\sin a \sin b = \frac{R}{2} \cos (a - b) - \frac{R}{2} \cos (a + b).$$

Lorsque $a = b$, cette formule donne

$$\sin a^2 = \frac{R^2}{2} - \frac{R}{2} \cos 2 a.$$

5°. Si l'on fait $a + b = a'$, $a - b = b'$, on trouvera, en ajoutant ces deux équations, $2a = a' + b'$, et en retranchant la seconde de la première, $2b = a' - b'$; il suit de là que $a = \dfrac{a' + b'}{2}$, $b = \dfrac{a' - b'}{2}$.

Mettant ces valeurs de a et de b, dans les expressions de $\sin a \cos b$, $\sin b \cos a$, $\cos a \cos b$, $\sin a \sin b$, obtenues précédemment, on trouvera

$$\sin \tfrac{1}{2}(a' + b') \cos \tfrac{1}{2}(a' - b') = \frac{R}{2}(\sin a' + \sin b')$$

$$\sin \tfrac{1}{2}(a' - b') \cos \tfrac{1}{2}(a' + b') = \frac{R}{2}(\sin a' - \sin b')$$

$$\cos \tfrac{1}{2}(a' + b') \cos \tfrac{1}{2}(a' - b') = \frac{R}{2}(\cos a' + \cos b')$$

$$\sin \tfrac{1}{2}(a' + b') \sin \tfrac{1}{2}(a' - b') = \frac{R}{2}(\cos b' - \cos a').$$

Divisant la seconde des formules précédentes par la première, on aura

$$\frac{\sin \tfrac{1}{2}(a' - b') \cos \tfrac{1}{2}(a' + b')}{\sin \tfrac{1}{2}(a' + b') \cos \tfrac{1}{2}(a' - b')} =$$

$$\frac{\sin \tfrac{1}{2}(a' - b')}{\cos \tfrac{1}{2}(a' - b')} \cdot \frac{\cos \tfrac{1}{2}(a' + b')}{\sin \tfrac{1}{2}(a' + b')} = \frac{\sin a' - \sin b'}{\sin a' + \sin b'}.$$

Observant ensuite que $\dfrac{\sin A}{\cos A} = \dfrac{\operatorname{tang} A}{R}$, (8) et que par

conséquent $\dfrac{\cos A}{\sin A} = \dfrac{R}{\operatorname{tang} A}$, on obtiendra

$$\frac{\operatorname{tang} \tfrac{1}{2}(a' - b')}{\operatorname{tang} \tfrac{1}{2}(a' + b')} = \frac{\sin a' - \sin b'}{\sin a' + \sin b'}.$$

On conclura de même des deux dernières formules rapportées ci-dessus, que

$$\frac{\cos b' - \cos a'}{\cos a' + \cos b'} = \frac{\operatorname{tang} \tfrac{1}{2}(a' + b') \operatorname{tang} \tfrac{1}{2}(a' - b')}{R^2}.$$

6°. En divisant l'expression de $\sin(a \pm b)$ par celle de $\cos(a \pm b)$, on aura

$$\frac{\sin(a \pm b)}{\cos(a \pm b)} = \frac{\sin a \cos b \pm \sin b \cos a}{\cos a \cos b \mp \sin a \sin b};$$

divisant ensuite le numérateur et le dénominateur de la fraction du second membre par $\cos a \cos b$, elle deviendra

$$\frac{\dfrac{\sin a}{\cos a} \pm \dfrac{\sin b}{\cos b}}{1 \mp \dfrac{\sin a}{\cos a} \cdot \dfrac{\sin b}{\cos b}};$$

et comme en général $\dfrac{\cos A}{\sin A} = \dfrac{\operatorname{tang} A}{R}$ (8), on obtien-

dra par ce moyen

$$\frac{\operatorname{tang}(a \pm b)}{R} = \frac{\dfrac{\operatorname{tang} a}{R} \pm \dfrac{\operatorname{tang} b}{R}}{1 \mp \dfrac{\operatorname{tang} a}{R} \cdot \dfrac{\operatorname{tang} b}{R}} = \frac{R\,(\operatorname{tang} a \pm \operatorname{tang} b)}{R^2 \mp \operatorname{tang} a \operatorname{tang} b},$$

et enfin $\operatorname{tang}(a \pm b) = \dfrac{R^2\,(\operatorname{tang} a \pm \operatorname{tang} b)}{R^2 \mp \operatorname{tang} a \operatorname{tang} b}.$

En se rappelant que $\cot A = \dfrac{R^2}{\operatorname{tang} A}$ (9), on trouvera

$$\cot(a \pm b) = \frac{R^2}{\operatorname{tang}(a \pm b)} = \frac{R^2 \mp \operatorname{tang} a \operatorname{tang} b}{\operatorname{tang} a \pm \operatorname{tang} b} =$$

$$\frac{R^2 \mp \dfrac{R^2}{\cot a} \cdot \dfrac{R^2}{\cot b}}{\dfrac{R^2}{\cot a} \pm \dfrac{R^2}{\cot b}};$$

et en réduisant, on parviendra à

$$\cot(a \pm b) = \frac{\cot a \cot b \mp R^2}{\cot b \pm \cot a}.$$

28. L'équation $\dfrac{\operatorname{tang}\frac{1}{2}(a' - b')}{\operatorname{tang}\frac{1}{2}(a' + b')} = \dfrac{\sin a' - \sin b'}{\sin a' + \sin b'}$, de

laquelle il résulte que *la somme des sinus de deux arcs
est à leur différence, comme la tangente de la demi-
somme de ces arcs est à la tangente de leur demi-différence*, s'obtient immédiatement par une construction
geométrique fort élégante.

FIG. 11. AM et AN, fig. 11, étant les deux arcs a' et b', on
aura $MP = \sin a'$, $NQ = \sin b'$; menant NC parallèle au diamètre AB, prolongeant MP jusqu'en M',

il en résultera
$$MR = MP - NQ = \sin a' - \sin b',$$
$$M'R = M'P + NQ = \sin a' + \sin b' \ (14).$$

Cela fait, si du point C, comme centre, et d'un rayon CD, égal à celui du cercle ACB, on décrit un arc EDG, que l'on mène au point D de cet arc une tangente terminée par les droites CM et CM', il est visible que DF et DH seront les tangentes des arcs DE et DG, qui mesurent les angles MCN et NCM'; et comme ces angles ont leur sommet à la circonférence du cercle ACB, ils auront aussi pour mesure la moitié de
$$NM = AM - AN = a' - b',$$
et celle de
$$NM' = AM' + AN = a' + b':$$
on aura donc
$$DF = \operatorname{tang} \tfrac{1}{2} (a' - b') , \quad DH = \operatorname{tang} \tfrac{1}{2} (a' + b').$$
Mais à cause des parallèles MM' et FH, on aura cette proportion
$$MR : M'R :: DF : DH ,$$
$$\sin a' - \sin b' : \sin a' + \sin b' :: \operatorname{tang}\tfrac{1}{2}(a' - b') : \operatorname{tang}\tfrac{1}{2}(a' + b'),$$
ce qui revient à l'équation proposée.

Il serait facile de modifier la construction ci-dessus de manière à en déduire les diverses équations analogues à celle qu'on vient de démontrer.

29. Comme on a souvent occasion de faire usage des formules auxquelles je suis parvenu précédemment, je les ai réunies dans le tableau suivant, avec d'autres qui s'én déduisent par des procédés faciles à imaginer. Les numéros qu'on lit après chaque formule marquent les articles où elles ont été trouvées, ou desquels on peut les conclure:

Tableau des formules trigonométriques les plus usitées.

$$\sin a^2 + \cos a^2 = R^2 \quad (10)$$

$$\left.\begin{aligned}
\sin (a \pm b) &= \frac{\sin a \cos b \pm \cos a \sin b}{R} \\[2mm]
\cos (a \pm b) &= \frac{\cos a \cos b \mp \sin a \sin b}{R}
\end{aligned}\right\} \quad (11)$$

$$\left.\begin{aligned}
\sin a \cos b &= \tfrac{1}{2} R[\sin (a+b) + \sin (a-b)] \\
\cos a \sin b &= \tfrac{1}{2} R[\sin (a+b) - \sin (a-b)] \\
\cos a \cos b &= \tfrac{1}{2} R[\cos (a+b) + \cos (a-b)] \\
\sin a \sin b &= -\tfrac{1}{2} R[\cos (a+b) - \cos (a-b)]
\end{aligned}\right\} \quad (27)$$

$$\left.\begin{aligned}
\sin a + \sin b &= \frac{2}{R} \sin \tfrac{1}{2}(a+b) \cos \tfrac{1}{2}(a-b) \\[2mm]
\sin a - \sin b &= \frac{2}{R} \cos \tfrac{1}{2}(a+b) \sin \tfrac{1}{2}(a-b) \\[2mm]
\cos a + \cos b &= \frac{2}{R} \cos \tfrac{1}{2}(a+b) \cos \tfrac{1}{2}(a-b) \\[2mm]
\cos a - \cos b &= -\frac{2}{R} \sin \tfrac{1}{2}(a+b) \sin \tfrac{1}{2}(a-b)
\end{aligned}\right\} \quad (27)$$

$$\sin 2a = \frac{2 \sin a \cos a}{R} \ (11), \qquad \sin \tfrac{1}{2} a = \sqrt{2R^2 - 2R \cos a} \ (13)$$

$$\cos 2a = \frac{\cos a^2 - \sin a^2}{R} = \frac{2 \cos a^2 - R^2}{R} \ (11)$$

$$\sin a^2 = \tfrac{1}{2} R(R - \cos 2a) \ (27)$$

$$\cos a^2 = \tfrac{1}{2} R(R + \cos 2a) \ (27)$$

$$\sin a^2 - \sin b^2 = \cos b^2 - \cos a^2 = \sin(a+b)\sin(a-b) \ (11, 10)$$

$$\cos a^2 - \sin b^2 = \cos (a+b) \cos (a-b) \ (11, 10)$$

$$\operatorname{tang} a = \frac{R \sin a}{\cos a} \ (8), \qquad \cot a = \frac{R^2}{\operatorname{tang} a} = \frac{R \cos a}{\sin a} \ (9)$$

$$\sec a = \frac{R^2}{\cos a}, \qquad \operatorname{coséc} a = \frac{R^2}{\sin a} \ (8)$$

$$\operatorname{tang} (a \pm b) = \frac{R \sin (a \pm b)}{\cos (a \pm b)} = \frac{R^2 (\operatorname{tang} a \pm \operatorname{tang} b)}{R^2 \mp \operatorname{tang} a \operatorname{tang} b} \ (27)$$

Suite du Tableau des formules trigonométriques.

$$\left.\begin{array}{l}\tan a + \tan b = \dfrac{R^2 \sin(a+b)}{\cos a \cos b}\\[2mm]\tan a - \tan b = \dfrac{R^2 \sin(a-b)}{\cos a \cos b}\\[2mm]\cot a + \cot b = \dfrac{R^2 \sin(a+b)}{\sin a \sin b}\\[2mm]\cot a - \cot b = -\dfrac{R^2 \sin(a-b)}{\sin a \sin b}\end{array}\right\}(8,\ 11)$$

$$\left.\begin{array}{l}\tan a^2 - \tan b^2 = \dfrac{R^4 \sin(a+b)\sin(a-b)}{\cos a^2 \cos b^2}\\[2mm]\cot a^2 - \cot b^2 = -\dfrac{R^4 \sin(a+b)\sin(a-b)}{\sin a^2 \sin b^2}\end{array}\right\}(8,\ 11)$$

$$\left.\begin{array}{l}\dfrac{\sin a + \sin b}{\sin a - \sin b} = \dfrac{\tan\frac{1}{2}(a+b)}{\tan\frac{1}{2}(a-b)}\\[3mm]\dfrac{\sin a + \sin b}{\cos a + \cos b} = \dfrac{\tan\frac{1}{2}(a+b)}{R}, \quad \dfrac{\sin a}{R+\cos a} = \dfrac{\tan\frac{1}{2}a}{R}\\[3mm]\dfrac{\sin a + \sin b}{\cos a - \cos b} = -\dfrac{\cot\frac{1}{2}(a-b)}{R}, \quad \dfrac{\sin a}{R-\cos a} = \dfrac{\cot\frac{1}{2}a}{R}\\[3mm]\dfrac{\sin a - \sin b}{\cos a + \cos b} = \dfrac{\tan\frac{1}{2}(a-b)}{R}\\[3mm]\dfrac{\sin a - \sin b}{\cos a - \cos b} = -\dfrac{\cot\frac{1}{2}(a+b)}{R}\\[3mm]\dfrac{\cos a + \cos b}{\cos a - \cos b} = -\dfrac{\cot\frac{1}{2}(a-b)}{\tan\frac{1}{2}(a+b)} = -\dfrac{\sec a + \sec b}{\sec a - \sec b}\end{array}\right\}(27)$$

$$\sin a = \frac{R \tan a}{\sqrt{R^2 + \tan a^2}}, \quad \cos a = \frac{R^2}{\sqrt{R^2 + \tan a^2}} \quad (8,\ 10)$$

$$R = \sin 1^q = \cos 0^q = \tan\tfrac{1}{2}{}^q = \cot\tfrac{1}{2}{}^q = \sec 0^q = \operatorname{coséc} 1^q$$
$$= \tfrac{1}{2}\sec\tfrac{2}{3}{}^q \quad (23,\ 24)$$
$$\sin a = \tfrac{1}{2}\text{ corde } 2a \ (14),$$

$$\left.\begin{array}{ll}\sin(1^q\pm b) = +\cos b, & \cos(1^q\pm b) = \mp \sin b\\[1mm]\sin(2^q\pm b) = \mp\sin b, & \cos(2^q\pm b) = -\cos b\\[1mm]\sin(3^q\pm b) = -\cos b, & \cos(3^q\pm b) = \pm\sin b\\[1mm]\sin(4^q\pm b) = \pm\sin b, & \cos(4^q\pm b) = +\cos b\end{array}\right\}(23)$$

30. Je vais parler maintenant de l'application des tables trigonométriques à la résolution des triangles, pour laquelle il faut se rappeler que, par le moyen de ces tables, lorsqu'un angle est connu, la valeur de son sinus, celle de son cosinus, celle de sa tangente, et celle de sa cotangente sont connues aussi, et que, réciproquement, quand la valeur de l'une de ces lignes est donnée, celle de l'arc doit être regardée comme donnée.

FIG. 12. Soit CDE, fig. 12, un triangle rectangle en D; de l'un des angles aigus C, on décrit, avec un rayon égal à celui des tables, l'arc AM, on abaisse PM perpendiculaire sur AC, enfin on élève la tangente AN, pour former les deux triangles des tables, savoir : CPM qui sera celui du sinus et du cosinus, et CAN celui de la tangente et de la sécante. L'un et l'autre seront semblables au triangle proposé, et en les comparant successivement avec celui-ci, on en tirera

$$\left.\begin{array}{l} CM : PM :: CE : DE \\ CM : CP :: CE : CD \end{array}\right\} \text{ ou } \left\{\begin{array}{l} R : \sin C :: CE : DE \\ R : \cos C :: CE : CD \end{array}\right.$$

$$CA : AN :: CD : DE \quad \text{ou} \quad R : \tang C :: CD : DE$$

L'angle E étant complément de l'angle C, on aura $\cos C = \sin E$; les deux premières proportions peuvent se réunir dans une seule et s'énoncer ainsi : *Le rayon est au sinus de l'un des angles aigus du triangle rectangle proposé, comme l'hypoténuse est au côté opposé à cet angle.*

La troisième montre que *le rayon est à la tangente de l'un des angles aigus du triangle rectangle proposé, comme le côté de l'angle droit adjacent à cet angle aigu est au côté opposé.*

Le rayon étant toujours donné, il suffira de connaître deux des trois autres termes de chacune des proportions que je viens d'énoncer, pour trouver celui qui reste.

Ainsi

Ainsi, par la première on déterminera toujours une de ces trois choses : *l'hypothénuse, un côté et un angle aigu,* lorsqu'on en connaîtra deux.

J'ai mis simplement un angle aigu, quoique la proportion exige que cet angle soit opposé au côté donné ou cherché, parce qu'un des angles aigus fait trouver l'autre sur-le-champ ; et que par conséquent si celui qu'on connaît ou qu'on cherche, ne remplit pas cette condition, on peut employer son complément.

Par la seconde proportion on déterminera toujours une de ces trois choses : *les deux côtés d'un angle droit et un angle aigu,* lorqu'on en connaîtra deux.

Il suit de là, 1° que, connaissant un côté et un angle d'un triangle rectangle, on peut calculer les deux autres côtés ; 2° que, connaissant deux quelconques des côtés, on peut calculer les angles aigus.

Ces deux cas ne comprennent pas celui où l'on a deux côtés quelconques d'un triangle, et où l'on cherche le troisième ; mais celui-ci se résout immédiatement par la propriété connue du triangle rectangle, qui donne $\overline{CD}^2 + \overline{DE}^2 = \overline{CE}^2$, et d'où l'on tire $CE = \sqrt{\overline{CD}^2 + \overline{DE}^2}$.

Si l'on connaissait l'hypoténuse CE, et l'un des côtés de l'angle droit, DE, par exemple, on aurait

$$CD = \sqrt{\overline{CE}^2 - \overline{DE}^2}.$$

En observant que $\overline{CE}^2 - \overline{DE}^2 = (CE + DE)(CE - DE)$, et en prenant les logarithmes des deux membres de l'équation $CD = \sqrt{(CE + DE)(CE - DE)}$, on trouverait

$$l\,CD = \tfrac{1}{2}\left[l\,(CE + DE) + l\,(CE - DE)\right].$$

Lorsqu'on construit des formules qui doivent servir à des calculs numériques, il faut toujours tâcher de les préparer de manière qu'on puisse y appliquer les logarithmes commodément ; c'est-à-dire qu'on ne soit obligé de passer des logarithmes aux nombres, et de repasser de ceux-ci aux premiers, que le moins qu'il est possible. En appliquant les logarithmes à la recherche de CD, au moyen de sa première expression, on sentira bien évidemment l'objet de cette remarque.

Je terminerai cet exposé des principes qui servent à résoudre les triangles rectangles, en observant que les deux cas traités en dernier lieu, se résolvent aussi par les deux proportions rapportées au commencement de cet article ; car, 1°. si, connaissant CD et DE, on veut trouver CE, on pourra calculer l'un des angles aigus, C, par exemple, par la proportion R : tang C :: CD : DE ; ayant trouvé cet angle, on calculera l'hypoténuse CE par la proportion R : sin C :: CE : DE, dans laquelle on connaîtra les trois termes R, sin C et DE. 2°. Lorsque l'on connaîtra l'hypoténuse CE et l'un des autres côtés, CD, par exemple, on calculera l'angle aigu opposé au côté cherché, par la proportion R : sin E, ou cos C :: CE : CD ; puis on trouvera le côté DE par la proportion R : sin C :: CE : DE.

31. On peut résumer ce qui vient d'être dit sur les triangles rectangles d'une manière commode, en désignant leurs angles par A, B, C, A étant l'angle droit, et nommant a, b et c les côtés qui sont respectivement opposés à chacun de ces angles, ainsi que le montre fig. 13. la figure 13. On aura d'abord par le premier principe

$$R : \sin C :: a : c, \qquad R : \sin B :: a : b,$$

d'où l'on tirera

$$\frac{c}{a} = \frac{\sin C}{R}, \qquad \frac{b}{a} = \frac{\sin B}{R},$$

Chassant a de ces deux équations, ce qui se fait en divisant chaque membre de la première par son correspondant dans la seconde, on trouvera

$$\frac{c}{b} = \frac{\sin C}{\sin B};$$

et comme $\sin B = \cos C$, et que $\dfrac{\sin C}{\cos C} = \dfrac{\tang C}{R}$, il en résultera $\dfrac{c}{b} = \dfrac{\tang C}{R}$, équation qui représente le second principe énoncé dans le numéro précédent.

Enfin, si l'on quarre chaque membre des deux premières équations, et qu'on ajoute ensuite membre à membre les équations résultantes, en observant que

$$\sin C^2 + \sin B^2 = \sin C^2 + \cos C^2 = R^2 \;(10),$$

on aura

$$\frac{c^2}{a^2} + \frac{b^2}{a^2} = 1, \text{ ou } b^2 + c^2 = a^2.$$

Il suit de là que les deux équations

$$\frac{c}{a} = \frac{\sin C}{R}, \qquad \frac{b}{a} = \frac{\sin B}{R},$$

suffisent, conjointement avec la relation qui existe entre les angles B et C, pour résoudre tous les cas des triangles rectangles.

32. Le principe sur lequel est fondée la résolution des triangles rectangles, conduit à celle des triangles quelconques. En abaissant de l'angle B du triangle ABC, fig. 14, une perpendiculaire BD, on formera deux triangles ABD, BDC, rectangles en D; on aura dans le premier

$$R : \sin A :: AB : BD,$$

et dans le second

$$R : \sin C :: BC : BD,$$

fig. 14.

C 2

ce qui donnera

$$R \times BD = \sin A \times AB, \qquad R \times BD = \sin C \times BC,$$

et d'où il suit par conséquent

$$\sin A \times AB = \sin C \times BC, \text{ ou } \sin A : \sin C :: BC : AB.$$

Lorsque la perpendiculaire tombe en dehors, l'angle C n'est pas commun au triangle ABC et au triangle BCD; mais l'angle BCD et l'angle BCA, valant ensemble deux angles droits, ont le même sinus.

La proportion obtenue ci-dessus peut se convertir en principe général, et s'énoncer ainsi : *Dans un triangle quelconque, les sinus des angles sont entre eux comme les côtés opposés à ces angles.*

33. La même proposition se démontre aussi de la manière suivante, qui paraît plus analogue à l'idée que j'ai donnée de la trigonométrie, dans les numéros 1 et 2.

FIG. 15.   Ayant inscrit le triangle ABC, *fig.* 15, dans un cercle, si l'on décrit du centre O de ce cercle, et avec un rayon Oa, égal à celui des tables, un cercle abc, puis qu'on joigne par des droites ab, bc et ac, les points où les rayons AO, BO, CO, rencontrent le cercle des tables, on formera un triangle abc semblable au triangle proposé, et dont les côtés ab, bc et ac se déduiront des tables.

La similitude des deux triangles ABC et abc devient évidente lorsque l'on remarque que les droites aO, bO et cO étant égales comme rayons d'un même cercle, ainsi que les droites AO, BO, CO, les triangles AOB, BOC et AOC, ont leurs côtés, AO et BO, BO et CO, AO et CO, coupés proportionnellement aux points a et b, b et c, a et c, et que par conséquent les droites AB et ab, BC et bc, AC et ac, sont respectivement parallèles : on a donc

$$AB : BC : AC :: ab : bc : ac,$$

ou $\qquad\qquad :: \tfrac{1}{2} ab : \tfrac{1}{2} bc : \tfrac{1}{2} ac.$

Cela posé, les angles du triangle abc, ayant leur sommet placé à la circonférence, sont mesurés par la moitié de l'arc que soutend le côté qui leur est opposé, et chacun de ces arcs a évidemment pour sinus la moitié de ce même côté (14) : donc

$$\tfrac{1}{2} ab = \sin c = \sin C,$$

$$\tfrac{1}{2} bc = \sin a = \sin A,$$

$$\tfrac{1}{2} ac = \sin b = \sin B,$$

et par conséquent

$$AB : BC : AC :: \sin C : \sin A : \sin B.$$

La comparaison des triangles AOB et aOb, montre de plus que $AB : ab :: AO : aO$, ou que $AB : 2\sin C :: AO : aO$; c'est-à-dire que *chaque côté du triangle ABC est au double du sinus de l'angle qui lui est opposé, comme le rayon du cercle circonscrit est à celui des tables* (*).

34. En désignant, comme dans le n° 31., les trois angles par A, B, C, et les côtés respectivement opposés à chacun de ces angles, par a, b, c, on aura, d'après ce qui précède, les proportions

$$\sin A : \sin B :: a : b,$$

$$\sin A : \sin C :: a : c,$$

$$\sin B : \sin C :: b : c,$$

desquelles on déduira les équations

$$\frac{b}{a} = \frac{\sin B}{\sin A}, \qquad \frac{c}{a} = \frac{\sin C}{\sin A}, \qquad \frac{c}{b} = \frac{\sin C}{\sin B}.$$

(*) On pourrait considérer les lignes ab, bc et ac comme les sinus mêmes de ces angles A, B, C, en prenant pour unité le diamètre du cercle abc; c'est ainsi que Carnot les a présentées dans l'ouvrage intitulé *Géométrie de Position*. On y trouve, d'après cette définition, une démonstration très-simple et très-élégante de la proposition du n° 11 et de ses dérivées les plus importantes.

On résoudra immédiatement par ces proportions un triangle : 1° *lorsqu'on y connaîtra deux angles et un côté*, puisqu'alors tous les angles seront donnés, et que les côtés cherchés seront nécessairement opposés à deux de ces angles ; si, par exemple, a est donné, ainsi que les angles B et C, on retranchera la somme de ces angles de deux droits, pour avoir l'angle A, et les deux premières proportions feront connaître les côtés cherchés b et c : 2° *quand on aura un angle et deux côtés dont l'un soit opposé à l'angle donné* ; si c'est, par exemple, l'angle A avec les côtés a et b, on calculera l'angle B par la première proportion, et connaissant alors deux angles, on retombera dans le cas précédent.

Il y a deux cas qui, n'étant pas compris dans ceux que je viens d'examiner, semblent échapper à la méthode : ce sont ceux dans lesquels *on connaît deux côtés et l'angle compris, ou bien les trois côtés* ; je vais m'en occuper successivement.

35. Je suppose d'abord que l'on connaisse les deux côtés a et b, et l'angle compris C. En mettant les équations

$$\frac{c}{a} = \frac{\sin C}{\sin A}, \qquad \frac{c}{b} = \frac{\sin C}{\sin B},$$

sous la forme

$$a \sin C = c \sin A, \qquad b \sin C = c \sin B,$$

pour les ajouter membre à membre, et ensuite les retrancher l'une de l'autre, on trouve

$$(a + b) \sin C = c (\sin A + \sin B),$$
$$(a - b) \sin C = c (\sin A - \sin B);$$

divisant le dernier résultat par le premier, le côté inconnu c disparaît, et on a

$$\frac{a - b}{a + b} = \frac{\sin A - \sin B}{\sin A + \sin B}.$$

Or on a vu (27) que

$$\frac{\sin A - \sin B}{\sin A + \sin B} = \frac{\tang \frac{1}{2}(A-B)}{\tang \frac{1}{2}(A+B)};$$

on en conclura

$$\frac{a-b}{a+b} = \frac{\tang \frac{1}{2}(A-B)}{\tang \frac{1}{2}(A+B)} \; (^*),$$

d'où on déduira la proportion

$$a + b : a - b :: \tang \tfrac{1}{2}(A+B) : \tang \tfrac{1}{2}(A-B),$$

qui s'énonce ainsi : *La somme des deux côtés d'un triangle est à leur différence, comme la tangente de la demi-somme des angles opposés à ces côtés, est à la tangente de leur demi-différence.*

Tout est connu dans cette proportion, à l'exception de $A - B$; car si on retranche de deux quadrans la mesure de l'angle connu C, le reste sera celle de $(A + B)$; prenant par conséquent la valeur de $\tang \frac{1}{2}(A - B)$, il viendra

$$\tang \tfrac{1}{2}(A - B) = \frac{a-b}{a+b} \times \tang \tfrac{1}{2}(A + B),$$

formule qui fera connaître $A - B$. Posant ensuite

$$A + B = m, \quad A - B = n,$$

et ajoutant ces équations, on en conclura

$$2A = m + n, \quad \text{ou} \quad A = \frac{m+n}{2};$$

(*) On peut aussi, pour plus de briéveté, faire la proportion

$$a : b :: \sin A : \sin B \; (32),$$

de laquelle on tire immédiatement

$$a + b : a - b :: \sin A + \sin B : \sin A - \sin B;$$

et l'on en conclura, par le n° 28,

$$a + b : a - b :: \tang \tfrac{1}{2}(A+B) : \tang \tfrac{1}{2}(A-B).$$

puis retranchant la seconde de la première, il viendra

$$2B = m - n, \text{ ou } B = \frac{m - n}{2}.$$

On voit par là que, *connaissant la somme* m *et la diffé-rence* n *des deux angles demandés* A *et* B, *on trouvera le plus grand, en ajoutant la moitié de la somme à la moitié de la différence, et le plus petit, en ôtant la moitié de la différence de la moitié de la somme.*

Lorsqu'on aura calculé tous les angles, on trouvera le troisième côté par la règle du numéro 32.

36. On peut aussi trouver immédiatement le troisième côté, en abaissant une perpendiculaire sur l'un des côtés donnés; de l'angle A, par exemple, sur le côté donné

PIG. 16. BC, *fig.* 16. On aura, par la propriété connue des triangles obliquangles, $\overline{AB}^2 = \overline{AC}^2 + \overline{BC}^2 \mp 2BC \times DC$, le signe supérieur ayant lieu quand la perpendiculaire tombe en dedans du triangle, comme dans la figure, et le signe inférieur dans le cas où elle tombe en dehors; de plus, dans le triangle rectangle ADC, on a (30) $DC = AC \times \sin DAC = AC \times \cos C$, en faisant $R = 1$: on conclura de là $\overline{AB}^2 = \overline{AC}^2 + \overline{BC}^2 - 2AC \times BC \times \cos C$, et par conséquent

$$AB = \sqrt{\overline{AC}^2 + \overline{BC}^2 - 2AC.BC.\cos C},$$

formule qui revient, suivant la notation établie, à

$$c = \sqrt{a^2 + b^2 - 2ab \cos C},$$

et donnera le côté c par le moyen des deux autres a et b, et de l'angle C. Un seul signe suffit au terme $2ab \cos C$, parce que quand l'angle C est obtus, son cosinus est négatif, et change par conséquent le — en +, comme l'exige la construction géométrique.

37. Cette formule ne se prête pas commodément au

calcul logarithmique ; mais comme on à
$$\cos 2C = 1 - 2 \sin C^2 \quad (27),$$
on aura aussi
$$\cos C = 1 - 2 \left(\sin \tfrac{1}{2} C\right)^2,$$
en écrivant $\tfrac{1}{2} C$ à la place de C ; et par cette transformation on obtiendra
$$c = \sqrt{a^2 + b^2 - 2ab + 4ab \left(\sin \tfrac{1}{2} C\right)^2} = \sqrt{(a-b)^2 + 4ab \left(\sin \tfrac{1}{2} C\right)^2}.$$

Faisant ensuite $\dfrac{2 \sin \tfrac{1}{2} C}{a - b} \sqrt{ab} = \operatorname{tang} \alpha$, il en résultera
$$c = (a - b) \sqrt{1 + \operatorname{tang} \alpha^2} = \frac{a - b}{\cos \alpha}, \quad \text{puisque} \cos \alpha = \frac{1}{\sqrt{1 + \operatorname{tang} \alpha^2}}.$$
On calculera facilement $\operatorname{tang} \alpha$ par la première formule ; et lorsqu'on séra parvenu à l'angle α, on aura par la seconde $c = \dfrac{a - b}{\cos \alpha}$.

38. L'équation $c = \sqrt{a^2 + b^2 - 2ab \cos C}$ fait connaître l'angle C, lorsque les trois côtés a, b et c, sont donnés ; car en élevant chacun de ses membres au quarré, on en tire
$$a^2 + b^2 - c^2 = 2ab \cos C,$$
d'où
$$\cos C = \frac{a^2 + b^2 - c^2}{2ab} :$$
mais cette expression étant peu commode pour le calcul logarithmique, il faut en chercher une autre.

Si l'on écrit $2C'$ pour C, et qu'on mette $1 - 2 \sin C'^2$ à la place de $\cos C$ (27), on aura cette expression :
$$2 \sin C'^2 = 1 + \frac{c^2 - a^2 - b^2}{2ab} = \frac{c^2 - a^2 - b^2 + 2ab}{2ab} =$$
$$\frac{c^2 - (a - b)^2}{2ab} = \frac{(c + a - b)(c - a + b)}{2ab},$$

et par conséquent

$$\sin C'^2 = \frac{(c+a-b)(c-a+b)}{4ab} = \frac{\frac{(c+a-b)}{2}\frac{(c-a+b)}{2}}{ab} \, ;$$

mais il est facile de voir que

$$\frac{c+a-b}{2} = \frac{(c+a+b)}{2} - b \, ,$$

$$\frac{c-a+b}{2} = \frac{c+a+b}{2} - a :$$

si donc on fait $c+a+b = f$, on aura, en prenant la racine quarrée, et en remettant $\frac{1}{2}C$ au lieu de C',

$$\sin \tfrac{1}{2} C = \sqrt{\frac{(\frac{1}{2}f - a)(\frac{1}{2}f - b)}{ab}} \, ,$$

formule qui conduit à la règle suivante :

Pour trouver un angle d'un triangle, lorsque les trois côtés sont connus, de la demi-somme des trois côtés, retranchez successivement chacun de ceux qui comprennent l'angle cherché ; multipliez les deux restes entre eux ; divisez ce produit par celui des côtés qui comprennent l'angle cherché, et prenant la racine quarrée du quotient, vous aurez le sinus de la moitié de cet angle.

39. La solution de tous les cas des triangles obliquangles ne dépend, comme on voit, que des trois règles énoncées dans les numéros 32, 35, 38, et repose sur le principe dont on a tiré la solution des triangles rectangles dans le numéro 30 : il sera donc facile, avec un peu d'attention, de retenir ces règles; et le calcul des exemples que je vais donner suffira pour mettre le lecteur en état de les appliquer.

Exemples de la résolution des triangles rectangles.

1er. Connaissant dans le triangle rectangle BAC, fig. 13, l'hypoténuse a et un côté c, trouver l'angle FIG. 13. opposé C à ce côté; et soit l'hypoténuse $a = 13^{mètres},178$, le côté $c = 7^m,357$. On aura (31), pour déterminer $\sin C$, la proportion

$$a : c :: R : \sin C,$$

d'où

$$\sin C = \frac{R \times c}{a},$$

et prenant les logarithmes,

$$l \sin C = l R + l c - l a.$$

Pour plus de simplicité, on fait presque toujours le rayon égal à l'unité : son logarithme est alors zéro, il n'en faudra par conséquent tenir aucun compte; et au lieu d'effectuer les soustractions, on emploie les complémens arithmétiques dont la théorie est exposée à la fin de mes *Elémens d'Algèbre*. Voici l'opération :

$l c = l 7,357 = \dots\dots\dots\dots\dots\dots\dots 0,8667008$

comp. arith. $l a = $ comp. arith. $l 13,178 = 8,8801595$

somme ou $l \sin C = \dots\dots\dots\dots\dots 9,7468513$

qui, dans les tables, répond à $0^q,377 = C$.

2e. Connaissant l'angle $C = 0^q,5837$, l'hypoténuse $a = 33,253$, trouver le côté b. On aura (31)

$$R : \sin B \ \text{ou} \cos C :: a : b,$$

d'où

$$b = \frac{a \times \cos C}{R},$$

$l b = l a + l \cos C - l R = l a + l \cos C;$

or, $l a = l 33,253 = \dots\dots\dots\dots\dots 1,5218308$

$l \cos C = l \cos 0^q,5837 = \dots\dots\dots\dots 9,7841210$

somme ou $l b = \dots\dots\dots\dots\dots\dots 1,3059518$

qui répond, dans les tables, à $20^m,228 = b$, à moins d'un 1000e près.

3e. Connaissant le côté $c = 5^m,391$, l'angle $B = 0^q,3502$, trouver le côté b. On aura

$$R : \tang B :: c : b,$$

d'où

$$b = \frac{c \times \tang B}{R},$$

$$lb = lc + l\,\tang B - lR ;$$

or, $lc = l5,391 = $ .... $0,7316693$
$l\,\tang B = l\,\tang 0^q,3502 = $ .... $9,7876255$
somme où $lc = $ .... $0,5192948$
qui répond, dans les tables, à $3^m,306 = c$.

Exemples de la résolution des triangles obliquangles.

fig. 16. 1er. Connaissant dans le triangle ABC, *fig.* 16, le côté c, les angles A et B, trouver le côté b.

Soit $A = 1^q,2805$, $B = 0^q,5879$, $c = 27^m,348$; l'angle C sera $2^q - (A+B) = 2^q - 1^q,8684 = 0^q,1316$, et on aura (32)

$$\sin C : \sin B :: c : b,$$

d'où

$$b = \frac{c \times \sin B}{\sin C},$$

$$lb = lc + l\sin B - l\sin C ;$$

or, $lc = l27,348 = $ .... $1,4369256$
$l\sin B = l\sin 0^q,5879 = $ .... $9,7018^.94$
comp.arith.$l\sin C = $comp.arith.$l\sin 0^q,1316 = 0,6877317$
somme ou lb .... $2,0264867$
qui répond, dans les tables, à $106^m,289 = b$.

2e. Connaissant dans le triangle ABC les deux côtés a, b, et l'angle compris C, trouver le troisième côté c.

Soit $a = 28^m,442$, $b = 17^m,803$, $C = 0^g,8426$; on commencera d'abord par trouver les autres angles. On aura (35)

$$a + b : a - b :: \operatorname{tang} \frac{A+B}{2} : \operatorname{tang} \frac{A-B}{2},$$

d'où

$$\operatorname{tang} \frac{A-B}{2} = \frac{\left(\operatorname{tang} \frac{A+B}{2} \right)(a-b)}{a+b},$$

et

$$l \operatorname{tang} \frac{A-B}{2} = l \operatorname{tang} \frac{A+B}{2} + l\,(a - b) - l\,(a + b);$$

or, $A + B = 2^g - C = 2^g - 0^g,8426 = 1^g,1574$, et

$$\frac{A+B}{2} = 0^g,5787 ,$$

$$a + b = 28,442 + 17,803 = 46,245 ,$$
$$a - b = 28,442 - 17,803 = 10,639 ,$$

$l \operatorname{tang} \dfrac{A+B}{2} = l \operatorname{tang} 0^g,5787 = \dots\dots\dots 0,1084874$

$l\,(a - b) = l\,10,639 = \dots\dots\dots\dots 1,0269008$

comp. arith. $l\,(a+b) = $ comp. arith. $l\,46,245 = 8,3349352$

somme ou $l \operatorname{tang} \dfrac{A-B}{2} = \dots\dots\dots\dots 9,4703234$

qui répond à $0^g,1828$:

$$\text{Donc } \frac{A+B}{2} + \frac{A-B}{2} = A = 0^g,7615 ;$$

$$\text{et } \frac{A+B}{2} - \frac{(A-B)}{2} = B = 0^g,3959.$$

Maintenant pour déterminer le côté c, on aura la proportion

$$\sin B : \sin C :: b : c,$$

d'où

$$c = \frac{b \times \sin C}{\sin B},$$

et $\qquad\qquad lc = lb + l\sin C - l\sin B ;$

or, $lb = l\,17,803 = \dots\dots\dots\dots\dots\dots\dots 1,2504932$

$l \sin C = l \sin 0^q,8426 = \dots\dots\dots\dots\dots 9,9865885$

comp.arith.$l\sin B$=comp.arith.$l \sin 0^q,3959$=$0,2346572$

somme ou $l\,C = \dots\dots\dots\dots\dots\dots\dots\dots 1,4717389$

qui répond, dans les tables, à $29^m,630 = c.$

3e. Connaissant, dans le triangle ABC, les trois côtés a, b, c, trouver l'angle A.

Soit $a = 29^m,037$, $b = 18^m,743$, $c = 13^m,782.$

Suivant le numéro 38, on ajoutera les trois côtés a, b, c, entre eux, ce qui donnera $61,562$; et de la moitié $30,781$ on retranchera successivement b, c; il viendra pour restes $12,038$ et $16,999$: on aura ensuite :

$l\,16,999 = \dots\dots\dots\dots\dots\dots\dots 1,2304234$

$l\,12,038 = \dots\dots\dots\dots\dots\dots\dots 1,0805543$

comp. arith. $l\,18,743 = \dots\dots\dots\dots 8,7271609$

comp. arith. $l\,13,782 = \dots\dots\dots\dots 8,8606878$

somme $\dots\dots\dots\dots\dots\dots\dots\dots 19,8988264$

dont la moitié ou $l \sin \frac{1}{2}A = \dots\dots\dots 9,9494132$

qui, dans la table, répond à $0^q,6987 = \frac{1}{2}A$: donc $A = 1^q,3974.$

40. Un ouvrage de la nature de celui-ci ne saurait comporter le détail des applications dont la trigonométrie rectiligne est susceptible; je me bornerai à indiquer la solution de trois questions que l'on peut regarder comme la base de l'art de lever les plans.

Voici l'énoncé de la première :

Etant donné de grandeur et de position, sur un plan,
FIG. 17. *une ligne* AB, fig. 17, *déterminer, par rapport à cette ligne, la position d'un point C, situé dans le même plan,*

ou, ce qui revient au même, *trouver les distances* AC *et* BC.

Pour la résoudre, il faut mesurer la ligne AB, qui est la *base* de l'opération, et les angles CAB et CBA, compris entre cette base et les lignes qui en joignent les extrémités avec le point inconnu C; les distances cherchées AC et BC, se calculeront alors d'après la règle énoncée dans le n° 32; et lorsqu'on les aura trouvées, on construira, au moyen d'une échelle de parties égales, sur les trois côtés donnés, le triangle ABC, qui fera connaître la position respective des trois points A, B et C (*).

On pourra ensuite, par la résolution du triangle rectangle ACP, dans lequel on connaîtra le côté AC et l'angle CAP, trouver la longueur de la perpendiculaire CP, abaissée sur AB, ou de la plus courte distance du point C à la ligne AB, et la grandeur du segment AP. Ces données serviront aussi à marquer la position du point C à l'égard de la ligne AB. On trouverait de même la situation d'un point D, qu'on pourrait appercevoir en même temps de deux quelconques des trois points A, B et C.

(*) Je n'insiste point sur l'opération de la mesure des angles, parce que la vue des instrumens que l'on y emploie en apprend plus que tout ce qu'on peut dire à cet égard; et que pour concevoir la possibilité de cette mesure, il suffit d'imaginer que l'on ait placé sur le point A le centre d'un secteur de cercle, dont les rayons soient dirigés suivant les côtés AB et AC de l'angle qu'on se propose de connaître. Ceux qui voudront se livrer à la pratique de la levée des plans, pourront consulter le *Traité de Trigonométrie* de Cagnoli, l'article *Levée des plans*, dans le Dictionnaire de mathématiques de l'Encyclopédie methodique, le *Traité d'Arpentage* de M. Lefévre, et enfin les *Traités de Géodésie théorique et pratique* de M. Puissant, dans lesquels se trouvent les méthodes les plus exactes et les plus propres aux grandes opérations trigonométriques, ainsi qu'aux opérations de détail.

41. Lorsqu'on a déterminé immédiatement le point D par rapport à la ligne AB, en mesurant les angles DAB, DBA, on a tout ce qu'il faut pour connaître la distance réciproque des points C et D; car ayant résolu le triangle DAB, de même que le triangle CAB, et retranché ensuite l'angle DAB de l'angle CAB, on connaît alors, dans le triangle CAD, les deux côtés AC et AD, et l'angle CAD qu'ils comprennent: l'application des règles du n° 35 donne les deux autres angles DCA, CDA, et le troisième côté CD, qui est la distance cherchée. L'angle DCA donne la position de la droite CD; et en considérant AC comme sécante, la comparaison des angles DCA et CAB fait voir quelle est l'inclinaison de CD à l'égard de AB.

En partant des points C et D, et considérant alors la droite CD comme une nouvelle base, on pourra déterminer de nouveaux points, que l'on n'appercevait pas des deux premiers A et B; et continuant ainsi de proche en proche, on fixera la position respective de tous les points d'un pays : c'est ainsi qu'a été construite la carte de France, dirigée par Cassini.

42. La seconde question dont j'ai à m'occuper, n'est que la première rendue plus générale, en supposant que le point à déterminer soit situé hors du plan sur lequel se trouve la ligne AB. Soit C ce point, et ABC' le plan qui contient la ligne AB, *fig.* 18 : la position du point C sera connue, si l'on a celle du pied C' de la perpendiculaire abaissée de ce point sur le plan ABC', et la longueur de la perpendiculaire CC', qui marque de combien le point C est élevé au-dessus de C', qu'on nomme sa *projection*. Dans ce cas les angles $C'AB$ et $C'BA$ ne sont plus ceux qu'on mesure, mais on prend à leur place les angles CAB et CBA, situés dans le plan CAB, passant par les lignes AC et BC, menées des points donnés A et B, au point demandé; et pour fixer la position

de

de ce plan, on mesure en outre l'angle DBC que fait la ligne CB avec la ligne BD, perpendiculaire au plan ABC', et par conséquent parallèle à la droite CC' (*). On résout le triangle CBA comme dans le n° précédent, puisqu'on y a encore les mêmes données; ensuite, dans le triangle $C'BC$, rectangle en C', on connaît l'hypoténuse CB et l'angle $C'BC$, qui est la différence entre l'angle droit DBC' et l'angle mesuré DBC : on calcule les côtés CC' et $C'B$. Le premier est la hauteur du point C au-dessus du plan $C'AB$, et sert conjointement avec le côté AC, à déterminer AC' par le moyen du triangle CAC', rectangle en C'. Cela fait, on a les trois côtés du triangle $C'AB$, et le point C' est par conséquent donné.

43. C'est pour plus de simplicité que j'ai supposé la ligne AB dans le plan auquel on rapporte les points à déterminer; lorsqu'elle ne s'y trouve pas, il faut observer, de plus, l'angle DBA, *fig.* 19, qu'elle fait FIG. 19. dans ce cas avec la ligne DB perpendiculaire au plan $A'BC'$, sur lequel on veut rapporter le point C. Cela fait, on calcule d'abord, comme ci-dessus, les côtés AC et BC du triangle ABC, les côtés CC' et $C'B$, du triangle rectangle $C'BC$; puis dans le triangle $BA'A$, rectangle en A', où on connaît AB, et l'angle ABA', complément de l'angle observé DBA, on calcule BA' et AA',

Maintenant si l'on conçoit AC'' parallèle à $A'C'$,

(*) Lorsqu'il s'agit des points placés sur la surface de la terre, on choisit pour le plan ABC' un plan *horizontal*; les lignes CC' et BD sont alors *verticales*; leur direction est donnée par celles du *fil-à-plomb*; le plan $C'CB$ qui passe par ces lignes est vertical, et se trouve déterminé par le point C, qu'on apperçoit du point B, et par la ligne DB. La ligne $C'B$ est une ligne horizontale comprise dans ce plan.

il en résultera le triangle $AC''C$, rectangle en C'', dans lequel on connaîtra AC, côté calculé du triangle ABC, et CC'', différence entre les lignes $C'C''$, ou AA', et CC', calculées précédemment ; on pourra par conséquent calculer AC'' ou $A'C'$. Voilà donc le triangle $BA'C'$ déterminé par ses trois côtés, comme l'est le triangle BAC', dans le n° précédent.

44. En prenant arbitrairement les côtés BC et AB, et suivant la marche que je viens de tracer, on peut calculer le triangle $A'C'B$, dans la vue de connaître l'angle $C'BA'$, formé par les lignes $C'B$ et $A'B$ qui sont, sur le plan $A'BC'$, les *projections* des rayons visuels AC et AB, menés du point B aux points A et C.

L'angle $C'BA'$ compris entre ces projections, est l'angle CBA *réduit*, du plan incliné dans lequel il se trouve, au plan $A'BC'$ sur lequel on rapporte les objets, et qu'on choisit communément horizontal. Je donnerai dans la suite (62) une autre manière de réduire un angle d'un plan à un autre ; mais le plus souvent, comme les deux plans que l'on considère sont peu inclinés entre eux, on fait cette réduction par des méthodes approximatives beaucoup plus courtes ; on en a même dressé des tables.

Pour le présent je me bornerai à faire remarquer que si on observait aussi au point A, les angles EAC, EAB, et que l'on réduisît par leur moyen l'angle CAB à l'angle $C'A'B$, puis que l'on calculât $A'B$, en multipliant AB par le cosinus de l'angle ABA' ou le sinus de l'angle DBA, connaissant alors immédiatement les angles $C'BA'$, $C'A'B$ et $A'B$, la détermination du point C' rentrerait dans ce qui a été dit au n° 40.

La réduction au plan horizontal, n'est pas la seule qu'on ait à faire aux angles observés : il arrive rarement

qu'on puisse se placer aux points remarquables qu'on
choisit pour sommets des angles, et qui sont ordinairement des pointes de clochers, des tours : il naît
de là une nouvelle réduction qu'on appelle *réduction.
des angles au centre de la station.* Il faut consulter
sur ce sujet, comme sur toutes les attentions minu-
tieuses qu'exigent les grandes opérations trigonométriques, l'Ouvrage de M. Delambre, intitulé *Méthodes
analytiques pour la détermination d'un arc du méri-
dien*, et les Traités de M. Puissant, déja cités.

45. La troisième question que je dois résoudre ici, a
pour objet la *détermination d'un point par l'obser-
vation des angles compris entre les droites menées de
ce point à trois points donnés;* et elle se présente
comme un des moyens les plus commodes pour placer
sur un plan ou sur une carte, un point qui ne s'y
trouve pas marqué.

Lorsqu'on la considère dans le cas le plus général,
elle se rapporte à la géométrie dans l'espace, et j'en
ai donné la solution graphique dans le *Complément
des Élemens de Géométrie*; mais quand les trois angles
sont dans un même plan, il y en a toujours un qui est
la somme ou la différence des deux autres, ensorte qu'il
suffit d'observer ceux-ci pour en conclure le premier ;
et on peut ramener les autres cas à celui-là, en se
servant de la réduction des angles au plan horizontal,
enseignée dans le n° 62.

La solution graphique de ce cas consiste à décrire
sur les lignes AB et AC, *fig.* 20, qui joignent les trois FIG. 20.
points donnés A, B, C, deux segmens de cercle
capables des angles BDA, CDA, observés au point
cherché D, entre les points A et B, A et C. Les circonférences des cercles se couperont d'abord au point
qui leur a été rendu commun par la construction, et

D 2

ensuite au point D, qui sera évidemment le point demandé.

Je n'entrerai point dans la discussion des différens cas que peut présenter le problème, relativement aux diverses situations respectives des points donnés A, B, C, et du point cherché D; je me bornerai à faire remarquer que la somme des angles observés BDA, CDA, indique si l'on est placé dans le triangle ABC, ou en dehors. Dans le premier cas elle surpasse deux droits; dans le second, elle est moindre; et si elle était précisément égale à deux droits, on serait placé sur la ligne BC. Cela est trop facile à prouver pour que je m'y arrête.

Voici une des manières d'appliquer à ce problème le calcul trigonométrique. Les données sont les parties du triangle BAC, et les angles observés BDA et CDA: je ferai en conséquence

$$AB = a, \quad AC = b, \quad BDA = \alpha, \quad CDA = \beta, \quad BAC = \gamma,$$

et je prendrai pour inconnues

$$ABD = x, \qquad ACD = y;$$

parce que ces angles étant trouvés, on en connaîtra deux avec un côté, dans chacun des triangles BAD et DAC dont on pourra alors calculer toutes les parties (34). Cela posé, les triangles BAD et DAC donneront

$$\sin BDA : \sin ABD :: AB : AD,$$
$$\sin CDA : \sin ACD :: AC : AD,$$

ou

$$\sin \alpha : \sin x :: a : AD = \frac{a \sin x}{\sin \alpha},$$

$$\sin \beta : \sin y :: b : AD = \frac{b \sin y}{\sin \beta};$$

on conclura de là l'équation

$$\frac{a \sin x}{\sin \alpha} = \frac{b \sin y}{\sin \beta},$$

qui revient à

$$a \sin \beta \sin x - b \sin \alpha \sin y = 0.$$

Mais, dans le quadrilatère $ABDC$, on a

$$ACD = 4 \text{ angl. droits} - ADB - ADC - BAC - ABD,$$

d'où $y = 4 \text{ angl. droits} - \alpha - \beta - \gamma - x$;

faisant pour abréger

$$4 \text{ angl. droits} - \alpha - \beta - \gamma = \delta,$$

il viendra $\qquad y = \delta - x$, et par conséquent

$$a \sin \beta \sin x - b \sin \alpha (\sin \delta \cos x - \cos \delta \sin x) = 0;$$

divisant tout par $\sin x$, on obtiendra

$$a \sin \beta - b \sin \alpha \left(\sin \delta \, \frac{\cos x}{\sin x} - \cos \delta \right) = 0,$$

d'où on conclura

$$\frac{\cos x}{\sin x} = \cot x = \frac{a \sin \beta + b \sin \alpha \cos \delta}{b \sin \alpha \sin \delta}.$$

Si on partage cette expression en deux parties, on aura

$$\cot x = \frac{a \sin \beta}{b \sin \alpha \sin \delta} + \frac{\cos \delta}{\sin \delta},$$

ou bien $\qquad \cot x = \frac{\cos \delta}{\sin \delta} \left(\frac{a \sin \beta}{b \sin \alpha \cos \delta} + 1 \right)$,

ou enfin

$$\cot x = \cot \delta \left(\frac{a \sin \beta}{b \sin \alpha \cos \delta} + 1 \right).$$

Voilà la question résolue, puisqu'avec l'angle x, on a l'angle y.

Note sur le Nivellement.

Il est utile de remarquer comment, par le moyen du triangle

FIG. 19. rectangle ABA', *fig*. 19, on a déterminé, dans le n° 43, la hauteur AA' du point A au-dessus du point A' qui lui correspond dans le plan $A'C'B$, parce que si ce dernier est horizontal, la ligne AA' est alors la *différence de niveau* entre le point A et le même plan, et par conséquent aussi entre le point A et le point B.

L'opération qui fait connaître cette différence, est nommée *nivellement* : elle s'exécute de plusieurs manières, suivant la nature des instrumens qu'on y emploie, et l'étendue des espaces que l'on considère; mais son but est toujours de *déterminer de combien un point est plus élevé ou plus bas qu'un autre, dans le sens vertical, ou perpendiculairement à la surface terrestre*. Il existe des traités spéciaux de nivellement, auxquels je renverrai le lecteur; mais je dois dire ici que depuis qu'on possède, dans le *cercle répétiteur*, un instrument portatif propre à mesurer les angles avec la plus grande exactitude, on peut, comme je l'ai indiqué, n° 43, trouver immédiatement la différence de niveau de deux points, par la mesure de l'angle que fait avec la verticale passant par l'un de ces points, la droite qui les joint.

J'ai supposé dans le texte les deux droites DB et AA' parallèles entre elles; mais cette circonstance n'a lieu pour les verticales que dans un espace assez-petit, à cause de la convexité de la surface terrestre. En la supposant sphérique, ce qui est à très-peu-près exact, les verticales concourent au centre C, comme le FIG. 21. marquent les lignes AC et BC, *fig*. 21; la ligne BA' perpendiculaire à BD sera seulement tangente au point B de la surface terrestre, et la différence de niveau, suivant la définition donnée ci-dessus, sera Aa et non pas AA'; c'est-à-dire la différence entre les côtés BC et AC du triangle ABC, dans lequel on connaît le côté AB mesuré, le côté BC égal au rayon moyen de la terre et de 6 366 198 mètres, enfin l'angle B compris entre ces côtés, et supplément de l'angle observé DBA. Cela posé, si on prend

$$BC = a, \quad AC = b, \quad AB = c,$$

on obtiendra (36)

$$b = \sqrt{a^2 + c^2 - 2ac \cos B};$$

et comme c est toujours fort petit à l'égard de a, je donne à cette expression la forme

$$b = a \left\{ 1 + \frac{c^2 - 2ac \cos B}{a^2} \right\}^{\frac{1}{2}} = a \left\{ 1 + \frac{2c}{a} \left(\frac{c}{2a} - \cos B \right) \right\}^{\frac{1}{2}}.$$

Faisant ensuite, pour abréger, $\dfrac{c}{2a} - \cos B = m$, puis développant, par la formule du binome, il viendra

$$b = a \left\{ 1 + \frac{2cm}{a} \right\}^{\frac{1}{2}} = a \left\{ 1 + \frac{cm}{a} - \frac{1}{2} \frac{c^2 m^2}{a^2} + \text{etc.} \right\} ;$$

et la ligne cherchée Aa étant égale à $b-a$, je supposerai $b = a + \delta$, d'où il résultera, après la réduction,

$$\delta = cm - \frac{1}{2} \frac{c^2 m^2}{a} + \text{etc.}$$

La quantité m et ses puissances se calculeront facilement par les logarithmes, en prenant $\frac{c}{2a} = \cos B'$, parce qu'alors

$$\frac{c}{2a} - \cos B = \cos B' - \cos B = 2\sin \tfrac{1}{2}(B + B')\sin \tfrac{1}{2}(B - B').$$

Quand l'angle B est droit, la ligne BA se confond avec BA'; et si on considère alors le point α', intersection de BA' et du rayon AC, on a $c = B\alpha'$, et δ devient $\alpha\alpha'$, c'est-à-dire la distance entre le point α' pris sur la tangente et le point α qui lui correspond sur la surface terrestre, ou la *différence entre le niveau apparent et le niveau réel*. Dans ce cas $m = \frac{c}{2a}$; ainsi

$$\delta = \frac{c^2}{2a} - \frac{c^4}{8a^3} + \text{etc.} ,$$

ce qui fait connaître la quantité dont la surface terrestre s'abaisse au-dessous de sa tangente, à une distance c du point de contact.

Le plus souvent on rapporte d'abord le point A en A' sur la tangente BA', puis, à cause de la petitesse de l'angle C, on regarde les droites AA' et $A\alpha'$ comme se confondant, et on prend pour $A\alpha$ la somme des droites AA' et $A\alpha'$.

On peut se passer de mesurer la distance AB, pourvu qu'on observe l'angle EAB en même temps que l'angle DBA. On connaît alors, dans le triangle ABC, les deux angles B et A, supplémens des angles observés, et on a (35)

$$\frac{b-a}{b+a} = \frac{\tan \tfrac{1}{2}(A-B)}{\tan \tfrac{1}{2}(A+B)}.$$

Faisant, pour abréger, $\dfrac{\tan \tfrac{1}{2}(A-B)}{\tan \tfrac{1}{2}(A+B)} = m$, et $b = a + \delta$, on trouve

$$\frac{\delta}{2a + \delta} = m, \quad \text{ou} \quad \delta = \frac{2am}{1 - m};$$

or $\qquad \dfrac{1}{1-m} = 1 + m + m^2 + \text{etc.}$ (*Elém. d'Algéb.*):

donc $\qquad \delta = 2am \left\{ 1 + m + m^2 + \text{etc.} \right\}$,

série très-convergente quand les angles A et B approchent d'être droits. Le premier terme $2am$, suffira le plus souvent.

Quand on opère avec exactitude, il faut corriger les angles EAB et DBA de la *réfraction* qu'éprouvent les rayons de lumière en traversant l'air, de A jusqu'en B; mais j'ai principalement rapporté les deux questions précédentes pour servir d'exemple de l'application des séries à la résolution approchée de certain cas des triangles.

CHAPITRE II.

De la Trigonométrie sphérique.

46. LES triangles sphériques que l'on calcule ordinairement, sont ceux que forment, sur la surface de
la sphère, trois grands cercles qui se coupent deux
à deux. Un tel triangle détermine toujours un angle
trièdre; et réciproquement, d'un pareil angle on déduit
aussi un triangle sphérique. En effet, soit ABC, *fig.* 22, FIG.22.
un triangle sphérique quelconque, et que l'on ait
mené de chacun de ses angles, au centre de la sphère
dont il fait partie, les rayons AS, BS, CS; les plans
ABS, ACS, BCS, seront ceux des grands cercles sur
lesquels sont pris les arcs AB, AC, BC, côtés du triangle
proposé, et ces arcs mesurent les angles rectilignes
compris sur chacune des faces de l'angle trièdre $SABC$,
entre ses arêtes SA et SB, SA et SC, SB et SC. L'inclinaison de deux plans se mesure, comme on sait, par
l'angle rectiligne formé par deux droites menées dans
chacun de ces plans, par un même point de leur commune section, perpendiculairement à cette ligne : il suit
de là que si, par le point A, on tire les droites AI et AK
perpendiculaires l'une et l'autre à AS, mais la première
dans le plan CAS, et la seconde dans le plan BAS,
l'angle rectiligne IAK mesurera l'inclinaison de ces deux
plans. Il est d'ailleurs aisé de voir que la ligne AI sera
tangente à l'arc AC, et que AK sera tangente à l'arc
AB; et comme on prend pour l'angle que forment deux

lignes courbes , celui que comprennent les tangentes menées au point où elles se rencontrent , l'angle IAK sera donc aussi la mesure de l'angle fait par les arcs AC et AB. Il en serait de même de chacun des deux autres angles du triangle ; les inclinaisons des faces de l'angle trièdre $SABC$ ont donc la même mesure que l'angle correspondant du triangle spherique BAC. Le triangle sphérique et l'angle trièdre sont composés par conséquent de six parties qui se correspondent , savoir : les trois côtés du triangle qui répondent aux angles des aretes de l'angle trièdre , et les trois angles du triangle qui répondent aux inclinaisons réciproques des faces de l'angle trièdre.

Euler, qui s'est occupe à plusieurs reprises de la trigonométrie sphérique , pour la présenter sous des points de vue nouveaux, a donné , en 1779 (*) , un Memoire que l'on peut regarder comme un Traité complet de cette branches des mathématiques. Sa forme, entièrement analytique , m'a engagé à le présenter à mes lecteurs, en y faisant les changemens nécessaires pour ne l'appuyer que sur un seul principe, et simplifier quelques résultats.

47. Tout ce que j'ai à dire sur les triangles sphériques repose uniquement sur la construction suivante, qu'il est par conséquent important de bien saisir.

De l'angle C du triangle ABC , on abaisse une perpendiculaire CD sur le plan ASB du côté BA opposé à cet angle ; du point D on mène les lignes ED, DF, respectivement perpendiculaires, sur SA et SB ; on tire les lignes CE et CF, qui seront respectivement perpendiculaires aux lignes SA et SB (*Géomét.*). Il suit de là

---

que les angles CED et CFD, mesurent les inclinaisons des plans CSA et CSB, sur le plan ASB, ou, ce qui est la même chose, donnent la valeur des angles A et B du triangle sphérique ABC. Je désignerai dorénavant les angles de ces triangles par la lettre placée à leur sommet, et les côtés qui leur sont opposés par une lettre semblable, mais prise dans le petit alphabet; ici, comme dans le numéro 31, le côté BC opposé à l'angle A, sera nommé a, et ainsi des autres. Le rayon des tables étant supposé égal à l'unité, on aura alors

$$CE = \sin CA = \sin b, \qquad SE = \cos CA = \cos b,$$
$$CF = \sin CB = \sin a, \qquad SF = \cos CB = \cos a.$$

Dans le triangle rectiligne CDE, rectangle en D, et dont l'angle $CED = A$, on trouvera

$$CD = CE \sin CED = \sin b \sin A,$$
$$DE = CE \cos CED = \sin b \cos A.$$

Par le triangle rectiligne CDF, pareillement rectangle en D, et dont l'angle $CFD = B$, on obtiendra

$$CD = CF \sin CFD = \sin a \sin B,$$
$$DF = CF \cos CFD = \sin a \cos B.$$

Les deux expressions de la ligne CD, étant égalées entre elles, donnent d'abord

$$\sin b \sin A = \sin a \sin B \ldots \ldots (A),$$

résultat qui est, par rapport aux triangles sphériques, l'analogue de celui du numéro 32.

Il est évident qu'on doit avoir de même les deux équations suivantes :

$$\sin c \sin A = \sin a \sin C,$$
$$\sin c \sin B = \sin b \sin C.$$

Maintenant, par le point E, je mène EG perpendiculaire sur SB, et par le point D, je tire DH parallèle-

à SB; je forme de cette manière un triangle rectangle HDE, dans lequel $HED = ASB$, puisqu'en retranchant l'angle GES de l'angle droit SED, on a pour reste HED, et que l'angle ASB ou ESG est aussi la différence entre un angle droit et l'angle GES. De la résolution du triangle EHD, on déduira par conséquent

$$HD = DE \sin DEH = DE \sin c = \cos A \sin b \sin c \,;$$

mais $SF = \cos a = SG + GF = SG + HD$, et $SG = SE \cos ESG = \cos b \cos c$: on aura donc

$$\cos a = \cos b \cos c + \cos A \sin b \sin c \,,$$

équation qui exprime la relation qui existe entre le côté a, les deux autres côtés b et c, et l'angle qu'ils comprennent.

Il est évident qu'en considérant en particulier chacun de ces derniers, on trouvera de même deux équations semblables à la précédente; et l'on formera de cette manière, entre les six parties du triangle ABC, les trois équations

$$\left.\begin{array}{l} \cos a = \cos b \cos c + \cos A \sin b \sin c \\ \cos b = \cos a \cos c + \cos B \sin a \sin c \\ \cos c = \cos a \cos b + \cos C \sin a \sin b \end{array}\right\} \dots\dots(B).$$

48. Ces trois équations renferment implicitement l'équation (A). Pour s'en convaincre, il suffit de prendre les valeurs qu'elles donnent pour $\cos A$, $\cos B$, $\cos C$, et de les substituer dans les équations

$$\sin A^2 = 1 - \cos A^2$$
$$\sin B^2 = 1 - \cos B^2$$
$$\sin C^2 = 1 - \cos C^2.$$

On trouve par la première de celles-ci;

$$\sin A^2 = 1 - \frac{\cos a^2 - 2\cos a \cos b \cos c + \cos b^2 \cos c^2}{\sin b^2 \sin c^2} =$$

$$\frac{\sin b^2 \sin c^2 - \cos a^2 + 2\cos a \cos b \cos c - \cos b^2 \cos c^2}{\sin b^2 \sin c^2} =$$

$$\frac{(1-\cos b^2)(1-\cos c^2) - \cos b^2 \cos c^2 - \cos a^2 + 2\cos a \cos b \cos c}{\sin b^2 \sin c^2} =$$

$$\frac{1 - \cos a^2 - \cos b^2 - \cos c^2 + 2\cos a \cos b \cos c}{\sin b^2 \sin c^2};$$

multipliant les deux termes de cette fraction par $\sin a^2$, et prenant ensuite la racine quarrée, on obtiendra

$$\sin A = \sin a \times \frac{\sqrt{1 - \cos a^2 - \cos b^2 - \cos c^2 + 2\cos a \cos b \cos c}}{\sin a \sin b \sin c}$$

Si, pour abréger, on représente par M la quantité qui multiplie $\sin a$ dans le second membre de cette équation, on aura $\qquad \sin A = M \sin a :$

on trouvera de même

$$\sin B = M \sin b, \qquad \sin c = M \sin c;$$

et par l'élimination de M, on retombera sur les équations (A). Il est à propos de remarquer que les trois côtés a, b, c, entrent tous de la même manière dans l'expression de M, car c'est pour cela qu'elle est commune aux valeurs des sinus de chacun des angles (*).

Les équations (B) suffiront donc pour résoudre un

(*) En désignant par N le numérateur de la quantité M, par γ, β, α, trois arêtes contiguës d'un tétraèdre quelconque, et par a, b, c, les trois angles qu'elles forment, il résulte d'un mémoire d'Euler, que le volume de ce tétraèdre est égal à $\frac{1}{3}\alpha\beta\gamma \times \frac{1}{2}N$, et que $\frac{1}{2}N$ revient

$$\sqrt{\sin\tfrac{1}{2}(a+b+c)\sin\tfrac{1}{2}(a+b-c)\sin\tfrac{1}{2}(a+c-b)\sin\tfrac{1}{2}(b+c-a)}.$$

Dans le tétraèdre $SABC$, $a = \beta = \gamma = 1$; son volume est donc égal à $\frac{1}{6}N$. (Voyez les *Novi Commentarii Acad. Petropolitanæ*, T. IV, pag. 160, et le 6e cahier du *Journal de l'École Polytechnique*, pag. 270).

triangle sphérique quelconque, lorsqu'on connaîtra trois de ses parties, en observant que le sinus et le cosinus ne doivent être regardés que comme une seule inconnue, puisqu'on peut toujours exprimer l'un par l'autre.

L'application des équations (B) aux différens cas qui peuvent se présenter, devient plus facile, au moyen de quelques transformations que je vais effectuer.

49. On peut y changer les angles dans les côtés qui leur sont opposés, et respectivement, en observant de donner le signe — aux cosinus. Pour le prouver, il faut éliminer $\cos a$ des deux dernières, au moyen de la première; on trouvera

$$\cos b = \cos b \cos c^2 + \cos A \sin b \sin c \cos c + \cos B \sin a \sin c$$
$$\cos c = \cos b^2 \cos c + \cos A \sin b \sin c \cos b + \cos C \sin a \sin b.$$

En substituant dans ces résultats $1 - \sin c^2$ à $\cos c^2$, $1 - \sin b^2$ à $\cos b^2$, ils se réduisent; le premier devient divisible par $\sin c$, le second par $\sin b$, et ils peuvent ensuite s'écrire ainsi :

$$\left.\begin{array}{l}\cos B \sin a = \cos b \sin c - \cos A \sin b \cos c \\ \cos C \sin a = \sin b \cos c - \cos A \cos b \sin c\end{array}\right\} \ldots (C).$$

Si on multiplie la deuxième de ces équations par $\cos A$, qu'on l'ajoute à la première, et que l'on substitue $1 - \sin A^2$ au lieu de $\cos A^2$, on obtiendra

$$\sin a \,(\cos B + \cos A \cos C) = \sin A^2 \cos b \sin c;$$

mais il suit des équations (A) que $\sin c \sin A = \sin a \sin C$; faisant la substitution de cette valeur dans le second membre de l'équation ci-dessus, elle deviendra divisible par $\sin a$, et on aura pour résultat

$$\cos B + \cos A \cos C = \cos b \sin A \sin C,$$

ou, ce qui est la même chose,

$$\cos B = - \cos A \cos C + \cos b \sin A \sin C.$$

En rapprochant cette équation des équations (B), on

voit qu'elle se déduirait immédiatement de la seconde, en changeant les grandes lettres en petites, et réciproquement, et en affectant tous les cosinus du signe —. En effet, en opérant ainsi, il vient

$$— \cos B = \cos A \cos C — \cos b \sin A \sin C,$$

équation qui rentre dans la précédente lorsqu'on en change tous les signes.

La relation qu'a l'angle B avec les deux angles A, C, et le côté b qu'ils interceptent, existe nécessairement dans chacune des combinaisons semblables d'angles et de côtés : on a donc en même temps les trois équations

$$\left. \begin{array}{l} \cos A = — \cos B \cos C + \cos a \sin B \sin C \\ \cos B = — \cos A \cos C + \cos b \sin A \sin C \\ \cos C = — \cos A \cos B + \cos c \sin A \sin B \end{array} \right\} \dots (\mathbf{B'}).$$

50. Il faut remarquer qu'en prenant les cosinus négativement, on passe des arcs a, b, c, et des angles A, B, C, à leurs supplémens, puisque $— \cos A = \cos (2^q — A)$, $— \cos a = \cos (2^q — a)$, et ainsi des autres (23). Si on substitue ces valeurs dans les équations ci-dessus, en faisant, pour abréger, $2^q — A = A'$, $2^q — a = a'$, etc. elles prendront la forme

$$\left. \begin{array}{l} \cos A' = \cos B' \cos C' + \cos a' \sin B' \sin C' \\ \cos B' = \cos A' \cos C' + \cos b' \sin A' \sin C' \\ \cos C' = \cos A' \cos B' + \cos c' \sin A' \sin B' \end{array} \right\} \, ;$$

équations parfaitement semblables aux équations (B), et qui appartiennent par conséquent à un triangle sphérique dont les côtés sont A', B', C', et les angles a', b', c'. Un tel triangle a donc ses angles mesurés par les supplémens des côtés du triangle ABC, et ses côtés mesurent les supplémens des angles du même triangle : il est désigné, dans les livres de trigonométrie, sous le nom de *triangle supplémentaire;* et on prouve que les sommets de ses angles sont les pôles des côtés du premier, *et vice versâ.*

51. Les équations obtenues dans le n° 49 sous la désignation (C), qui renferment cinq parties du triangle sphérique ABC, peuvent se transformer en d'autres qui n'en contiennent plus que quatre. Il faut pour cela substituer, au lieu de sin a, dans la première, $\dfrac{\sin a \sin A}{\sin B}$, et dans la seconde, $\dfrac{\sin c \sin A}{\sin C}$ (47), et comme $\dfrac{\cos p}{\sin p} =$ cot p, on trouvera alors

$$
\left.
\begin{aligned}
\cot B &= \frac{\cos b \sin c - \cos A \sin b \cos c}{\sin A \sin b} \\
\cot C &= \frac{\sin b \cos c - \cos A \cos b \sin c}{\sin A \sin c}
\end{aligned}
\right\} \dots (\text{D}).
$$

Il est facile de former, à l'inspection de ces valeurs, toutes celles qui leur sont analogues, en y permutant les lettres d'une manière convenable; mais il importe surtout de remarquer que puisqu'elles sont déduites des équations (B), on y pourra changer de la même manière que dans celles-ci, les côtés en angles, et réciproquement, en affectant les cosinus et les cotangentes du signe contraire à celui qu'ils ont, et il viendra

$$
\left.
\begin{aligned}
\cot b &= \frac{\cos B \sin C + \cos a \sin B \cos C}{\sin a \sin B} \\
\cot c &= \frac{\sin B \cos C + \cos a \cos B \sin C}{\sin a \sin C}
\end{aligned}
\right\} \dots (\text{D}').
$$

52. Les cinq systèmes d'équations (A), (B), (B'), (D), (D'), donnent immédiatement la résolution de tous les cas que peut offrir un triangle sphérique quelconque. Le
premier

premier exprime la relation qui existe entre les angles et les côtés opposés.

53. On tire du second les six formules suivantes :

$$\left. \begin{array}{l} \cos a = \cos b \cos c + \cos A \sin b \sin c \\ \cos b = \cos a \cos c + \cos B \sin a \sin c \\ \cos c = \cos a \cos b + \cos C \sin a \sin b \end{array} \right\},$$

$$\left. \begin{array}{l} \cos A = \dfrac{\cos a - \cos b \cos c}{\sin b \sin c} \\[2mm] \cos B = \dfrac{\cos b - \cos a \cos c}{\sin a \sin c} \\[2mm] \cos C = \dfrac{\cos c - \cos a \cos b}{\sin a \sin b} \end{array} \right\},$$

dont les trois premières font connaître un côté par le moyen des deux autres et de l'angle qu'ils comprennent, et dont les trois dernières donnent les angles par le moyen des côtés.

54. Le troisième système produit, de même que le précédent, six formules, qui sont :

$$\cos A = - \cos B \cos C + \sin B \sin C \cos a$$
$$\cos B = - \cos A \cos C + \sin A \sin C \cos b$$
$$\cos C = - \cos A \cos B + \sin A \sin B \cos c$$
$$\cos a = \frac{\cos A + \cos B \cos C}{\sin B \sin C}$$
$$\cos b = \frac{\cos B + \cos A \cos C}{\sin A \sin C}$$
$$\cos c = \frac{\cos C + \cos A \cos B}{\sin A \sin B}$$

Les trois premières feront trouver un angle lorsque l'on connaîtra les deux autres et le côté intercepté entre eux ; les trois dernières donneront chacun des côtés, lorsque tous les angles seront connus.

Trigonométrie.   E

55. Le quatrième système, en y faisant toutes les permutations possibles, donne les six formules

$$\cot A = \frac{\cos a \sin b - \cos C \sin a \cos b}{\sin C \sin a}$$

$$\cot B = \frac{\sin a \cos b - \cos C \cos a \sin b}{\sin C \sin b}$$

$$\cot A = \frac{\cos a \sin c - \cos B \sin a \cos c}{\sin B \sin a}$$

$$\cot C = \frac{\sin a \cos c - \cos B \cos a \sin c}{\sin B \sin c}$$

$$\cot B = \frac{\cos b \sin c - \cos A \sin b \cos c}{\sin A \sin b}$$

$$\cot C = \frac{\sin b \cos c - \cos A \cos b \sin c}{\sin A \sin c},$$

par le moyen desquelles on déterminera deux des angles d'un triangle sphérique, lorsqu'on connaîtra le troisième angle et les côtés qui le comprennent.

56. Le cinquième système enfin conduit aux six formules suivantes :

$$\cot a = \frac{\cos A \sin B + \cos c \sin A \cos B}{\sin c \sin A}$$

$$\cot b = \frac{\sin A \cos B + \cos c \cos A \sin B}{\sin c \sin B}$$

$$\cot a = \frac{\cos A \sin C + \cos b \sin A \cos C}{\sin b \sin A}$$

$$\cot c = \frac{\sin A \cos C + \cos b \cos A \sin C}{\sin b \sin C}$$

$$\cot b = \frac{\cos B \sin C + \cos a \sin B \cos C}{\sin a \sin B}$$

$$\cot c = \frac{\sin B \cos C + \cos a \cos B \sin C}{\sin a \sin C},$$

qui serviront à déterminer deux des côtés d'un triangle lorsqu'on connaîtra le troisième et les deux angles qu'il intercepte.

57. Les formules conclues des systèmes (B), (B'), (D) et (D'), (53—56), méritent la plus grande attention, tant par leur élégance que par la propriété qu'elles ont de faire connaître si l'arc ou l'angle qu'elles expriment est moindre ou plus grand qu'un quadrans ou qu'un angle droit, propriété que n'auraient point les expressions des sinus des mêmes arcs. En effet, le sinus d'un arc étant le même que celui du supplément de cet arc, tant par sa valeur que par son signe, toutes les fois que l'on ne connaît que le sinus d'un arc, il n'est pas possible de savoir si cet arc doit être plus petit ou plus grand qu'un quadrans; mais lorsqu'on a le cosinus ou la cotangente, et qu'on sait d'ailleurs que cet arc ne peut être égal à la demi-circonférence, ce qui est le cas des côtés des triangles sphériques et des arcs qui mesurent leurs angles, on voit par le signe du résultat, si l'arc cherché est compris ou non entre 1^q et 2^q: le cosinus et la cotangente ont le signe — dans le premier cas, et le signe + dans le second. Si donc on a soin de donner aux quantités connues qui entrent dans les formules rapportées ci-dessus, les signes qui doivent les affecter, d'après la valeur des arcs auxquels elles appartiennent, le signe du résultat fera connaître *l'espèce* du côté ou de l'angle cherché; c'est-à-dire s'il est plus petit ou plus grand qu'un quadrans, s'il est aigu ou obtus.

58. Ces mêmes formules se simplifient beaucoup lorsque le triangle proposé est rectangle; c'est-à-dire lorsqu'un de ses angles est droit. En effet, si l'on suppose que $C = 1^q$, on aura

E 2

$$\sin C = 1, \qquad \cos C = 0;$$

et il viendra

$$\cos c = \cos a \cos b \quad (53)$$

$$\cos c = \frac{\cos A \cos B}{\sin A \sin B} = \cot A \cot B \quad (54)$$

$$\left.\begin{aligned} \cos A &= \sin B \cos a \\ \cos B &= \sin A \cos b \end{aligned}\right\} \quad (54)$$

$$\sin a = \sin c \sin A, \quad \sin b = \sin c \sin B \quad (47)$$

$$\left.\begin{aligned} \cot b &= \frac{\cos B}{\sin a \sin B} \\[4pt] \cot a &= \frac{\cos A}{\sin b \sin A} \\[4pt] \cot c &= \frac{\cos b \cos A}{\sin b} \\[4pt] \cot c &= \frac{\cos a \cos B}{\sin a} \end{aligned}\right\} \quad (56),\ \text{d'où} \left\{\begin{aligned} \tan b &= \sin a \tan B \\[4pt] \tan a &= \sin b \tan A \\[4pt] \tan b &= \cos A \tan c \\[4pt] \tan a &= \cos B \tan c \end{aligned}\right.$$

et en ne prenant, parmi ces formules, que celles qui diffèrent essentiellement, on aura les six que voici :

$$\begin{aligned} \cos c &= \cos a \cos b \\ \cos c &= \cot A \cot B \\ \sin a &= \sin c \sin A \\ \tan a &= \sin b \tan A \\ \tan a &= \cos B \tan c \\ \cos A &= \sin B \cos a, \end{aligned}$$

qui, par les renversemens dont elles sont susceptibles, suffiront pour résoudre les triangles sphériques rectangles en C, et dans lesquels le côté c, opposé à l'angle droit, se nomme *hypoténuse*, aussi bien que dans les triangles rectilignes. On obtiendrait des formules analogues pour le cas où le triangle sphérique proposé aurait un de ses côtés égal au quadrans; mais je ne m'y arrêterai pas.

59. Pour pouvoir appliquer commodément les logarithmes aux calculs des triangles sphériques, il faut transformer les formules des n°s 53 et 54, en d'autres dont le numérateur et le dénominateur soient décomposés en facteurs; et c'est ce qu'Euler a fait d'une manière aussi simple qu'élégante.

1°. De l'expression $\cos A = \dfrac{\cos a - \cos b \cos c}{\sin b \sin c}$,

comprise parmi celles du n° 53, on tire

$$1 - \cos A = \frac{\cos (b - c) - \cos a}{\sin b \sin c} \quad (11)$$

$$1 + \cos A = \frac{\cos a - \cos (b + c)}{\sin b \sin c},$$

d'où il suit, à cause de $\dfrac{1 - \cos A}{1 + \cos A} = \operatorname{tang} \frac{1}{2} A^2 \quad (27)$,

$$\operatorname{tang} \tfrac{1}{2} A^2 = \frac{\cos (b - c) - \cos a}{\cos a - \cos (b + c)};$$

mais $\cos p - \cos q = -2 \sin \frac{1}{2}(p + q) \sin \frac{1}{2}(p - q) \quad (27)$:

donc $\operatorname{tang} \tfrac{1}{2} A = \sqrt{\dfrac{\sin \frac{1}{2}(b - c + a) \sin \frac{1}{2}(b - c - a)}{\sin \frac{1}{2}(a + b + c) \sin \frac{1}{2}(a - b - c)}}.$

En opérant ainsi sur les autres expressions du même n° 53, on parviendra à des résultats semblables.

2°. Prenant dans le n° 54, l'expression

$$\cos a = \frac{\cos A + \cos B \cos C}{\sin B \sin C},$$

on en déduit

$$1 - \cos a = - \frac{\cos (B + C) + \cos A}{\sin B \sin C},$$

$$1 + \cos a = \frac{\cos A + \cos (B - C)}{\sin B \sin C},$$

d'où $\operatorname{tang} \tfrac{1}{2} a^2 = - \dfrac{\cos (B + C) + \cos A}{\cos (B - C) + \cos A};$

mais $\cos p + \cos q = 2\cos\frac{1}{2}(p+q)\cos\frac{1}{2}(p-q)$ (27) ;

donc $\tan\frac{1}{2}a = \sqrt{\dfrac{-\cos\frac{1}{2}(B+C+A)\cos\frac{1}{2}(B+C-A)}{\cos\frac{1}{2}(B-C+A)\cos\frac{1}{2}(B+C-A)}}$,

formule que le signe — du numérateur ne rend pas imaginaire, parce que l'arc $A+B+C$ surpassant un quadrans, a son cosinus négatif (*).

3°. Les expressions du n° 53 donnent aussi

$$\cos a - \cos b \cos c = \sin b \sin c \cos A$$
$$\cos b - \cos a \cos c = \sin a \sin c \cos B \; ;$$

et divisant la première de ces équations par la seconde, en observant que, d'après les équations (A), on a

$$\frac{\sin b}{\sin a} = \frac{\sin B}{\sin A},$$

(*) Euler, pour donner plus d'uniformité à ses résultats, emploie toujours les tangentes des arcs à déterminer; mais on peut, dans ce qui précède, arriver un peu plus simplement au sinus.

1°. On a $1 - \cos A = 2\sin\frac{1}{2}A^2$ (27), et par la formule

$$\cos p - \cos q = - 2\sin\frac{1}{2}(p+q)\sin\frac{1}{2}(p-q),$$

on trouve

$$\cos(b-c) - \cos a = - 2\sin\frac{1}{2}(b-c+a)\sin\frac{1}{2}(b-c-a) ;$$

ou en changeant le signe de l'arc $b-c-a$ et de son sinus,

$$\cos(b-c) - \cos a = 2\sin\frac{1}{2}(a+b-c)\sin\frac{1}{2}(a+c-b) ;$$

mettant ces valeurs dans celle de $1 - \cos A$, et prenant la racine quarrée de chaque membre, il vient

$$\sin\frac{1}{2}A = \sqrt{\frac{\sin\frac{1}{2}(a+b-c)\sin\frac{1}{2}(a+c-b)}{\sin b \sin c}}.$$

2°. Si on observe de même que

$$1 - \cos a = 2\sin\frac{1}{2}a^2,$$

et que l'expression de $\cos p + \cos q$ donne

$$\cos(B+C) + \cos A = 2\cos\frac{1}{2}(B+C+A) + \cos\frac{1}{2}(B+C-A),$$

on trouvera

$$\sin\frac{1}{2}a = \sqrt{\frac{-\cos\frac{1}{2}(A+B+C)\cos\frac{1}{2}(B+C-A)}{\sin B \sin C}}.$$

on trouvera

$$\frac{\cos a - \cos b \cos c}{\cos b - \cos a \cos c} = \frac{\sin B \cos A}{\sin A \cos B}.$$

Si l'on ajoute ensuite l'unité à chaque membre de cette dernière, elle deviendra

$$1 + \frac{\cos a - \cos b \cos c}{\cos b - \cos a \cos c} = 1 + \frac{\sin B \cos A}{\sin A \cos B};$$

et on la changera facilement en

$$\frac{(\cos a + \cos b)(1 - \cos c)}{\cos b - \cos a \cos c} = \frac{\sin(A + B)}{\sin A \cos B};$$

par la réduction des deux termes de chaque membre au même dénominateur.

En retranchant l'unité au lieu de l'ajouter, on aura

$$\frac{\cos a - \cos b \cos c}{\cos b - \cos a \cos c} - 1 = \frac{\sin B \cos A}{\sin A \cos B} - 1.$$

d'où l'on tirera

$$\frac{(\cos a - \cos b)(1 + \cos c)}{\cos b - \cos a \cos c} = \frac{\sin(B - A)}{\sin A \cos B}.$$

Divisant ce résultat par le précédent, il viendra

$$\frac{\cos a - \cos b}{\cos a + \cos b} \times \frac{1 + \cos c}{1 - \cos c} = \frac{\sin(B - A)}{\sin(B + A)};$$

et comme, d'après le tableau de la page 30,

$$\frac{\cos a - \cos b}{\cos a + \cos b} = \tang \tfrac{1}{2}(b + a)\, \tang \tfrac{1}{2}(b - a),$$

$$\frac{1 + \cos c}{1 - \cos c} = \cot \tfrac{1}{2} c^2,$$

$$\sin p = 2 \sin \tfrac{1}{2} p \cos \tfrac{1}{2} p,$$

on trouvera

$$\tang\tfrac{1}{2}(b-a)\,\tang\tfrac{1}{2}(b+a)\,\cot\tfrac{1}{2}c^2$$

$$=\frac{\sin\tfrac{1}{2}(B-A)\cos\tfrac{1}{2}(B-A)}{\sin\tfrac{1}{2}(B+A)\cos\tfrac{1}{2}(B+A)}\ \dots\ (a)!$$

Mais en ajoutant et en retranchant successivement l'unité à chacun des membres de l'équation $\dfrac{\sin b}{\sin a}=\dfrac{\sin B}{\sin A}$, puis divisant les deux résultats l'un par l'autre, on parvient à l'équation

$$\frac{\sin b-\sin a}{\sin b+\sin a}=\frac{\sin B-\sin A}{\sin B+\sin A},$$

qui peut être transformée ainsi :

$$\tang\tfrac{1}{2}(b-a)\cot\tfrac{1}{2}(b+a)=\frac{\sin\tfrac{1}{2}(B-A)\cos\tfrac{1}{2}(B+A)}{\sin\tfrac{1}{2}(B+A)\cos\tfrac{1}{2}(B-A)},$$

par les formules du tableau de la page 30 : multipliant donc entre elles, membre à membre, cette équation et l'équation (a), en observant que

$$\tang\tfrac{1}{2}(b+a)\cot\tfrac{1}{2}(b+a)=1\ (9),$$

on obtiendra

$$(\tang\tfrac{1}{2}(b-a))^2\cot\tfrac{1}{2}c^2=\frac{(\sin\tfrac{1}{2}(B-A))^2}{(\sin\tfrac{1}{2}(B+A))^2};$$

extrayant la racine de chaque membre, il viendra

$$\tang\tfrac{1}{2}(b-a)\cot\tfrac{1}{2}c=\frac{\sin\tfrac{1}{2}(B-A)}{\sin\tfrac{1}{2}(B+A)},$$

et divisant l'équation (a) par cette dernière, on aura

$$\tang\tfrac{1}{2}(a+b)\cot\tfrac{1}{2}c=\frac{\cos\tfrac{1}{2}(B-A)}{\cos\tfrac{1}{2}(B+A)}.$$

En se rappelant que $\dfrac{1}{\cot p}=\tang p\ (9)$, on déduira des deux équations ci-dessus, les expressions

$$\tan \tfrac{1}{2}(b - a) = \tan \tfrac{1}{2}c\, \frac{\sin \tfrac{1}{2}(B - A)}{\sin \tfrac{1}{2}(B + A)}$$

$$\tan \tfrac{1}{2}(b + a) = \tan \tfrac{1}{2}c\, \frac{\cos \tfrac{1}{2}(B - A)}{\cos \tfrac{1}{2}(B + A)},$$

qui feront connaître deux côtés d'un triangle sphérique, dont on aura le troisième côté et les deux angles qu'il intercepte, puisqu'en désignant par b' et a', les valeurs des arcs $b + a$ et $b - a$, il en résulte

$$b = \tfrac{1}{2}(b' + a'), \qquad a = \tfrac{1}{2}(b' - a').$$

4°. En prenant encore dans le n° 54, les équations

$$\cos A + \cos B \cos C = \sin B \sin C \cos a$$
$$\cos B + \cos A \cos C = \sin A \sin C \cos b,$$

et divisant la première par la seconde, on trouvera

$$\frac{\cos A + \cos B \cos C}{\cos B + \cos A \cos C} = \frac{\sin B \cos a}{\sin A \cos b} = \frac{\sin b \cos a}{\sin a \cos b},$$

Ajoutant et retranchant successivement l'unité à chacun des membres de celle-ci, puis divisant les résultats l'un par l'autre, on en conclura comme ci-dessus,

$$\frac{\cos A - \cos B}{\cos A + \cos B} \times \frac{1 - \cos C}{1 + \cos C} = \frac{\sin(b - a)}{\sin(b + a)},$$

$$\tan \tfrac{1}{2}(B - A)\, \tan \tfrac{1}{2}(B + A)\, \tan \tfrac{1}{2}C^2$$
$$= \frac{\sin \tfrac{1}{2}(b - a) \cos \tfrac{1}{2}(b - a)}{\sin \tfrac{1}{2}(b + a) \cos \tfrac{1}{2}(b + a)} \ldots (b);$$

et comme l'équation $\dfrac{\sin b - \sin a}{\sin b + \sin a} = \dfrac{\sin B - \sin A}{\sin B + \sin A}$ employée dans la transformation précédente, peut s'écrire ainsi :

$$\tan \tfrac{1}{2}(B - A) \cot \tfrac{1}{2}(B + A) = \frac{\sin \tfrac{1}{2}(b - a) \cos \tfrac{1}{2}(b + a)}{\sin \tfrac{1}{2}(b + a) \cos \tfrac{1}{2}(b - a)}$$

en multipliant et en divisant par cette dernière, l'équation (b), on trouve enfin

$$\tang \tfrac{1}{2}(B-A) = \cot \tfrac{1}{2} C \,\frac{\sin \tfrac{1}{2}(b-a)}{\sin \tfrac{1}{2}(b+a)}$$

$$\tang \tfrac{1}{2}(B+A) = \cot \tfrac{1}{2} C \,\frac{\cos \tfrac{1}{2}(b-a)}{\cos \tfrac{1}{2}(b+a)},$$

formules qui remplaceront les précédentes, lorsqu'on connaîtra deux côtés et l'angle qu'ils comprennent.

60. En prenant toutes les variations dont les formules trouvées ci-dessus sont susceptibles, on aura

$$\tang \tfrac{1}{2} A = \sqrt{\frac{\sin \tfrac{1}{2}(a+b-c)\sin \tfrac{1}{2}(a+c-b)}{\sin \tfrac{1}{2}(b+c-a)\sin \tfrac{1}{2}(a+b+c)}}$$

$$\tang \tfrac{1}{2} B = \sqrt{\frac{\sin \tfrac{1}{2}(b+c-a)\sin \tfrac{1}{2}(a+b-c)}{\sin \tfrac{1}{2}(a+c-b)\sin \tfrac{1}{2}(a+b+c)}}$$

$$\tang \tfrac{1}{2} C = \sqrt{\frac{\sin \tfrac{1}{2}(a+c-b)\sin \tfrac{1}{2}(b+c-a)}{\sin \tfrac{1}{2}(a+b-c)\sin \tfrac{1}{2}(a+b+c)}}$$

$$\tang \tfrac{1}{2} a = \sqrt{\frac{-\cos\tfrac{1}{2}(B+C-A)\cos\tfrac{1}{2}(A+B+C)}{\cos\tfrac{1}{2}(A+B-C)\cos\tfrac{1}{2}(A+C-B)}}$$

$$\tang \tfrac{1}{2} b = \sqrt{\frac{-\cos\tfrac{1}{2}(A+C-B)\cos\tfrac{1}{2}(A+B+C)}{\cos\tfrac{1}{2}(B+C-A)\cos\tfrac{1}{2}(A+B-C)}}$$

$$\tang \tfrac{1}{2} c = \sqrt{\frac{-\cos\tfrac{1}{2}(A+B-C)\cos\tfrac{1}{2}(A+B+C)}{\cos\tfrac{1}{2}(A+C-B)\cos\tfrac{1}{2}(B+C-A)}} \quad (\ast).$$

(*) Pour tirer ces formules de leurs analogues du numéro précédent, il faut observer que $\alpha - \beta - \gamma = \alpha - (\beta + \gamma)$, et que $\sin(p-q) = -\sin(q-p)$, $\cos(p-q) = \cos(q-p)$.

$$\text{tang} \frac{b-a}{2} = \text{tang} \tfrac{1}{2} c \, \frac{\sin\tfrac{1}{2}(B-A)}{\sin\tfrac{1}{2}(B+A)}$$

$$\text{tang} \frac{b+a}{2} = \text{tang} \tfrac{1}{2} c \, \frac{\cos\tfrac{1}{2}(B-A)}{\cos\tfrac{1}{2}(B+A)}$$

$$\text{tang} \frac{c-b}{2} = \text{tang} \tfrac{1}{2} a \, \frac{\sin\tfrac{1}{2}(C-B)}{\sin\tfrac{1}{2}(C+B)}$$

$$\text{tang} \frac{c+b}{2} = \text{tang} \tfrac{1}{2} a \, \frac{\cos\tfrac{1}{2}(C-B)}{\cos\tfrac{1}{2}(C+B)}$$

$$\text{tang} \frac{a-c}{2} = \text{tang} \tfrac{1}{2} b \, \frac{\sin\tfrac{1}{2}(A-C)}{\sin\tfrac{1}{2}(A+C)}$$

$$\text{tang} \frac{a+c}{2} = \text{tang} \tfrac{1}{2} b \, \frac{\cos\tfrac{1}{2}(A-C)}{\cos\tfrac{1}{2}(A+C)}$$

$$\text{tang} \frac{B-A}{2} = \cot \tfrac{1}{2} C \, \frac{\sin\tfrac{1}{2}(b-a)}{\sin\tfrac{1}{2}(b+a)}$$

$$\text{tang} \frac{B+A}{2} = \cot \tfrac{1}{2} C \, \frac{\cos\tfrac{1}{2}(b-a)}{\cos\tfrac{1}{2}(b+a)}$$

$$\text{tang} \frac{C-B}{2} = \cot \tfrac{1}{2} A \, \frac{\sin\tfrac{1}{2}(c-b)}{\sin\tfrac{1}{2}(c+b)}$$

$$\text{tang} \frac{C+B}{2} = \cot \tfrac{1}{2} A \, \frac{\cos\tfrac{1}{2}(c-b)}{\cos\tfrac{1}{2}(c+b)}$$

$$\text{tang} \frac{A-C}{2} = \cot \tfrac{1}{2} B \, \frac{\sin\tfrac{1}{2}(a-c)}{\sin\tfrac{1}{2}(a+c)}$$

$$\text{tang} \frac{A+C}{2} = \cot \tfrac{1}{2} B \, \frac{\cos\tfrac{1}{2}(a-c)}{\cos\tfrac{1}{2}(a+c)}.$$

Des douze dernières formules on déduit les suivantes, qui servent à trouver le troisième angle ou le troisième côté d'un triangle dans lequel on connaît deux côtés et les angles opposés.

$$\tang \tfrac{1}{2}\, c = \tang \tfrac{1}{2}\, (b-a)\ \frac{\sin \tfrac{1}{2}\,(B+A)}{\sin \tfrac{1}{2}\,(B-A)}$$

$$\tang \tfrac{1}{2}\, c = \tang \tfrac{1}{2}\, (b+a)\ \frac{\cos \tfrac{1}{2}\,(B+A)}{\cos \tfrac{1}{2}\,(B-A)}$$

$$\tang \tfrac{1}{2}\, a = \tang \tfrac{1}{2}\, (c-b)\ \frac{\sin \tfrac{1}{2}\,(C+B)}{\sin \tfrac{1}{2}\,(C-B)}$$

$$\tang \tfrac{1}{2}\, a = \tang \tfrac{1}{2}\, (c+b)\ \frac{\cos \tfrac{1}{2}\,(C+B)}{\cos \tfrac{1}{2}\,(C-B)}$$

$$\tang \tfrac{1}{2}\, b = \tang \tfrac{1}{2}\, (a-c)\ \frac{\sin \tfrac{1}{2}\,(A+C)}{\sin \tfrac{1}{2}\,(A-C)}$$

$$\tang \tfrac{1}{2}\, b = \tang \tfrac{1}{2}\, (a+c)\ \frac{\cos \tfrac{1}{2}\,(A+C)}{\cos \tfrac{1}{2}\,(A-C)}$$

$$\cot \tfrac{1}{2}\, C = \tang \tfrac{1}{2}\, (B-A)\ \frac{\sin \tfrac{1}{2}\,(b+a)}{\sin \tfrac{1}{2}\,(b-a)}$$

$$\cot \tfrac{1}{2}\, C = \tang \tfrac{1}{2}\, (B+A)\ \frac{\cos \tfrac{1}{2}\,(b+a)}{\cos \tfrac{1}{2}\,(b-a)}$$

$$\cot \tfrac{1}{2}\, A = \tang \tfrac{1}{2}\, (C-B)\ \frac{\sin \tfrac{1}{2}\,(c+b)}{\sin \tfrac{1}{2}\,(c-b)}$$

$$\cot \tfrac{1}{2}\, A = \tang \tfrac{1}{2}\, (C+B)\ \frac{\cos \tfrac{1}{2}\,(c+b)}{\cos \tfrac{1}{2}\,(c-b)}$$

$$\cot \tfrac{1}{2}\, B = \tang \tfrac{1}{2}\, (A-C)\ \frac{\sin \tfrac{1}{2}\,(a+c)}{\sin \tfrac{1}{2}\,(a-c)}$$

$$\cot \tfrac{1}{2}\, B = \tang \tfrac{1}{2}\, (A+C)\ \frac{\cos \tfrac{1}{2}\,(a+c)}{\cos \tfrac{1}{2}\,(a-c)} \quad (*).$$

Si l'on joint à ces équations, les équations (A), qui serviront dans le cas où l'on connaîtra deux côtés et l'un

---

(*) Ces formules, et les précédentes, sont connues sous le nom *d'analogies de Neper*, parce qu'elles se déduisent des règles données par ce géomètre pour résoudre les triangles sphériques (*logarithmorum descriptio*).

des angles opposés à ces côtés, ou bien deux angles et l'un des côtés opposés à ces angles, on aura tout ce qu'il faut pour résoudre un triangle sphérique : ce qui précède peut donc être regardé comme formant un Traité complet de trigonométrie sphérique. En combinant entre elles les diverses formules obtenues successivement, on en pourrait déduire beaucoup d'autres d'un usage très-fréquent dans les calculs astronomiques : on doit, dans ce genre, à M. Delambre, des résultats très-élégans et très-nombreux, et des applications importantes dès méthodes approximatives, ou des séries, aux cas qui en sont susceptibles.

Récapitulation des formules nécessaires pour résoudre un triangle sphérique quelconque.

61. En négligeant les variations que peut présenter un même cas, on ne trouve que les six suivans :

1°. *Connaissant les trois côtés* (a, b, c), *trouver un des angles* (A).

$$\tang \tfrac{1}{2} A = \sqrt{\frac{\sin\tfrac{1}{2}(a+b-c)\sin\tfrac{1}{2}(a+c-b)}{\sin\tfrac{1}{2}(b+c-a)\sin\tfrac{1}{2}(a+b+c)}}.$$

2°. *Connaissant les trois angles* (A, B, C), *trouver un des côtés* (a).

$$\tang \tfrac{1}{2} a = \sqrt{\frac{-\cos\tfrac{1}{2}(B+C-A)\cos\tfrac{1}{2}(A+B+C)}{\cos\tfrac{1}{2}(A+B-C)\cos\tfrac{1}{2}(A+C-B)}}\,(^{*}).$$

(*) Au lieu de cette formule et de la précédente, on emploie souvent celles-ci :

$$\sin \tfrac{1}{2} A = \sqrt{\frac{\sin\tfrac{1}{2}(a+b-c)\sin\tfrac{1}{2}(a+c-b)}{\sin b \sin c}}$$

$$\sin \tfrac{1}{2} a = \sqrt{\frac{-\cos\tfrac{1}{2}(A+B+C)\cos\tfrac{1}{2}(B+C-A)}{\sin B \sin C}},$$

obtenues dans la note de la page 70, et qui sont analogues à celle dont on fait usage pour le cas semblable de la trigonométrie rectiligne (38).

3°. *Connaissant deux côtés* (b, c), *et l'angle compris* (A), *trouver les autres angles* (B, C).

$$\tang \tfrac{1}{2}(B+C) = \frac{\cos\tfrac{1}{2}(b-c)}{\cos\tfrac{1}{2}(b+c)} \cot\tfrac{1}{2}A$$

$$\tang \tfrac{1}{2}(B-C) = \frac{\sin\tfrac{1}{2}(b-c)}{\sin\tfrac{1}{2}(b+c)} \cot\tfrac{1}{2}A.$$

Pour *trouver ensuite le* 3eme *côté* (a), voyez la formule du 6eme cas.

4°. *Connaissant deux angles* (B, C), *et le côté compris* (a), *trouver les autres côtés* (b, c).

$$\tang\tfrac{1}{2}(b+c) = \frac{\cos\tfrac{1}{2}(B-C)}{\cos\tfrac{1}{2}(B+C)} \tang\tfrac{1}{2}a$$

$$\tang\tfrac{1}{2}(b-c) = \frac{\sin\tfrac{1}{2}(B-C)}{\sin\tfrac{1}{2}(B+C)} \tang\tfrac{1}{2}a.$$

Pour *trouver ensuite le* 3eme *angle* (A), voyez la formule du 5eme cas.

5°. *Connaissant deux côtés* (a, c) *et un angle opposé* (C), *trouver l'autre angle opposé* (A).

$$\sin A = \frac{\sin a \sin C}{\sin c}.$$

6°. *Connaissant deux angles* (A, C) *et un côté opposé* (c), *trouver l'autre côté opposé* (a).

$$\sin a = \frac{\sin c \sin A}{\sin C}.$$

Pour *trouver ensuite*, dans ces deux derniers cas, *l'angle* (B) *et le côté* (b) compris, *l'un entre les côtés, l'autre entre les angles, donnés ou calculés*, on changera dans les formules du 3eme et du 4eme cas, *b* en *a*, *B* en *A*, et réciproquement; il viendra

$$\tan \tfrac{1}{2}(A+C)=\frac{\cos \tfrac{1}{2}(a-c)}{\cos \tfrac{1}{2}(a+c)}\cot \tfrac{1}{2}B,$$

$$\tan \tfrac{1}{2}(a+c)=\frac{\cos \tfrac{1}{2}(A-C)}{\cos \tfrac{1}{2}(A+C)}\tan \tfrac{1}{2}b,$$

où tout est connu, à l'exception de $\cot \tfrac{1}{2}B$ et de $\tan \tfrac{1}{2}b$, qui seront parconséquent déterminées.

Au moyen de cette récapitulation et de celle qui se trouve sur la page 68, rien n'est plus aisé que de résoudre un triangle sphérique quelconque, en appliquant, d'après les énoncés ci-dessus, les lettres A, B, C, a, b, c, aux angles et aux côtés donnés et cherchés. Le calcul arithmétique s'effectue par l'addition et la soustraction des logarithmes, de la manière indiquée dans les exemples rapportés au n° 39; seulement on n'y emploie que la table des logarithmes des lignes trigonométriques, puisqu'il ne s'agit que d'arcs de cercle.

Lorsque, dans les quatre premiers cas, les circonstances de la question laisseront douter si les arcs ou les angles cherchés valent plus ou moins du quadrans ou d'un angle droit, on levera la difficulté en recourant aux expressions des cosinus et des cotangentes des inconnues (57). Mais dans les deux derniers cas, il peut arriver que la question proposée soit susceptible de deux solutions, et l'on s'en assurera aisément en étudiant la manière de construire un angle trièdre, lorsqu'on connaît deux de ses faces et l'inclinaison de l'une d'elles sur la troisième, ou bien lorsqu'on connaît les inclinaisons de deux faces sur la troisième, et l'angle des arêtes qui déterminent l'une des premières. Je ne saurais entrer ici dans ces détails (*); mais en voici du moins les résultats.

(*) Il faut consulter le *Développement nouveau de la partie élémentaire de Mathématiques* de Bertrand, tom. II, *Trigonométrie*, section V.

1°. Le triangle sphérique ne peut exister que d'une seule manière avec les données a, c et C,

lorsque $C = 1^q$

$$C < 1^q, \qquad a < 1^q, \qquad c > a$$
$$C < 1^q, \qquad a > 1^q, \qquad c > 2^q - a$$
$$C > 1^q, \qquad a < 1^q, \qquad c < 2^q - a$$
$$C > 1^q, \qquad a > 1^q, \qquad c < a,$$

et il est susceptible de deux formes,

lorsque $C < 1^q, \qquad a < 1^q, \qquad c < a$
$$C < 1^q, \qquad a > 1^q, \qquad c < 2^q - a$$
$$C > 1^q, \qquad a < 1^q, \qquad c > 2^q - a$$
$$C > 1^q, \qquad a > 1^q, \qquad c > a$$
$$C < \text{ou} > 1^q, \qquad a = 1^q.$$

2°. Avec les données A, C et c, il ne peut avoir qu'une forme,

lorsque $c = 1^q$,

$$c > 1^q, \qquad A > 1^q, \qquad C < A$$
$$c > 1^q, \qquad A < 1^q, \qquad C < 2^q - A$$
$$c < 1^q, \qquad A > 1^q, \qquad C > 2^q - A$$
$$c < 1^q, \qquad A < 1^q, \qquad C > A,$$

et il en a deux quand

$$c > 1^q, \qquad A > 1^q, \qquad C > A$$
$$c > 1^q, \qquad A < 1^q, \qquad C > 2^q - A$$
$$c < 1^q, \qquad A > 1^q, \qquad C < 2^q - A$$
$$c < 1^q, \qquad A < 1^q, \qquad C < A$$
$$c < \text{ou} > 1^q, \qquad A = 1^q.$$

62. Pour donner une application de la trigonométrie sphérique, je choisirai le problème suivant : *connaissant un angle MSN, fig. 23, mesuré dans un plan incliné, et les angles que font avec une verticale SS', les côtés SM et SN du premier, trouver l'angle M'S'N' formé sur le plan M'S'N', horizontal ou perpendiculaire à SS', par les projections M'S' et N'S' des lignes MS et NS.*

FIG. 23.

Les

Les trois lignes SS', SM et SN, déterminent un angle trièdre dont le point S est le sommet, dans lequel on connaît les trois angles plans MSN, MSS', NSS'; et puisque la droite SS' est perpendiculaire sur le plan $N'S'M'$, elle est aussi perpendiculaire sur chacune des lignes $M'S'$, $N'S'$, situées respectivement dans les plans $S'SN$, $S'SM$, et formant par conséquent entre elles un angle égal à celui qui mesure l'inclinaison de ces plans : le problème proposé revient donc à déterminer cette inclinaison. C'est ainsi qu'il se trouve résolu par des opérations graphiques, dans l'*Essai de géométrie sur les plans et les surfaces*, ou *Complément des Elémens de Géométrie*, n° 41.

Mais on peut obtenir l'angle cherché en le considérant comme faisant partie du triangle sphérique BAC, formé par les cercles résultans des sections que les trois plans MSN, $S'SM$, $S'SN$, feraient dans une sphère dont le centre serait en S, et dont le rayon serait égal à celui des tables. On a dans ce triangle les côtés AB, AC, BC, qui sont les mesures respectives des angles donnés NSS', MSS', MSN; et l'angle demandé est précisément l'angle A : il se trouvera donc par la première règle du numéro précédent.

Comme exemple de calcul, je suppose qu'on ait observé

$$\text{l'angle } MSN \text{ de } 0^{\text{q}},7597 = BC,$$
$$\text{l'angle } S'SM \text{ de } 0^{\text{q}},5913 = AC,$$
$$\text{l'angle } S'SN \text{ de } 0^{\text{q}},6542 = AB.$$

Ces angles représentant les côtés d'un triangle sphérique dont on cherche l'angle A, je fais

$$a = 0^{\text{q}},7597, \quad b = 0^{\text{q}},5913, \quad c = 0^{\text{q}},6542,$$

et j'emploie la formule

$$\sin \tfrac{1}{2} A = \sqrt{\frac{\sin \tfrac{1}{2}(a+b-c)\,\sin \tfrac{1}{2}(a+c-b)}{\sin b \, \sin c}}.$$

(note, page 77).

Les arcs $\tfrac{1}{2}(a+b-c)$, $\tfrac{1}{2}(a+c-b)$ se forment en faisant d'abord la demi-somme des trois côtés a, b, c, et en retranchant ensuite chacun des côtés qui renferment l'angle cherché (38) ; puis on prend les logarithmes des sinus de ces côtés, les complémens arithmétiques des logarithmes des sinus des restes, comme le montre l'opération ci-dessous.

$$0^q,7597$$
$$0,5913$$
$$0,6542$$

Somme. $2^q,0052$

Demi-somme. $1^q,0026$ $1^q,0026$
                 $0,5913$ $0,6542$

1er reste. $0^q,4113$ 2ème reste. $0^q,3484$

$$l.\ \sin 0^q,4113 = 9,7796340$$
$$l.\ \sin 0^q,3484 = 9,7162989$$

Compl. arith. du l. sin $0^q,5913 = 0,0964168$
Compl. arith. du l. sin $0^q,6542 = 0,0674914$

Somme. $19,6598411$

$$\log \sin \tfrac{1}{2} A = 9,8299205,$$

qui, dans la table, répond à $0^q,47254 = \tfrac{1}{2}A$; et en doublant cet arc on trouve $A = 0^q,94508$, ou seulement $A = 0^q,9451$, en se bornant à quatre décimales : tel est l'angle $M'S'N'$ correspondant à la valeur donnée pour l'angle MSN.

CHAPITRE III.

De l'application de l'Algèbre à la Géométrie.

63. L'APPLICATION de l'algèbre à la géométrie a d'abord pour but de faire servir les opérations algébriques à combiner ensemble plusieurs théorèmes de géométrie pour en déduire des conséquences. C'est ainsi que, dans les deux chapitres précédens, je suis parvenu aux principales formules de la trigonométrie rectiligne et de la trigonométrie sphérique. Un théorème qui établit une relation entre plusieurs lignes d'une grandeur définie, peut toujours s'exprimer par une équation; et toutes les transformations qu'on opère sur cette équation, étant traduites en langage ordinaire, donnent des énoncés qui sont des conséquences du théorème duquel on est parti : mais ce point de vue n'offre qu'une très-petite partie de ce que doit embrasser l'application de l'algèbre à la géométrie. Cette branche des mathématiques, considérée en général, ne se borne pas à la recherche des propriétés de l'étendue par le moyen des procédés algébriques ; on y voit encore comment on peut représenter par ces propriétés tout ce que signifie une expression algébrique quelconque, ramener sans cesse les constructions des figures aux opérations de calcul, et revenir de celles-ci aux premières : c'est ce que montreront successivement les diverses questions traitées dans ce chapitre.

L'écriture algébrique, si utile pour exprimer les conditions des problèmes qui regardent les nombres, n'est pas moins commode pour ceux qui ont rapport à la géométrie. Ces derniers peuvent se mettre en équation comme les premiers, dès qu'on est parvenu à trouver dans leur énoncé la relation des inconnues et des données; mais il faut pour cela appeler à son secours quelques-unes des propriétés de l'espèce de grandeurs que l'on considère.

64. Par exemple, puisqu'un triangle est déterminé par la connaissance de ses trois côtés, son aire doit l'être aussi par ce moyen, et l'on peut se proposer cette question :

Connaissant les trois côtés d'un triangle, trouver l'expression de son aire .

L'aire d'un triangle étant égale à la moitié du produit de sa base par sa hauteur, on voit d'abord que la question se réduit à déterminer la hauteur, et en abaissant dans le triangle ABC, *fig.* 14, une perpendiculaire sur le côté AC, on forme deux triangles rectangles, qui fournissent des relations entre les côtés AB, BC, la perpendiculaire BD et les segmens AD et CD, faits par cette perpendiculaire.

FIG. 14.

En effet, si on désigne par c, c', c'', les côtés AB, BC, AC, du triangle, par t le segment AD et par u la perpendiculaire BD, les triangles rectangles ABD, BDC donneront

$$\overline{AB}^2 = \overline{BD}^2 + \overline{AD}^2, \qquad \overline{BC}^2 = \overline{BD}^2 + \overline{DC}^2;$$

on observera en outre que dans le premier triangle de la figure

$$DC = AC - AD = c'' - t,$$

et dans le second

$$DC = AD - AC = t - c''.$$

En mettant au lieu des lignes les lettres qui les repré-

sentent, et faisant attention que $(c''-t)^2 = (t-c'')^2$,
on formera, pour l'un et l'autre triangle, les équations

$$c^2 = u^2 + t^2, \qquad c'^2 = u^2 + (c''- t)^2,$$

qui, ne renfermant que deux inconnues t et u, en déterminent les valeurs.

Si on développe la seconde équation, et qu'on la retranche de la première, les termes u^2 et t^2 disparaîtront; il viendra

$$c^2 - c'^2 = 2c''t - c''^2 \quad (^*),$$

d'où on tirera

$$t = \frac{c^2 - c'^2 + c''^2}{2c''};$$

et l'équation $c^2 = u^2 + t^2$, donnant

$$u = \pm \sqrt{c^2 - t^2},$$

on en déduira, par la substitution de la valeur de t, celle de

$$u = \pm \sqrt{c^2 - \frac{(c^2 - c'^2 + c''^2)^2}{4c''^2}},$$

ou

$$u = \frac{\pm \sqrt{4c^2 c''^2 - (c^2 - c'^2 + c''^2)^2}}{2c''}.$$

On peut, au moyen de cette formule, trouver la hauteur d'un triangle quand on connaît ses trois côtés; et comme l'expression de son aire se mesure par la moitié de sa base par sa hauteur, on déduira de ce qui précède l'aire d'un triangle, lorsqu'on connaîtra les trois côtés.

La lettre u désignant la perpendiculaire abaissée sur le côté c'' du triangle proposé, l'aire de ce triangle sera

---

(*) Je ferai remarquer que cette équation, mise sous la forme
$c'^2 = c^2 + c''^2 - 2c''t$, présente, par rapport au côté c', ou BC,
le théorème du n° 76 des Élémens de Géométrie.

$$\tfrac{1}{2}c''u = \tfrac{1}{4}\sqrt{4c^2c''^2 - (c^2 - c'^2 + c'')^2},$$

en mettant pour u la valeur trouvée ci-dessus.

Telle est l'expression de l'aire d'un triangle par ses trois côtés. En la considérant avec attention, il est facile de voir qu'elle n'est pas présentée ici sous la forme la plus élégante qu'on puisse lui donner, car elle ne paraît pas symétrique par rapport à chacun des côtés c, c', c'', ce qui pourtant devrait être, puisqu'en y changeant ces lettres les unes dans les autres, elle ne doit pas changer de valeur. Il suit évidemment de là qu'elle peut être ramenée à ne contenir que des combinaisons semblables des lettres qu'elle renferme; et l'on atteint ce but en observant que la quantité $4c^2c''^2 - (c^2 - c'^2 + c''^2)^2$, étant la différence de deux quarrés, se décompose dans les facteurs

$$2cc'' + c^2 + c''^2 - c'^2, \qquad 2cc'' - c^2 - c''^2 + c'^2,$$

qui reviennent à

$$(c + c'')^2 - c'^2, \qquad -(c - c'')^2 + c'^2,$$

et se décomposent eux-mêmes dans les quatre suivans :

$$c + c' + c'', \quad c + c'' - c', \quad c + c' - c'', \quad c' + c'' - c;$$

on aura donc

$$\tfrac{1}{4}\sqrt{(c+c'+c'')(c'+c''-c)(c+c''-c')(c+c'-c'')}.$$

Maintenant si l'on fait attention que

$$c' + c'' - c = (c + c' + c'') - 2c$$
$$c + c'' - c' = (c + c' + c'') - 2c'$$
$$c + c' - c'' = (c + c' + c'') - 2c'',$$

et que l'on pose $c + c' + c'' = 2f$, on trouvera enfin que l'aire du triangle ABC est exprimée par

$$\tfrac{1}{4}\sqrt{2f \cdot 2(f - c) \cdot 2(f - c') \cdot 2(f - c'')},$$

et se réduit à

$$\sqrt{f(f-c)(f-c')(f-c'')},$$

formule aussi remarquable par l'utilité dont elle peut être pour évaluer l'aire d'une figure plane quelconque, que par son élégance : elle montre que l'*aire d'un triangle est exprimée par la racine quarrée du produit de la demi-somme des trois côtés, multipliée par les différences entre cette demi-somme et chacun des côtés.*

65. Dans la question précédente, on avait en vue un résultat numérique ; quelquefois on cherche des lignes.

Qu'on se propose, par exemple, d'inscrire un quarré $DEGF$, dans un triangle ABC, *fig.* 24, il faudra supposer la question résolue, et chercher ensuite entre les lignes données immédiatement par le triangle et le côté du quarré, une relation qui puisse s'exprimer algébriquement.

Pour cela on abaissera la perpendiculaire BH, que l'on regardera comme connue, puisqu'on sait la mener; et comparant, les triangles semblables BAC et BDE, BAH et BDI, on formera les proportions

$$AB : BD :: AC : DE,$$
$$AB : BD :: BH : BI,$$

qui conduisent à

$$AC : DE :: BH : BI.$$

Cette dernière donne une relation entre les lignes connues AC, BH, et les lignes inconnues BI, DE ; mais BI dépend de BE, car $BI = BH - IH$, et par la définition du quarré, $IH = DE$: désignant donc par a et b, les données AC et BH, et par x l'inconnue IH ou DE, on aura

$$a : x :: b : b - x,$$

d'où $$bx = ab - ax.$$

De cette équation du premier degré, on conclut

$$x = \frac{ab}{a+b}.$$

Lorsque les droites a et b sont rapportées à une commune mesure, ou exprimées en nombres, la formule ci-dessus donne, par des opérations arithmétiques, le nombre qui exprime la longueur de la droite IH; prenant ce nombre sur la droite BH, on aura le point I, par lequel il faudra mener la droite DE.

Il n'est pas nécessaire, pour déterminer le point I, de recourir aux nombres, parce que les opérations indiquées dans l'expression de x peuvent s'effectuer sur les lignes. On voit en effet que cette inconnue est le quatrième terme de la proportion suivante :

$$a + b : a :: b : x,$$

et que par conséquent tout se réduit à trouver une quatrième proportionnelle aux trois lignes

$$a + b, \; a \text{ et } b.$$

On regarde en général comme élégant de lier avec la figure qui contient les données du problème, les opérations qu'il faut effectuer pour en obtenir la solution ; on peut en conséquence, dans la question précédente, employer l'angle droit CHB à la détermination de la quatrième proportionnelle à trouver. On portera donc sur HC prolongée,

$$1^\circ. \; HL = a = AC, \qquad 2^\circ. \; LK = b = BH;$$

tirant BK, puis menant IL parallèlement à BK, le point I, pour lequel on aura

$$HK : HL :: BH : IH,$$

apartiendra au côté DE du quarré $DEGF$.

66. On peut atteindre de la même manière à des questions d'un degré supérieur au premier.

On sait que diviser une ligne en moyenne et extrême

raison, c'est la partager de manière que l'un des segmens soit moyen proportionnel entre la ligne entière et l'autre segment; pour résoudre algébriquement ce problème, on désignera la ligne entière par a, le segment inconnu par x, l'autre segment sera $a-x$, et l'on aura

$$a : x :: x : a-x,$$

d'où l'on conclura

$$a^2 - ax = x^2 ;$$

en résolvant cette équation on en tirera

$$x = -\tfrac{1}{2} a \pm \sqrt{a^2 + \tfrac{1}{4} a^2}.$$

Les opérations indiquées dans cette solution peuvent s'effectuer sur les lignes au moyen du triangle rectangle; car $a^2 + \tfrac{1}{4} a^2$ étant la somme des quarrés des lignes a et $\tfrac{1}{2} a$, le radical $\sqrt{a^2 + \tfrac{1}{4} a^2}$ est l'hypoténuse AC, *fig*. 25, du triangle rectangle construit sur les côtés FIG. 25. $AB = a$, $BC = \tfrac{1}{2} a$. Il ne s'agit, pour obtenir les deux valeurs de x, que de combiner, par soustraction et par addition, la ligne AC avec la ligne $BC = \tfrac{1}{2} a$, ce qui s'effectuera en portant BC de C en D sur AC, et de C en D' sur son prolongement; car on aura

$$AD = AC - DC = \sqrt{a^2 + \tfrac{1}{4} a^2} - \tfrac{1}{2} a, \text{ d'où } x = AD$$
$$AD' = AC + DC = \sqrt{a^2 + \tfrac{1}{4} a^2} + \tfrac{1}{2} a, \text{ d'où } x = -AD'.$$

La droite AD rapportée en E, sur AB, par un arc de cercle, est la solution donnée dans le n° 132 des *Élémens de Géométrie*; et en mettant sous la forme

$$a^2 = ax + x^2,$$

l'équation du problème, on en tire la proportion

$$x + a : a :: a : x,$$

qui revient à

$$AD' : AB :: AB : AD.$$

puisque

$$AD' = AD + 2BC = AD + AB.$$

Il suit de là, que la ligne AD' est aussi partagée en moyenne et extrême raison au point D, et que le plus grand segment DD' est égal à la ligne donnée AB. On verra plus loin (77) l'énoncé auquel répondent en même tems les deux valeurs de x, et ce que signifie le signe — qui affecte la seconde.

67. Les exemples précédens suffisent pour montrer que la résolution algébrique des problèmes déterminés de géométrie, présente des circonstances analogues à celle des problèmes relàtifs aux nombres. Il faut d'abord mettre la question en équation, tirer l'expression de l'inconnue ; mais au lieu d'employer le calcul arithmétique pour évaluer cette expression, il faut effectuer sur les lignes connues des opérations graphiques, correspondantes à celles qui sont indiquées par les signes algébriques. Dans la question du n°65, dont l'équation n'était que du premier degré, c'est par les lignes proportionnelles qu'on a déterminé l'inconnue, et pour la question du numéro précédent, dont l'équation montait au second degré, on a eu recours à la propriété du triangle rectangle. Ces déterminations sont ce qu'on appelle la *construction* des valeurs de l'inconnue, et je vais en exposer les principes, qui sont communs à toutes les questions de ces deux degrés.

68. C'est une remarque générale, et qu'on aura souvent occasion de vérifier, que lorsqu'il n'entre que des lignes dans l'énoncé d'une question, et que la quantité cherchée est elle-même une ligne, son expression renferme toujours un facteur de plus dans le numérateur que dans le dénominateur, et chacune de ces quantités est composée de termes homogènes entre eux. L'expression de t, trouvée dans le numéro 65, remplit

cette condition ; son numérateur est le produit de deux facteurs, et son dénominateur n'en contient qu'un.

Il suit de là que lorsque l'expression d'une ligne quelconque ne contient point de radicaux, on peut, en représentant toutes les quantités qu'elle renferme par des lignes, obtenir la longueur de la première sans recourir aux nombres, et seulement en cherchant avec le compas des quatrièmes proportionnelles à des lignes données. Pour le prouver, il suffira de l'exemple suivant.

$$\text{Soit} \qquad t = \frac{abc + d^3 - e^2 f}{gh + i^2} ;$$

cette expression, dont le numérateur est composé de termes contenant chacun trois facteurs, tandis que les termes du dénominateur n'en ont que deux, appartient, d'après la remarque ci-dessus, à une ligne. Si l'on fait

$$abc = kd^2, \qquad e^2 f = k'd^2,$$
$$gh = k''d, \qquad i^2 = k'''d,$$

on aura

$$t = \frac{d^2(k + d - k')}{d(k'' + k''')} = \frac{d(k + d - k')}{k'' + k'''} ;$$

on obtiendra donc t en cherchant une quatrième proportionnelle aux trois lignes $k'' + k'''$, $k + d - k'$ et d, lorsque les lignes inconnues, représentées par k, k', k'', k''', seront déterminées. Les équations posées ci-dessus, conduisent à

$$k = \frac{abc}{d^2} = \frac{ab}{d} \times \frac{c}{d}, \qquad k' = \frac{e^2 f}{d^2} = \frac{ef}{d} \times \frac{e}{d},$$
$$k'' = \frac{gh}{d}, \qquad k''' = \frac{i^2}{d} ;$$

valeurs qui se forment par les proportions suivantes :

$$d : a :: b : \frac{ab}{d}, \qquad d : c :: \frac{ab}{d} : \frac{abc}{d^2} = k,$$

$$d : e :: f : \frac{ef}{d}, \qquad d : e :: \frac{ef}{d} : \frac{e^2 f}{d^2} = k',$$

$$d : g :: h : \frac{gh}{d} = k'', \quad d : i :: i : \frac{i^2}{d} = k''':$$

cherchant donc les quatrièmes termes de chacune par les lignes proportionnelles, on aura successivement les longueurs de lignes représentées par

$$\frac{ab}{d}, \quad \frac{abc}{d^2}, \quad \frac{ef}{d}, \quad \frac{e^2 f}{d^2}, \quad \frac{gh}{d}, \quad \frac{i^2}{d},$$

qui donneront

$$k, \; k', \; k'' \text{ et } k''';$$

et avec celles-ci on trouvera t.

On reconnaît sans peine que l'esprit de la méthode dont je viens de faire usage pour construire une expression algébrique, consiste à transformer le numérateur et le dénominateur de l'expression proposée, en produits d'un certain nombre de facteurs simples ou du premier degré, ce qui est toujours possible par les moyens que j'ai employés.

Il y a des cas où cette transformation peut s'effectuer immédiatement, sans qu'il soit besoin d'y introduire des indéterminées : tel est celui de l'expression

$$t = \frac{c(a^2 - b^2)}{a^2 + b^2},$$

dont le numérateur équivaut à

$$c(a + b)(a - b),$$

et dont le dénominateur peut s'écrire ainsi :

$$\sqrt{a^2 + b^2} \times \sqrt{a^2 + b^2} :$$

il vient alors

$$t = \frac{(a - b)(a + b)c}{\sqrt{a^2 + b^2}\,\sqrt{a^2 + b^2}},$$

ce qui s'obtient par les proportions

$$\sqrt{a^2 + b^2} : a + b :: c : \frac{(a + b)c}{\sqrt{a^2 + b^2}},$$

$$\sqrt{a^2 + b^2} : a - b :: \frac{(a + b)c}{\sqrt{a^2 + b^2}} : \frac{(a - b)(a + b)c}{\sqrt{a^2 + b^2}\,\sqrt{a^2 + b^2}}.$$

Le radical employé dans ce calcul se construit facilement, car il exprime l'hypoténuse d'un triangle rectangle dont les côtés sont a et b.

69. Le triangle rectangle et le cercle fournissent les moyens de construire la racine quarrée d'une quantité quelconque exprimée en lignes. L'usage du premier est évident, lorsque la quantité comprise sous le radical est la somme ou la différence de deux quarrés. En effet, on a dans ce cas, $\sqrt{a^2 + b^2}$ et $\sqrt{a^2 - b^2}$; l'une de ces expressions peut être regardée comme l'hypoténuse d'un triangle rectangle dont les côtés sont a et b, et l'autre comme l'un des côtés adjacens à l'angle droit, dans un triangle de même nature, dont l'hypoténuse serait a, et le troisième côté b.

On construira, par une suite de ces triangles, l'expression $\sqrt{a^2 + b^2 + c^2 + d^2}$: ayant obtenu d'abord $\sqrt{a^2 + b^2}$, on représentera cette ligne par α, ce qui donnera

$$a^2 + b^2 = \alpha^2,$$

et la quantité proposée deviendra

$$\sqrt{\alpha^2 + c^2 + d^2};$$

on construira le radical $\sqrt{\alpha^2 + c^2}$ comme le précédent;

et nommant β le résultat de cette opération, on aura

$$a^2 + c^2 = \beta^2 :$$

il ne restera plus qu'à trouver $\sqrt{\beta^2 + d^2}$, ce qui se fera en prenant l'hypoténuse du triangle rectangle dont les côtés sont β et d. Il est facile d'étendre ce procédé au cas où le radical à construire contiendrait un nombre quelconque de quarrés.

70. Je passe maintenant à l'emploi du cercle dans l'extraction des racines quarrées. On sait que la perpendiculaire élevée sur un diamètre est moyenne proportionnelle entre les deux segmens de ce diamètre (*Géom.* 130) ; on obtiendra donc $\sqrt{ab}$ en prenant, fig. 26, $AP = a$, $BP = b$; et sur la somme AB de ces deux lignes, comme diamètre, décrivant un cercle, la perpendiculaire PM, élevée sur le point P, étant moyenne proportionnelle entre AP et BP sera $\sqrt{ab}$.

FIG. 26.

On peut encore trouver une moyenne proportionnelle entre deux lignes quelconques a et b, en prenant la plus grande des deux pour le diamètre AB du cercle, et portant l'autre de A en P ; élevant ensuite l'ordonnée PM, et tirant la corde AM, on aura la moyenne proportionnelle demandée (*Géom.* 131).

A l'aide de ces méthodes, on construira tous les radicaux du second degré, quelle que soit la quantité qu'ils renferment. Soit pour exemple

$$\sqrt{a^2 + bc - \frac{def}{g}} :$$

on fera $bc = ak$, $\dfrac{def}{g} = ak'$; l'expression proposée deviendra

$$\sqrt{a^2 + ak - ak'} = \sqrt{(a + k - k')a},$$

et pour l'obtenir, il suffira de prendre une moyenne proportionnelle entre deux lignes, respectivement égales à
$a + k - k'$ et a: il est d'ailleurs évident que les quantités
k et k' se détermineront par les lignes proportionnelles,
d'après ce qui a été dit, n° 68, puisque les équations
dont elles dépendent donnent

$$k = \frac{bc}{a}, \qquad k' = \frac{def}{ag};$$

et conduisent par conséquent à ces proportions :

$$a : b :: c : k,$$

$$a : d :: e : \frac{de}{a}, \qquad g : f :: \frac{de}{a} : \frac{def}{ag} = k'.$$

71. La quantité que l'on se propose de construire
pourrait ne pas être homogène ; mais cela n'arrivera que
lorsqu'on aura fait quelques lignes égales à l'unité, ou que
l'on aura représenté un nombre par une lettre, ou une
ligne par un nombre ; et les méthodes indiquées ci-dessus
ne seront pas arrêtées par cette circonstance, pourvu
qu'on fasse reparaître, dans tous les termes où elle devait
se trouver, et avec des exposans convenables, la ligne
prise pour unité.

Si l'on avait $\sqrt{a + \dfrac{bc}{d^3}}$, et que l'on sût par l'énoncé de la question qui aurait conduit à cette expression,
qu'elle doit appartenir à une ligne, on verrait que
chacun des termes compris sous le radical devrait être
du second degré, et que par conséquent en désignant
l'unité par n, il faudrait écrire an au lieu de a, et $\dfrac{bcn^3}{d^3}$
au lieu de $\dfrac{bc}{d^3}$, ce qui ne change rien à la grandeur absolue de ces quantités, puisque $n = 1 = n^3$, et en général
$n^m = 1$, quelle que soit m. On aurait de cette manière

$$\sqrt{an + \frac{bcn^3}{d^5}} = \sqrt{n\left(a + \frac{bcn^2}{d^5}\right)},$$

qui se construirait facilement.

J'observerai que, d'après ce qui précède, on pourrait extraire, par une opération graphique, la racine quarrée d'un nombre quelconque, en prenant une moyenne proportionnelle entre deux lignes, dont l'une représenterait l'unité, et l'autre aurait avec celle-ci le rapport marqué par le nombre proposé. $\sqrt{\frac{7}{5}}$, par exemple, s'obtiendrait en prenant une moyenne proportionnelle entre deux lignes, dont une serait les $\frac{7}{5}$ de l'autre, puisque $\sqrt{\frac{7}{5}} = \sqrt{1 \times \frac{7}{5}}$.

72. Rien n'est plus facile maintenant que de construire l'expression des racines de l'équation du second degré $x^2 - ax = b^2$, qui peut représenter toutes celles de ce degré. En effet, en tirant la valeur de x, on a

$$x = \tfrac{1}{2}a \pm \sqrt{\tfrac{1}{4}a^2 + b^2};$$

il ne s'agit que de construire le radical $\sqrt{\tfrac{1}{4}a^2 + b^2}$ (69), et de prendre ensuite la somme et la différence du résultat et de la ligne $\tfrac{1}{2}a$, pour obtenir la grandeur de chacune des racines de la proposée.

Si cette équation était de la forme $x^2 - ax = -b^2$, on aurait

$$x = \tfrac{1}{2}a \pm \sqrt{\tfrac{1}{4}a^2 - b^2};$$

sa construction, dans ce cas, ne différerait de celle du précédent, qu'en ce que le radical serait exprimé par l'un des côtés de l'angle droit d'un triangle rectangle, au lieu de l'être par l'hypoténuse, et que ce triangle cesserait d'exister si l'on avait $\tfrac{1}{2}a < b$, parce qu'alors ayant pris sur l'un des côtés d'un angle droit ABC, *fig.* 27, une grandeur $AB = b$, le cercle DE, décrit du point A

comme

comme centre, avec un rayon qui serait moindre que AB, n'atteindrait pas l'autre côté BC. Cette circonstance s'accorde avec la théorie des équations du second degré, qui donne des racines imaginaires pour le cas dont il s'agit.

On pourra appliquer ce qui précède à la question suivante : *Étant donnée la somme ou la différence des deux côtés contigus d'un rectangle et son aire, construire ce rectangle.*

En effet, soient b^2 la surface du rectangle demandé, a la somme ou la différence de ses côtés contigus, et x l'un d'eux ; l'autre sera exprimé par $a-x$ dans le premier cas, et par $a+x$ dans le second ; la surface sera $(a-x)x$ pour le premier cas, et $(a+x)x$ pour le second ; ensorte qu'on aura ces deux équations :

$$ax - x^2 = b^2, \qquad ax + x^2 = b^2,$$

lesquelles, étant résolues, donneront des valeurs de x constructibles par la méthode précédente.

73. Il n'est pas nécessaire de résoudre les équations du second degré pour en trouver graphiquement les racines ; on les obtient immédiatement par les propriétés des lignes proportionnelles considérées dans le cercle.

L'équation $x^2 + ax = b^2$ étant mise sous la forme

$$x(x+a) = b^2,$$

se rapporte à la propriété des sécantes et des tangentes qui partent d'un même point (*Géom.* 128) ; car si on décrit, *fig.* 28, sur un rayon $BC = \frac{1}{2}a$ un cercle, qu'on lui mène une tangente AB dont la longueur soit b, et que par les points A et C on tire une sécante AC, en nommant x la ligne AD, on aura évidemment

$$AD' = AD + DD' = AD + 2BC = x + a,$$

Trigonométrie.   G

et la propriété citée plus haut, donnant $AD \times AD' = \overrightarrow{AB}^2$,
il en résultera

$$x\,(x + a) = b^2,$$

ce qui est l'équation proposée.

Si l'on avait $x^2 - ax = b^2$, il faudrait faire $x = AD'$,
on aurait alors

$$AD = x - a, \quad \text{et} \quad x(x - a) = b^2.$$

La construction présente, n'étant sujette à aucune exception, montre que tant que b^2 sera positif dans le second membre, en même temps que x^2 l'est dans le premier, les racines de l'équation proposée seront toujours réelles.

L'équation $x^2 - ax = -b^2$ se change en $ax - x^2 = b^2$, et peut alors s'écrire ainsi :

$$x\,(a - x) = b^2.$$

Sous cette dernière forme elle se rapporte à la propriété des cordes qui se coupent dans le cercle; car si l'on
FIG. 29. décrit sur un diamètre $AB = a$, *fig.* 29, un cercle, qu'on élève au point A une perpendiculaire $AC = b$, qu'on tire ensuite CM parallèle à AB, et que par les points M et M', où CM rencontre le cercle, on abaisse sur AB, les perpendiculaires PM et $P'M'$, on aura

$$AP \times BP = AP\,(AB - AP) = \overrightarrow{PM}^2,$$

ou

$$AP\,(a - AP) = b^2,$$

puis

$$AP' \times BP' = AP'(AB - AP') = \overrightarrow{P'M'}^2,$$

ou

$$AP'(a - AP') = b^2 :$$

d'où on voit qu'en prenant successivement pour x les droites AP et AP', on retombera sur l'équation proposée

$$ax - x^2 = b^2,$$

et que par conséquent les droites AP et AP', obtenues par les procédés ci-dessus, sont les valeurs de l'inconnue x.

Il est visible que quand AC surpassera le rayon du cercle ou $\frac{1}{2}a$, la droite CM ne rencontrera plus le cercle et ne fournira par conséquent aucune détermination; mais alors les racines de l'équation proposée seront imaginaires.

Les racines de l'équation $x^2 + ax = -b^2$ ne diffèrent de celles de l'équation $x^2 - ax = -b^2$, que parce qu'elles sont affectées du signe $-$; mais leur grandeur s'obtiendra toujours par la construction que je viens d'indiquer.

74. Dans l'application de l'Algèbre à la Géométrie, le signe $-$ s'interprète en général comme à l'égard des nombres, en renversant d'une certaine manière l'énoncé de la question, ou en prenant les lignes qui en sont affectées, dans un sens contraire à celui où on les avait supposées d'abord.

Avant d'aller plus loin, je dois rappeler que les quantités négatives tirent leur origine des soustractions qui ne peuvent s'effectuer dans l'ordre où elles sont indiquées, parce que la quantité à retrancher se trouve plus grande que celle dont on doit la retrancher. On reconnaît par cette circonstance qu'il y avait erreur dans l'énoncé de la question, ou au moins dans son application au cas particulier que l'on a eu en vue; et en redressant cette erreur, c'est-à-dire en modifiant l'énoncé de manière à rendre possible la soustraction qui n'a pu s'exécuter, on parvient à un résultat positif; mais pour certaines questions, pour toutes celles qui mènent à des équations du premier degré, par exemple, on n'a pas besoin de prendre cette peine. Le signe du résultat indique lui-même le renversement dont l'énoncé est susceptible; et les valeurs négatives, employées conformément aux règles établies pour effectuer les opérations sur les quantités affectées du signe —, satisfont aussi bien aux questions que celles qui sont positives : c'est pour cela que les Géomètres récens ont changé la dénomination de *racines fausses*, qu'on donnait autrefois aux racines négatives des équations.

C'est donc aussi par la soustraction que l'on doit expliquer, sur les figures géométriques, les valeurs négatives que l'Algèbre donne à certaines lignes; et pour soustraire une ligne d'une autre, il suffit de porter la première sur la seconde, à partir de l'une des extrémités de celle-ci : mais il y a, sur cette opération graphique, quelques observations à faire, qui tiennent à la manière dont les lignes se décrivent.

FIG. 30. Soit d'abord CD, *fig.* 30, la ligne à soustraire de AB; comme la première est moindre que la seconde, en portant cette première de B en c, leur différence Ac sera placée à la droite du point A; mais si l'on avait à retrancher $C'D'$, plus grande que AB, et qu'on portât toujours sur AB, à partir de la même extrémité B, la ligne à retrancher, la différence des deux droites proposées serait marquée en Ac', sur le prolongement de AB, et serait placée à gauche du point A, c'est-à-dire d'un côté opposé au résultat Ac de la première opération : c'est à ce changement de situation que répond le signe —.

Il semblerait, au premier coup-d'œil, que l'on devrait effectuer la soustraction indiquée sur les lignes $C'D'$ et AB, en portant la plus petite sur la plus grande, car c'est ce que l'on fait sur les nombres, lorsqu'on ôte le plus petit du plus grand; mais il faut observer, à l'égard des lignes, qu'elles sont en général employées à marquer des distances à un certain point auquel on en apporte d'autres, et qu'on regarde comme fixe; elles prennent

leur accroissement par l'extrémité opposée à ce point,
et alors la soustraction, qui, par sa nature, est inverse de
l'addition de laquelle résultent en général les accroissemens, doit s'opérer aussi en sens inverse de celle-là, et par
conséquent en allant vers le côté où les lignes diminuent.
De là vient que si le point A sur la droite AB est le point
fixe dont je parle, la soustraction de CD ou de $C'D'$
doit s'opérer à partir du point B. La continuité des lignes
et la possibilité de les prolonger indéfiniment dans les deux
sens, donne à leur égard le moyen d'opérer, comme on
vient de le voir, la soustraction de la même manière,
quoique la quantité à soustraire soit devenue la plus grande
des deux. Voici un problème fort simple qui confirmera
ce qu'on vient de lire.

75. *Mener dans un triangle donné* ABC, fig. 31, fig. 31.
parallèlement au côté AC, *une ligne* DE *qui soit égale à*
une ligne donnée MN.

Les côtés du triangle étant donnés, je ferai

$$AB = a, \qquad AC = b, \qquad MN = c;$$

et je prendrai pour inconnue la distance AD, parce que
la position d'une ligne parallèle à une ligne donnée,
est déterminée par un seul de ses points. En faisant
$AD = x$, j'aurai $BD = a - x$, et les triangles semblables BAC et BDE donneront

$$AB : AC :: BD : DE,$$

ou

$$a : b :: a - x : c;$$

donc

$$ab - bx = ac,$$

$$x = \frac{ab - ac}{b} = \frac{a(b - c)}{b}.$$

La valeur de x se construit (68), en retranchant de
$AC = b$, la droite $CF = c$, puis tirant FD parallèle à

CB ; car la similitude des triangles ABC, AFD, fournit cette proportion :

$$AC : AB :: AF : AD$$
$$b : a :: b - c : x = \frac{a(b-c)}{b}.$$

Si la ligne MN devenait plus grande que AC, elle ne pourrait plus trouver place dans l'intérieur du triangle ABC, il faudrait prolonger les côtés AB et AC; mais alors le point D passerait en D' de l'autre côté du point A, et c'est précisément ce qu'indiquent le calcul et la construction.

En effet, si l'on a $M'N' > AC$, il en résultera $c > b$, la quantité $b - c$ sera par conséquent négative; mais en faisant la soustraction des lignes, comme il a été indiqué dans le numéro précédent, le point F passera en F', et la ligne $F'D'$, menée par le point F' parallèlement à BC, ne pourra rencontrer que le prolongement du côté AB en D'.

76. En général, toutes les fois qu'il s'agit de distances rapportées à un point fixe et comptées sur une même ligne, ou sur des lignes parallèles, celles qui sont affectées du signe — doivent se prendre dans un sens opposé à celles qui sont affectées du signe +.

En effet, si l'on considère la situation respective de deux points dont les distances à une droite quelconque soient exprimées par $a + b$ et $a - c$, il est évident que la distance mutuelle de ces points est $b + c$, puisque $a + b - (a - c) = b + c$; et pour les placer de cette manière par rapport à une droite quelconque $A'B'$,

 fig. 32, il faut tirer d'abord, soit d'un côté, soit de l'autre de cette ligne, à une distance $AA' = a$, une parallèle AB, puis mener ensuite deux autres lignes parallèles à celles-ci, l'une QM, en dehors des premières et à une distance $AQ = b$, l'autre $Q'M'$, en dedans et à une distance $AQ' = c$. Par ce moyen, tous les points, tels que M et M', placés aux rencontres des dernières parallèles et d'une perpendiculaire à la ligne $A'B'$, auront entre eux la distance exigée, et se trouveront dans une situation opposée par rapport à la parallèle intermédiaire AB, de laquelle leurs éloignemens respectifs sont marqués par $+b$ et $-c$. Il est facile de voir qu'ils seraient tous deux du même côté de AB, si leurs distances à la ligne $A'B'$ étaient exprimées par $a+b$ et $a+c$, parce qu'alors leur distance mutuelle serait $b-c$.

. C'est ainsi que les sinus, qui sont les distances des extrémités des arcs au diamètre AA', *fig.* 10, et les cosinus FIG. 10. qui sont les distances au diamètre BB', changent de signe en passant d'un côté à l'autre de ces diamètres (25). La tangente suit la même loi à l'égard du diamètre AA', et par la même raison.

77. Ces considérations ne s'appliquent pas aussi immédiatement à la sécante, parce que sa direction change à chaque instant : cependant elle n'en a pas moins un signe propre à ses diverses situations, et qui se tire de son expression analytique séc $a = \dfrac{R^2}{\cos a}$; mais ce n'est, en général, que par rapport aux lignes qui conservent la même direction, que le changement de signe répond toujours immédiatement au changement de côté (*).

Les droites AD et AD', *fig.* 25, qui représentent les FIG. 25.

(*) On peut, ce me semble, donner une explication assez naturelle des changemens de signe de la sécante, en observant que cette ligne prend réellement une situation opposée, lorsqu'elle atteint la tangente par l'extrémité opposée à celle où elle y arrivait d'abord. En effet, dans les arcs BA' et $A'B'$, pour lesquels l'expression analytique de la sécante est négative, ce n'est plus le rayon CM qui atteint la tangente $A'V'$, mais le rayon opposé.

racines de l'équation du second degré $a^2 - ax = x^2$ (66), quoique appartenantes à des valeurs de signes différens, ne sont pas opposées ; mais s'il s'agissait de les appliquer à la solution d'un problème où elles seraient considérées comme des distances à un point fixe, mesurées sur une ligne de direction constante, il faudrait les porter de différens côtés de ce point, d'après la règle du n° 76.

En effet, le problème du n° 66, par exemple, peut être énoncé ainsi :

Trouver sur la droite AB = *a, un point* E, *tel que sa distance* AE *au point* A, *soit moyenne proportionnelle entre sa distance à l'autre extrémité* B *et la ligne entière* AB. Les deux valeurs de l'inconnue étant alors *AD* et *AD'*, la dernière, qui se trouve affectée du signe —, doit être portée en *AE'*, au-delà du point *A*, par rapport au point *B*. Cette conclusion est facile à vérifier ; car la valeur de *AD'* répondant à $-x$ dans l'équation $a^2 - ax = x^2$, vérifie l'équation $a^2 + ax = x^2$, qui résulte du changement de $+x$ en $-x$; et cette dernière équation fournit la proportion

$$a + x : x :: x : a,$$

qui revient à

$$AB + AE', \quad \text{ou} \quad BE' : AE' :: AE' : AB.$$

Le problème suivant est encore très-propre à faire connaître comment il faut interpréter les diverses solutions qu'offre une même équation.

FIG. 33. 78. *Par un point* E, fig. 33, *placé comme on voudra, à l'égard de deux droites* AB *et* AC, *perpendiculaires entre elles, mener une droite de manière que la partie* D'F' *de cette droite, interceptée entre les deux lignes proposées, soit d'une grandeur donnée* m.

Pour connaître la position de la ligne *D'F'*, déjà assu-

jétie à passer par le point donné E, il ne faut qu'en déterminer un autre point, qu'on peut choisir comme on
voudra; je prendrai pour cela AD', et puisque le point
E est donné, je supposerai connues les lignes GE et
HE, menées de ce point parallèlement aux lignes AB
et AC : je ferai en conséquence

$$GE = a, \qquad HE = b, \qquad AD' = y.$$

Cela posé, les triangles semblables EGD' et $F'AD'$
donnent

$$GD' : GE :: AD' : AF';$$

mais

$$GD' = AD' - AG = AD' - HE = y - b;$$

donc

$$y - b : a :: y : AF' = \frac{ay}{y-b}.$$

Le triangle $F'AD'$ étant rectangle en A, fournit l'équation

$$\overline{AD'}^2 + \overline{AF'}^2 = \overline{D'F'}^2,$$

qui, par la substitution des valeurs de AD', AF' et
$D'F'$, devient

$$y^2 + \frac{a^2 y^2}{(y-b)^2} = m^2,$$

et

$$y^4 - 2by^3 + (b^2 + a^2 - m^2)y^2 + 2bm^2 y - b^2 m^2 = 0 \quad (1);$$

lorsqu'elle est développée et ordonnée.

Cette équation monte au quatrième degré, parce que
la question proposée a, en général, quatre solutions. On
voit en effet par l'inspection de la figure que l'on peut
remplir de quatre manières différentes les conditions du
problème proposé, savoir :

Par les deux lignes $D'F'$ et $D''F''$, menées dans l'angle
droit BAC, où se trouve placé le point E;

Puis par les deux lignes $D''F'''$ et $D''''F''''$, menées dans les angles CAB' et BAC', adjacens à l'angle BAC.

Il n'est pas difficile de voir que les solutions de l'angle BAC peuvent devenir impossibles, lorsque la grandeur m est au-dessous d'une certaine limite qui dépend de la position du point E, à l'égard des droites AB et AC, mais que les deux autres solutions seront toujours réelles; car les lignes $F'''D'''$ et $F''''D''''$, peuvent passer par le point A, ce qui les rendrait nulles, ou devenir parallèles, l'une à AB, l'autre à AC, et par conséquent infinies.

Il n'est pas moins évident que la question se simplifierait, sans perdre aucune de ses solutions, si on prenait le point E à égale distance des droites AC et AB; car il suffirait alors de connaître une de celles de l'angle BAC et une des deux autres, pour les obtenir toutes les quatre.

Si on savait mener $D'F'$, par exemple, on en conclurait $D''F''$, en prenant $AF'' = AD'$, à cause que le point E serait semblablement placé à l'égard des deux droites AC et AB; et on déduirait, par la même raison, $D''''F''''$ de $D'''F'''$, en prenant $AF'''' = AD'''$.

D'après cette remarque, je ferai $GE = HE$, ou $a = b$; et l'équation proposée deviendra

$$y^4 - 2ay^3 + 2a^2y^2 - m^2(y^2 - 2ay + a^2) = 0\ldots\ldots(2).$$

On ne voit pas encore comment cette équation peut être résolue plus facilement que la précédente; mais la relation observée ci-dessus, entre les diverses solutions, va mettre la chose en évidence.

Les triangles $D'AF'$ et $D''AF''$, $D'''AF'''$ et $D''''AF''''$, étant égaux, il s'ensuit que les angles $D'F'A$ et $D''F''A$, $D'''F'''A$ et $D''''F''''A$, sont complémens l'un de l'autre, et que par conséquent, dès que l'on connaîtra les angles

$D'F'A$, $D''F'''A$, on aura les deux autres, et toutes les solutions de la question seront connues. Mais puisqu'on n'a de cette manière que deux solutions à trouver immédiatement, il est avantageux de déterminer l'angle que la droite, comprise entre les lignes AB et AC, doit faire avec l'une de ces lignes, avec AB, par exemple.

En prenant pour inconnue la tangente de cet angle, le triangle $D'EG$ montre que

$$\text{tang}\, D'F'A = \text{tang}\, D'EG = \frac{D'G}{GE} = \frac{y-b}{a} = \frac{y-a}{a}.$$

Si on fait $\dfrac{y-a}{a} = z$, on aura

$$y = az + a,$$

et substituant cette valeur dans l'équation (2), il viendra, après les réductions,

$$a^4 z^4 + 2a^4 z^3 + (2a^4 - a^2 m^2)\, z^2 + 2a^4 z + a^4 = 0,$$

ou $\quad z^4 + 2z^3 + \dfrac{(2a^2 - m^2)}{a^2}\, z^2 + 2z + 1 = 0.$ $\quad$ (3)

Il est maintenant visible que si la quantité z' satisfait à cette équation, la quantité $\dfrac{1}{z'}$ y satisfera pareillement (*); et en l'écrivant ainsi :

$$z^4 + 2z^3 + 2z^2 + 2z + 1 = \frac{m^2}{a^2}\, z^2,$$

on reconnaît sans peine qu'en ajoutant z^2 à chaque membre, le premier devient un quarré parfait,

$$z^4 + 2z^3 + 2z^2 + 2z + 1 + z^2 = (z^2 + z + 1)^2 :$$

(*) Cette équation est de celles qu'on nomme *réciproques*. On trouve dans le *Complément des Élémens d'Algèbre* (43) la manière de les abaisser autant qu'il est possible ; et par la transformation indiquée dans l'endroit cité, la proposée se réduit sur-le-champ au second degré.

on a donc

$$(z^2 + z + 1)^2 = \frac{m^2}{a^2} z^2 + z^2,$$

d'où

$$z^2 + z + 1 = \pm z \sqrt{\frac{m^2}{a^2} + 1},$$

ce qui revient à

$$z^2 + \frac{a \mp \sqrt{m^2 + a^2}}{a} z + 1 = 0.$$

Cette équation doit être considérée comme équivalente à deux équations du second degré, à cause des deux formes dont le coefficient de son second terme est susceptible ; et faisant, pour abréger, $\sqrt{m^2 + a^2} = n$, elle donne successivement

$$z^2 + \frac{a - n}{a} z + 1 = 0,$$

$$z^2 + \frac{a + n}{a} z + 1 = 0.$$

Si on désigne par z', z'', les deux racines de la première, et par z''', z'''', celle de la seconde, on aura, en vertu du dernier terme égal à l'unité,

$$z'z'' = 1, \qquad z'''z'''' = 1 ;$$

et comme z exprime la tangente d'un angle, prise pour un rayon $= 1$, il s'ensuit que les valeurs z' et z'' appartiennent à deux angles complémens l'un de l'autre, et qu'il en est de même de z''' et z'''' (9), conformément à la remarque qui termine la page 106.

En résolvant les équations ci-dessus, il vient, par la première,

$$z = -\frac{a - n}{2a} \pm \frac{1}{2a} \sqrt{(a - n)^2 - 4a^2},$$

par la deuxième,

$$z = -\frac{a+n}{2a} \pm \frac{1}{2a}\sqrt{(a+n)^2-4a^2},$$

mais

$$\sqrt{(a-n)^2-4a^2} = \sqrt{(n+a)(n-3a)},$$
$$\sqrt{(a+n)^2-4a^2} = \sqrt{(n-a)(n+3a)};$$

et puisque $n = \sqrt{m^2+a^2}$ surpasse nécessairement a, on voit que les deux dernières valeurs de z, seront toujours réelles, tandis que les deux premières deviendront imaginaires lorsqu'on aura $n < 3a$.

Avant de parvenir à ce terme, les mêmes valeurs deviendront égales si $n = 3a$, c'est-à-dire si $\sqrt{m^2+a^2} = 3a$; et faisant évanouir les radicaux, il vient

$$m^2 + a^2 = 9a^2;$$

d'où

$$m^2 = 8a^2, \quad \text{ou} \quad m = \sqrt{8a^2} = 2a\sqrt{2},$$

ce qui prouve qu'on ne pourra mener dans l'angle BAC, par le point E, aucune droite moindre que $2a\sqrt{2}$.

La quantité n étant alors $\sqrt{8a^2+a^2} = 3a$, les deux premières valeurs de z deviennent égales à 1, et les deux autres sont $-2 \pm \sqrt{3}$; il suit de là que les deux lignes $D'F'$ et $D''F''$ se confondent, en faisant avec AB un angle de $0^g,5$.

Dans le cas général, si l'on fait

$$\sqrt{(a-n)^2-4a^2} = \sqrt{(n+a)(n-3a)} = p$$
$$\sqrt{(a+n)^2-4a^2} = \sqrt{(n-a)(n+3a)} = q,$$

il viendra, pour les quatre valeurs de z,

$$z' = -\frac{a-n-p}{2a}, \quad z'' = -\frac{a-n+p}{2a};$$

$$z''' = -\frac{a+n-q}{2a}, \quad z'''' = -\frac{a+n+q}{2a}.$$

Connaissant les tangentes z', z'', z''', z'''', on en conclura les valeurs de y, au moyen de l'équation

$$y = az + a \quad \text{(page 107)}.$$

Ces valeurs seront respectivement

$$AD' = -\frac{a-n-p}{2} + a = \frac{a+n+p}{2}$$

$$AD'' = -\frac{a-n+p}{2} + a = \frac{a+n-p}{2}$$

$$AD''' = -\frac{a+n-q}{2} + a = \frac{a-n+q}{2}$$

$$AD'''' = -\frac{a+n+q}{2} + a = \frac{a-n-q}{2};$$

Elles se construiront aisément, car la quantité n est l'hypoténuse d'un triangle rectangle dont les côtés sont a et m, les lignes p et q s'obtiennent aussi par les triangles rectangles (69), ou par les moyennes proportionnelles (70); et lorsqu'on aura les longueurs des quatre droites ci-dessus, les points D', D'', D''', D'''', seront donnés (*).

(*) Si on compare l'analyse que je viens de faire des diverses circonstances de la question ci-dessus, avec celle que l'on trouve dans l'Algèbre de Bezout (3ᵉ vol. du *Cours à l'usage de la marine*, édition de 1781, pag. 334), on verra combien cette dernière est incomplète et fautive; elle n'indique que les deux solutions représentées par les lignes $D''F'$ et $D'''F'''$.

79. Au lieu de prendre pour inconnue l'angle que doit faire avec AB, la droite demandée, on eût pu chercher à déterminer la distance entre le point donné E et le point K, milieu de la ligne $D'F'$, pour en conclure $D'E$. En faisant $EK = x$, et posant, pour abréger,

$$F'K = D'K = \frac{m}{2} = l, \quad \text{on aurait eu}$$

$$D'E = D'K + EK = l + x, \quad F'E = F'K - EK = l - x;$$

$$F'H = \sqrt{\overline{EF'}^2 - \overline{EH}^2} = \sqrt{(l-x)^2 - a^2};$$

et les triangles semblables $D'GE$, EHF' auraient donné

$$D'E : EG :: EF' : F'H,$$

ce qui revient à

$$l + x : a :: l - x : \sqrt{(l-x)^2 - a^2},$$

d'où on aurait déduit l'équation

$$a(l-x) = (l+x)\sqrt{(l-x)^2 - a^2},$$

qui, par l'élévation au quarré et le développement, serait devenue

$$x^4 - (2l^2 + 2a^2)x^2 + l^4 - 2a^2 l^2 = 0;$$

et pouvant la résoudre comme celle du second degré, on en aurait tiré d'abord

$$x^2 = l^2 + a^2 \pm \sqrt{a^4 + 4a^2 l^2},$$

puis

$$x = \pm\sqrt{l^2 + a^2 \pm \sqrt{a^4 + 4a^2 l^2}} = \pm\sqrt{l^2 + a^2 \pm a\sqrt{a^2 + 4l^2}},$$

expressions faciles à construire, d'après ce qu'on a vu dans les numéros 69 et 70.

Cette solution, bien remarquable par son élégance, est tirée de l'*Arithmétique universelle de Newton*, qui l'a donnée pour montrer comment un heureux choix d'inconnues simplifie la solution d'un problème. Celui qu'il a fait, dans la question qui m'occupe, lui a sans doute été suggéré par la considération que la distance EK ne peut avoir que deux grandeurs différentes, l'une relative aux deux solutions $D'F'$ et $D''F''$, et l'autre aux solutions $D'''F'''$ et $D''''F''''$, et que par conséquent ses quatre valeurs doivent être égales deux à deux, et ne peuvent différer que par le signe. Je conclurai de là que, pour se déterminer dans le choix de l'inconnue, il faut chercher celle qui, dans les diverses circonstances que peut offrir la question, subit le moins de changemens.

80. Le petit nombre de questions résolues précédemment, suffit pour montrer comment l'Algèbre peut s'appliquer à la solution des problèmes. On a dû reconnaître par ces exemples, que les circonstances relatives à la situation des lignes, peuvent toujours être déduites de la considération des triangles, et, moyennant les propriétés de ces figures, s'exprimer algébriquement. L'art de former les triangles dont il s'agit, et qui résultent, soit explicitement, soit implicitement, des conditions du problème proposé, ne peut, comme la facilité de mettre en équation les problèmes numériques, s'acquérir que par l'habitude (*).

Les diverses expressions construites dans ce qui précède, ne se rapportent qu'à des lignes, parce que les problèmes qui les ont amenées n'ont pour but que la détermination des lignes; et c'est ce qui arrive le plus sou-

---

(*) *L'Arithmétique universelle de Newton* contient une collection de problèmes, aussi précieuse par l'élégance des solutions que par la variété des énoncés; la *Géométrie de position*, par *Carnot*, en renferme de très-intéressans, et qui conduisent à des propriétés de l'étendue très-remarquables. La lecture de ces ouvrages, et de ceux de Thomas Simpson, sera très-utile aux personnes qui voudront s'exercer à la résolution des questions.

vent

vent, puisque la détermination des figures se réduit toujours à celle de leurs dimensions. Cependant il peut se présenter quelque cas où l'on cherche immédiatement une
aire ou un *volume*; l'expression à laquelle on arrive doit,
si elle est homogène, avoir dans le premier cas, à chaque
terme de son numérateur, deux facteurs de plus qu'à ceux
de son dénominateur, et trois dans le second cas.

Par exemple, l'expression

$$\frac{ab^2 c - a^3 d + d^4}{c^2 + ad}$$

peut désigner une aire, et l'expression

$$\frac{a^7 + b^5 c^2 - d^7}{a^4 + b^4}$$

un volume.

Construire ces expressions c'est faire un rectangle dont
l'aire soit équivalente à la première, et un parallélépipède rectangle dont le volume soit équivalent à la seconde; et pour cela on prépare, par l'artifice analytique
du n° 68, la première formule, de manière qu'elle se ré-
duise à un produit de deux facteurs, la seconde, de manière qu'elle devienne un produit de trois facteurs.

En effet, si on prend

$$ab^2 c = m^3 k, \qquad a^3 d = m^3 k', \qquad d^4 = m^3 k'',$$
$$c^2 = mk''', \qquad ad = mk'''',$$

la quantité m demeurera arbitraire, les quantités
$k,\ k',\ k'',\ k''',\ k''''$, se détermineront par les lignes proportionnelles, et on aura

$$\frac{ab^2 c - a^3 d + d^4}{c^2 + ad} = \frac{m^3 k - m^3 k' + m^3 k''}{mk''' + mk''''}$$
$$= \frac{m^2(k - k' + k'')}{k''' + k''''} = m \times \frac{m(k - k' + k'')}{k''' + k''''},$$

Trigonométrie.   H

résultat qui peut être regardé comme l'aire d'un rectangle dont la base serait m, et dont la hauteur serait la ligne représentée par la formule

$$\frac{m\,(k - k' + k'')}{k''' + k''''}.$$

Puisqu'on est maître de prendre à volonté la ligne m, on peut la faire égale à l'une des quantités employées dans l'expression à construire, ou bien à l'unité, si l'on en a choisi une. L'exemple ci-dessus se simplifie lorsqu'on prend $m = a$; il vient alors

$$b^2 c = a^2 k, \qquad d = k', \qquad d^4 = a^3 k'',$$
$$c^2 = a k''', \qquad d = k'''',$$

et

$$\frac{ab^2 c - a^3 d + d^4}{c^2 + ad} = \frac{a^3(k - d + k'')}{a(k''' + d)}$$
$$= a \times \frac{a(k - d + k'')}{a(k''' + d)}.$$

Ce procédé s'applique facilement à la seconde expression proposée

$$\frac{a^7 + b^5 c^2 - d^7}{a^4 + b^4}.$$

En prenant tout de suite a au lieu de la quantité arbitraire m, on fera

$$b^5 c^2 = a^6 k, \qquad d^7 = a^6 k', \qquad b^4 = a^3 k'',$$

et il viendra

$$\frac{a^7 + b^5 c^2 - d^7}{a^4 + b^4} = \frac{a^7 + a^6 k - a^6 k'}{a^4 + a^3 k''}$$
$$= \frac{a^6(a + k - k')}{a^3(a + k'')} = a^2 \times \frac{a(a + k - k')}{a + k''}.$$

La dernière formule peut être évidemment prise pour le

volume du parallélépipède rectangle dont la base est le quarré construit sur la ligne a, et dont la hauteur est la ligne représentée par la formule

$$\frac{a(a + k - k')}{a + k''}.$$

81. L'Algèbre sert non-seulement à trouver la grandeur des lignes et des parties de l'étendue, comparées les unes aux autres, mais elle fournit encore le moyen de déterminer les figures qu'affectent ces lignes, et en général les formes de l'espace. Descartes, en remarquant le premier que ces figures et ces formes établissent des relations de grandeur entre des droites, est parvenu à appliquer l'Algèbre à la théorie des lignes en général; et par cette découverte, les Mathématiques ont entièrement changé de face.

Si l'on conçoit, par exemple, que de tous les points d'une ligne quelconque DE, *fig.* 34, on ait abaissé des perpendiculaires PM, $P'M'$, $P''M''$, etc. sur une ligne droite AB, donnée de position, et qu'à partir d'un point A, pis à volonté sur cette ligne, on ait mesuré les distances AP, AP', AP'', etc. chacune de ces distances, et la perpendiculaire qui lui correspond, seront liées entre elles de manière que l'une se conclura nécessairement de l'autre. En effet, quand la grandeur de AP sera fixée, la rencontre de la courbe DE avec la perpendiculaire élevée par le point P, sur la ligne AB, donnera la grandeur de PM; et quand on aura cette grandeur, que je supposerai représentée par ab, on obtiendra AP, en prenant sur AC, perpendiculaire à AB, une partie $AQ = ab$, et en menant ensuite la droite QM parallèle à AB, qui rencontrera la ligne DE dans un point M, pour lequel on aura nécessairement $PM = ab$.

Rien n'empêche d'imaginer que les lignes AP, PM, soient rapportées à une ligne commune, prise pour unité, et que, sous ce point de vue, elles ne soient représentées par des nombres ou par des lettres. Si la relation qui est entre AP et PM, entre AP' et $P'M'$, etc. peut être exprimée par une équation algébrique, cette équation caractérisera la ligne DE, et pourra en faire connaître successivement tous les points; c'est ce qu'on va voir sur deux exemples très-simples.

FIG. 35. 82. Je prends pour le premier la droite AE, *fig*. 35, menée par le point A; toutes les perpendiculaires PM, $P'M'$, $P''M''$, etc. abaissées de chacun de ses points sur la ligne AB, détermineront une suite de triangles APM, $AP'M'$, $AP''M''$, etc. tous semblables entre eux, et qui donneront

$$AP : PM :: AP' : P'M' :: AP'' : P''M'', \text{ etc.}$$

ou, ce qui revient au même,

$$\frac{PM}{AP} = \frac{P'M'}{AP'} = \frac{P''M''}{AP''}, \text{ etc.}$$

La relation de toutes les distances AP aux perpendiculaires PM est ici bien facile à saisir; elle consiste dans le rapport constant que chacune des premières a avec celle des secondes qui lui correspond; et si l'on désigne ce rapport par a, on aura

$$PM = a \times AP, \quad P'M' = a \times AP', \quad P''M'' = a \times AP'', \text{ etc.}$$

Toutes ces équations, qui semblent particulières à chaque point de la droite AE, peuvent être comprises dans une seule, en désignant la distance du pied de la perpendiculaire au point A, quelle qu'elle soit, par x, et en représentant la perpendiculaire elle-même par y; car on aura alors $y = ax$. Cette équation, qui renferme deux inconnues, x, y, ne peut donner la valeur que d'une seule, et cela après que l'on a fixé arbitrairement la valeur de l'autre : lorsqu'on assigne à x une valeur quelconque AP, y prend la valeur correspondante PM. Si l'on a, par exemple, $a = \frac{1}{2}$, on trouve $PM = \frac{1}{2} AP$, c'est-à-dire qu'en prenant PM, égale à la moitié de AP, le point M est sur la droite AE, et non ailleurs.

La ligne AE ne se termine pas brusquement au point A; on doit, pour embrasser toute son étendue, la concevoir prolongée en AE', au-dessous de la ligne AB, et à gauche de la ligne AC. Cette dernière partie est comprise aussi dans l'équation $y = ax$; car on peut donner à x, dans cette équation, des valeurs négatives, et ces valeurs exprimant les distances à la ligne AC, doivent être prises du côté opposé à celui où l'on a porté les valeurs positives (76) : elles donneront donc des points tels que p, placés en arrière du point A. Mais les valeurs correspondantes de y étant aussi négatives, doivent être prises du côté opposé à celui où on a porté les valeurs positives, c'est-à-dire au-dessous de AB, comme pm; et il est visible d'ailleurs que, si Ap est prise égale à AP, pm sera pareillement égale à PM : on tombera donc de cette manière sur les points du prolongement AE' de la droite AE.

83. Je considère en second lieu le cercle décrit du FIG. 36. point A, *fig.* 36, comme centre, et d'un rayon égal à la ligne AD. Ce qui distingue les points de la circonférence des autres points du plan, c'est d'être tous à une distance du centre A qui soit égale au rayon AD; et par conséquent quelque part que l'on prenne le point M sur cette courbe, les droites AP et PM seront les côtés d'un triangle rectangle, dont l'hypoténuse AM sera égale à AD. En faisant donc

$$AP = x, \qquad PM = y, \qquad AD = r,$$

on aura

$$x^2 + y^2 = r^2;$$

et on tirera de là

$$y = \sqrt{r^2 - x^2},$$

équation, au moyen de laquelle, en se donnant x ou AP, on aura, par le secours du calcul, et sans qu'il soit besoin de construire la figure, y ou PM, ou du moins le rapport de cette ligne avec le rayon. En prenant, par exemple, $x = \frac{1}{3} r$, il viendra

$$y = \sqrt{r^2 - \tfrac{1}{9} r^2} = \sqrt{\tfrac{8}{9} r^2} = r \times \frac{2\sqrt{2}}{3}.$$

On concevra sans peine que l'on peut déduire de la même expression les lignes PM pour tous les points de la ligne AB, compris entre A et D. L'équation $y = \sqrt{r^2 - x^2}$ prouve aussi bien que la description géométrique de la circonférence du cercle, que cette courbe ne doit pas s'étendre au-delà du point D; car pour prendre le point P au-delà de celui-ci, il faudrait supposer $x > AD$, ou $> r$, et dans ce cas, la valeur de y deviendrait imaginaire.

Quoique je n'aye considéré que le quadrans DE, les trois autres, qui complètent la circonférence, sont compris dans l'équation $x^2 + y^2 = r^2$; car l'ordonnée y ayant, pour une même valeur de x, deux valeurs, savoir :

$$+\sqrt{r^2 - x^2} \qquad \text{et} \qquad -\sqrt{r^2 - x^2},$$

la seconde doit être portée du côté opposé à la première (76), et fournit par conséquent tous les points du quadrans DE'. Mais on peut aussi donner à x des valeurs négatives qui doivent se porter de A en D', puisque les valeurs positives ont été portées de A en D; et à chacune de ces valeurs répondront deux valeurs de y : la valeur positive donnera les points du quadrans $D'E$, et la valeur négative les points du quadrans $D'E'$.

84. Quoiqu'on ne tire des équations

$$y = ax, \qquad y = \pm\sqrt{r^2 - x^2},$$

que des valeurs appartenantes à des points toujours dis—
joints, néanmoins la continuité qui résulte de la description de la ligne droite et du cercle, représentés respectivement par ces équations, n'est point violée, parce
qu'on peut toujours déterminer par leur moyen deux
points aussi voisins l'un de l'autre qu'on voudra, puisqu'il suffit pour cela de prendre pour x deux valeurs consécutives presque égales, et que rien ne limite la petitesse
de la différence qu'on peut mettre entre elles.

85. Cette manière de représenter le *cours* des lignes,
c'est-à-dire les circonstances de leur forme et de leur
situation, en les rapportant à une droite, par des perpendiculaires, mérite la plus grande attention; on voit qu'elle
revient à déterminer la position d'un point quelconque,
par le moyen de sa distance à deux droites AB et AC,
perpendiculaires entre elles. Le point M, *fig.* 34, est en FIG. 34.
effet déterminé lorsqu'on a les distances AP et AQ,
puisqu'il se trouve à l'intersection des lignes PM et QM,
menées par les points P et Q, parallèlement aux droites
AB et AC.

Les lignes AP et AQ, ou leurs égales, QM et PM,
se nomment les *coordonnées*. On se sert ordinairement
du mot *abscisse* pour désigner celle qu'on suppose connue, et l'on donne à l'autre le nom d'*ordonnée*. Ainsi,
dans les exemples précédens, où j'ai toujours exprimé
les lignes PM par les lignes AP, PM était l'ordonnée,
et AP l'abscisse. Les lignes AB et AC, qui déterminent
la direction des coordonnées, se nomment les *axes des
coordonnées*.

Il faut bien observer que pour les points situés sur la

ligne AB, la distance AQ ou PM est nulle, et que par conséquent, si on la représente par y, on a pour tous ces points, $y = 0$; par la même raison on a QM, ou AP, ou $x = 0$, pour tous ceux qui sont placés sur l'axe AC; et enfin au point A, qu'on nomme *l'origine des coordonnées*, on a en même temps

$$x = 0, \qquad y = 0.$$

En ne donnant que les valeurs absolues de l'abscisse AP et de l'ordonnée PM, le point M reste encore indéterminé à quelques égards ; car on ne connaît alors que les distances de ce point aux droites indéfinies BB' et FIG. 37. CC', *fig.* 37 ; et en conservant ces mêmes distances, il pourrait se trouver indifféremment dans l'un quelconque des quatre angles droits BAC, $B'AC$, $B'AC'$, BAC' ; mais les combinaisons des signes affectés aux coordonnées AP et PM, font connaître dans lequel de ces angles se trouve le point proposé. En effet, étant convenu de donner le signe $+$ aux parties de la ligne AB, en allant de A vers B, le signe $-$ sera celui qu'il faudra assigner aux parties de AB', en allant de A vers B'. De même, si l'on a donné le signe $+$ aux parties de AC, en allant de A vers C, les parties de AC', en allant de A vers C', seront nécessairement affectées du signe $-$. Cela posé, on aura

$$
\text{pour le point } M \text{ de l'angle }
\begin{cases}
BAC, \dots & \begin{cases} + AP \text{ ou } + x \\ + PM \quad\quad + y \end{cases} \\
B'AC, \dots & \begin{cases} - AP \quad\quad - x \\ + PM \quad\quad + y \end{cases} \\
B'AC', \dots & \begin{cases} - AP \quad\quad - x \\ - PM \quad\quad - y \end{cases} \\
BAC', \dots & \begin{cases} + AP \quad\quad + x \\ - PM \quad\quad - y \end{cases}
\end{cases}
$$

Le choix des lignes AB et AC, perpendiculaires entre

elles, n'est pas le seul qu'on puisse faire pour déterminer sur un plan la position d'un système quelconque de points; toute combinaison de lignes capable de fixer la position d'un point, ses distances à deux points donnés, par exemple, serait également propre à cet usage; mais dans le plus grand nombre de cas les *coordonnées perpendiculaires* sont celles dont l'emploi présente le plus de facilité, et on verra plus loin plusieurs exemples de la manière dont on passe de ces coordonnées à diverses manières d'assigner sur un plan la position des points.

86. L'équation qui exprime les relations entre les AP et les PM, pour une ligne donnée, s'appelle l'*équation de cette ligne*, et celle-ci se nomme à son tour le *lieu* de l'équation qui lui appartient.

Il est visible que toute question géométrique indéterminée, renfermant deux inconnues, conduit à un *lieu* géométrique. S'il s'agissait, par exemple, de former tous les triangles rectangles que l'on peut construire sur une hypoténuse donnée a, en nommant x et y les côtés de l'angle droit de ce triangle, l'équation du problème serait $x^2 + y^2 = a^2$; et on satisferait à la question en décrivant sur un rayon égal à a un quart de cercle, et en abaissant de tous les points de ce quart de cercle des perpendiculaires sur son rayon : le quart de cercle serait le *lieu* de tous les sommets de l'un des angles aigus de ces triangles.

L'équation d'une courbe s'obtient toujours en exprimant analytiquement, ou l'une quelconque de ses propriétés, comme on l'a fait pour la ligne droite, ou les circonstances de sa description, ainsi qu'on en a usé à l'égard du cercle. Réciproquement une équation quelconque, considérée en elle-même, donne aussi naissance à une courbe dont elle fait connaître les propriétés. Ce dernier point de vue étant le plus général et le plus fécond, c'est désormais de la considération des équations que je déduirai les lignes.

87. De toutes les équations à deux indéterminées, la plus simple est celle du premier degré ; et elle appartient à la ligne droite, la plus simple de toutes les lignes. Cette équation peut être représentée par $Cy = Ax + B$; mais en la divisant par C, elle ne perdra rien de sa généralité, et deviendra $y = \dfrac{A}{C}x + \dfrac{B}{C}$, ou $y = ax + b$, en faisant $\dfrac{A}{C} = a$, $\dfrac{B}{C} = b$: c'est sous cette forme que je l'emploierai désormais.

Supposant d'abord que b soit nul, on aura

$$y = ax, \quad \text{ou} \quad \frac{y}{x} = a ;$$

c'est-à-dire que dans toute l'étendue de la droite, le rapport de PM à AP, *fig* 35, sera constant. Cette propriété, qui n'est que l'expression de la similitude des triangles APM, $AP'M'$ etc. et de laquelle il résulte que $\dfrac{PM}{AP} = \dfrac{P'M'}{AP'}$, etc. quelque part qu'on prenne les points P, P', etc. sur la ligne AB, ne peut appartenir qu'à la ligne droite AE, menée par le point A, origine des coordonnées.

Le rapport $\dfrac{y}{x}$, ou le coefficient a, dépend de l'angle que fait la droite AE avec l'axe des abscisses AB ; mais dans le triangle APM, que je suppose rectangle en P, le rapport de PM à AP est égal à la tangente de l'angle PAM (30) : a représente donc la tangente de cet angle.

En considérant l'équation $y = ax + b$, on voit que la nouvelle ordonnée y ne diffère de la première, $y = ax$, qu'en ce qu'elle la surpasse de la quantité b ; d'où il suit que si on prend $AD = b$, et qu'on mène la ligne DF parallèle à AE, elle sera le lieu de l'équation $y = ax + b$, puisqu'on aura

$$PN = PM + MN = PM + AD,$$
$$P'N' = P'M' + M'N' = P'M' + AD, \text{ etc.}$$

et il faut bien remarquer que le coefficient a restera le même pour toutes les droites parallèles à AE.

Il est aisé de voir que rien, dans l'équation $y = ax + b$, ne limite les valeurs que l'on peut donner à x, et que par conséquent celles de y deviendront aussi grandes qu'on voudra ; mais en même temps, rien ne bornant le cours de la ligne DF dans l'espace indéfini BAC, on trouvera toujours des abscisses et des ordonnées assez grandes pour représenter les valeurs de y et de x, qui satisferont à l'équation proposée.

Faisant $x = 0$, on aura $y = b$, et cette valeur appartiendra au point D, où la droite DF rencontre l'axe AC des ordonnées. Lorsque x sera négatif, on trouvera

$$y = - ax + b,$$

et ax étant moindre que b, y sera encore positif, mais moindre que b ou AD. Le cours de la ligne DF montre que cette circonstance ne peut avoir lieu que dans la partie DF', correspondante à des abscisses Ap, situées du côté opposé aux abscisses AP, que j'avais choisies pour représenter les valeurs positives de x ; c'est donc de ce côté qu'il faut prendre les valeurs négatives de x.

Pour trouver la valeur de x, qui répond au point f où la ligne DF rencontre l'axe AB des abscisses, il faut faire $y = 0$, ce qui donne

$$ax + b = 0, \quad \text{et} \quad x = -\frac{b}{a} = Af.$$

Lorsque x, restant toujours négatif, sera devenu plus

grand que la quantité $\frac{b}{a}$, y lui-même deviendra négatif ;
mais au-delà du point f, la ligne DF se trouve au-dessous
de la ligne AB : l'ordonnée $p'n'$ tombera donc d'un côté
opposé à celui où elle était située d'abord, et par conséquent les valeurs négatives de y doivent se porter d'un
côté de la ligne AB, opposé à celui qu'on a adopté pour
les valeurs positives.

Ces remarques, qui confirment ce qui a été dit dans
le n° 76, ne sont pas particulières à la ligne droite. On
ne saurait y faire trop d'attention; car c'est de l'usage
des quantités négatives dans les figures, que dépendent
en grande partie, les diverses formes qu'affectent les lignes
courbes.

L'équation $y = ax + b$ ne renfermant que deux constantes, a et b, dont la valeur particularise la droite qu'on
considère, en la distinguant de toute autre, il s'ensuit
que deux conditions suffisent pour déterminer cette droite.
Celles qui s'offrent les premières, sont de l'assujétir à
passer par deux points donnés, ou bien à être parallèle
ou perpendiculaire à une autre droite donnée, et à passer en outre par un point donné. On aura besoin dans
la suite de connaître la forme que prend l'équation
$y = ax + b$, pour satisfaire à ces diverses conditions ;
c'est pourquoi je vais les examiner chacune en particulier.

88. Si on cherche l'équation de la ligne droite qui
passe par deux points, dont les abscisses soient α et α',
et les ordonnées β et β', on mettra successivement α et α'
à la place de x, β et β' à celle de y, et on aura, pour
déterminer a et b, les deux équations

$$\left.\begin{array}{l} \beta = a\alpha + b \\ \\ \beta' = a\alpha' + b \end{array}\right\} \text{ dont on tirera } \left\{\begin{array}{l} a = \dfrac{\beta' - \beta}{\alpha' - \alpha} \\ \\ b = \dfrac{\alpha'\beta - \alpha\beta'}{\alpha' - \alpha} \end{array}\right. ;$$

et il en résultera

$$y = \frac{\beta' - \beta}{\alpha' - \alpha} x + \frac{\alpha'\beta - \alpha\beta'}{\alpha' - \alpha},$$

pour l'équation de la droite cherchée.

On peut donner à ce résultat une forme plus simple ; car si on retranche de l'équation $y = ax + b$, l'une des deux équations ci-dessus, la première, par exemple, b disparaîtra, et il viendra

$$y - \beta = a\,(x - \alpha);$$

cette dernière équation sera celle d'une droite assujétie à passer par le point dont les coordonnées sont α et β, et faisant d'ailleurs avec l'axe AB un angle quelconque : en y mettant, au lieu de a, la valeur trouvée précédemment, on aura

$$y - \beta = \frac{\beta' - \beta}{\alpha' - \alpha}\,(x - \alpha).$$

La distance des points proposés, ou la partie qu'ils interceptent sur la droite cherchée, aura pour expression

$$\sqrt{(\alpha' - \alpha)^2 + (\beta' - \beta)^2} :$$

cela se voit évidemment, en supposant que N et N' représentent ces points ; car leur distance NN' étant l'hypoténuse du triangle rectangle NRN', il s'ensuit que

$$\overline{NN'}^2 = \overline{NR}^2 + \overline{N'R}^2 = (AP' - AP)^2 + (P'N' - PN)^2.$$

89. Pour obtenir l'équation de la ligne droite qui passerait par le point dont les coordonnées sont α et β, et qui serait parallèle à la ligne représentée par l'équation $y = a'x + b'$, il suffira de substituer a' au lieu de a dans l'équation $y - \beta = a(x - \alpha)$, qui satisfait déjà à la première condition, puisque, d'après le n° 87, le coefficient de x est le même dans les équations des lignes droites parallèles entre elles ; on aura donc pour celle qu'on cherche

$$y - \beta = a'\,(x - \alpha).$$

FIG. 38.   90. Enfin, si AE et AI, *fig.* 38, sont deux droites perpendiculaires entre elles, passant par l'origine A, et que sur l'abscisse AP, on élève les ordonnées PM et PM', on trouve, en comparant les triangles APM et APM', que le rapport de AP à PM est inverse du rapport de AP à PM'; ensorte que si a est le coefficient de x dans l'équation de AE (87), ce coefficient sera $\frac{1}{a}$ dans celle de AI. Mais les ordonnées de cette dernière, tombant au-dessous de AB doivent, par le n° 76, être affectées du signe — : les équations des droites AE et AI seront donc

$$y = ax, \qquad y = -\frac{1}{a}x \quad (^*).$$

FIG. 39.   (*) On parvient aussi à ce résultat sans s'appuyer sur le n° 76; car l'inclinaison de deux droites AM et AM', *fig.* 39, passant par l'origine, détermine la forme du triangle compris entre les points M et M', correspondans à la même abscisse AP, et l'origine A, triangle dont les côtés sont faciles à calculer, par les équations de ces droites, que je suppose

$$y = ax, \qquad y = a'x.$$

En effet, si $AP = x$, on a $PM = ax$, $PM' = a'x$,

$$MM' = PM - PM' = ax - a'x;$$

les triangles rectangles APM, APM', donnent

$$\overline{AM}^2 = \overline{AP}^2 + \overline{PM}^2 = x^2 + a^2x^2$$

$$\overline{AM'}^2 = \overline{AP}^2 + \overline{PM'}^2 = x^2 + a'^2x^2;$$

et quand ces droites deviennent perpendiculaires entre elles, le triangle MAM' devenant rectangle en A, MM' qui en est alors l'hypoténuse, doit satisfaire à l'équation

$$\overline{MM'}^2 = \overline{AM}^2 + \overline{AM'}^2,$$

que les valeurs ci-dessus changent en

$$(ax - a'x)^2 = 2x^2 + a^2x^2 + a'^2x^2.$$

Développée, réduite et divisée par $2x^2$, elle revient à $-aa' = 1$, d'où l'on conclut $a' = -\frac{1}{a}$, comme ci-dessus.

Il est bon d'observer que le signe — indique ici le changement

Considérant ensuite les droites DF et GH, respectivement parallèles aux droites AE et AI, et par conséquent perpendiculaires entre elles, on trouvera pour leurs équations .

$$y = ax + b \quad \text{et} \quad y = -\frac{1}{a}x + b' \quad \text{(n° précéd.)}.$$

Si la seconde doit passer par un point dont les coordonnées soient α et β, son équation deviendra

$$y - \beta = -\frac{1}{a}(x - \alpha).$$

91. Deux lignes qui se coupent ont à leur point d'intersection les mêmes coordonnées ; en sorte que pour trouver celles du point de rencontre des deux droites données par les équations

$$y = ax + b,$$
$$y = a'x + b',$$

il n'y a qu'à supposer que les inconnues x et y ont la même valeur dans l'une et dans l'autre équation : on aura ainsi

$$ax + b = a'x + b' ;$$

ce qui donnera

$$x = \frac{b - b'}{a' - a} \quad \text{et} \quad y = \frac{a'b - ab'}{a' - a}.$$

On voit par ces valeurs que le point de concours est d'autant plus éloigné des axes AB et AC, que la quantité $a' - a$ est plus petite, et qu'enfin x et y deviennent infinis, lorsque $a' = a$, c'est-à-dire lorsque les droites proposées cessent de se rencontrer, ou sont parallèles.

92. Il peut être utile de connaître la longueur de la

---

que doit subir la figure, quand l'angle MAM' devient droit ; circonstance qui ne permet plus que les deux lignes AM et AM' soient du même côté de l'axe AB, ainsi qu'on l'avait supposé d'abord ; l'algèbre opère donc sur la situation de ces lignes un redressement analogue à celui qui a lieu par les solutions négatives, dans les questions numériques. (Voyez les *Élémens d'Algèbre*.)

perpendiculaire abaissée d'un point donné sur une ligne donnée ; et on y parviendra en cherchant les différences entre les coordonnées de ce point et celles du point où la droite donnée rencontre la ligne qui lui est perpendiculaire.

L'équation de la première étant

$$y = ax + b,$$

celle de la seconde sera

$$y - \beta = -\frac{1}{a}(x - \alpha);$$

si α et β désignent les coordonnées du point donné ; mais on peut mettre l'équation $y = ax + b$ sous la forme

$$y - \beta = ax + b - \beta - a\alpha + a\alpha,$$

qui revient à

$$y - \beta = a(x - \alpha) + b - \beta + a\alpha,$$

et, jointe à $y - \beta = -\frac{1}{a}(x - \alpha)$, elle donnera

$$x - \alpha = \frac{a(\beta - a\alpha - b)}{1 + a^2}, \quad y - \beta = -\frac{\beta - a\alpha - b}{1 + a^2}.$$

Substituant ces valeurs dans l'expression

$$\sqrt{(x - \alpha)^2 + (y - \beta)^2} \ (88),$$

on aura, pour la longueur de la perpendiculaire cherchée,

$$\frac{\beta - a\alpha - b}{\sqrt{1 + a^2}}.$$

93. Ce qui précède conduit à l'expression du sinus, du cosinus et de la tangente de l'angle que forment entre elles deux droites données. Soient

$$y = ax + b, \qquad y = a'x + b',$$

les équations des deux droites proposées ; il est évident que l'angle qu'elles font entre elles ne changerait point si on les faisait mouvoir toutes deux parallèlement à elles-mêmes, jusqu'à ce qu'elles passassent par l'origine des ordonnées, et alors leurs équations se réduiraient à

$$y = ax,$$

$$y = ax ; \qquad y = a'x \ (87).$$

C'est dans cet état que je les considérerai et je les représenterai par les lignes AM et AM', *fig.* 40. Fig. 40.
Ayant pris sur l'une d'elles un point M', dont les coordonnées AP' et $P'M'$ soient désignées par α et β, la perpendiculaire MM' abaissée de ce point sur l'autre ligne AM, sera exprimée par $\dfrac{\beta - a\alpha}{\sqrt{1 + a^2}}$, à cause de $b = 0$ (92) ; mais si l'on fait $AM' = r$, on aura

$$\alpha^2 + \beta^2 = r^2 ;$$

et parce que le point M' est sur la ligne AM', dont l'équation est $y = a'x$, il s'ensuivra $\beta = a'\alpha$. Cette équation combinée avec la précédente, donnera

$$\alpha = \frac{r}{\sqrt{1 + a'^2}}, \qquad \beta = \frac{a'r}{\sqrt{1 + a'^2}} ;$$

substituant ces valeurs dans celles de la perpendiculaire, on trouvera

$$\frac{r(a' - a)}{\sqrt{1 + a^2} \ \sqrt{1 + a'^2}} :$$

et si l'on donne à la perpendiculaire MM' le nom de sinus, qu'on lui a assigné dans la trigonométrie, on aura

$$\sin MAM' = \frac{r(a' - a)}{\sqrt{1 + a^2} \ \sqrt{1 + a'^2}} ;$$

en prenant r pour rayon.

Si on retranche de r^2 le quarré de cette expression, on aura celle de $\overline{AM}^2$, ou du quarré du cosinus de l'angle MAM', savoir : $(\cos MAM')^2 =$

$$\frac{r^2(1 + a^2)(1 + a'^2) - r^2(a' - a)^2}{(1 + a^2)(1 + a'^2)} = \frac{r^2(1 + 2aa' + a^2a'^2)}{(1 + a^2)(1 + a'^2)} ;$$

et prenant la racine quarrée il viendra

Trigonométrie. 1

$$\cos MAM' = \frac{r(1 + aa')}{\sqrt{(1 + a^2)(1 + a'^2)}};$$

enfin, faisant $r = 1$, on tirera de ces deux expressions,

$$\tan MAM' = \frac{\sin MAM'}{\cos MAM'} = \frac{(a' - a)}{1 + aa'}.$$

J'aurais pu déduire immédiatement cette dernière valeur de la formule

$$\tan (p \pm q) = \frac{\tan p \pm \tan q}{1 \mp \tan p \tan q},$$

rapportée dans le tableau de la page 30, puisque l'angle MAM' est la différence des angles BAM' et BAM, et que par conséquent, si l'on désigne ces derniers par p et q, on aura

$$\tan p = a', \quad \tan q = a, \quad \text{et} \quad \tan(p - q) = \frac{a' - a}{1 + aa'}$$

comme ci-dessus; mais cette formule repose sur celles du numéro 11, obtenues par le moyen d'une construction, et je me suis proposé de tirer des seules équations des lignes, tout ce qui est nécessaire pour l'application de l'algèbre à la géométrie.

94. L'équation du cercle obtenue dans le n° 83, n'est que particulière, parce qu'on a donné au centre une situation déterminée, en le mettant à l'origine des coordonnées. Pour généraliser l'équation de cette courbe, fig. 36. il faudrait avoir l'équation du cercle $DED'E'$, *fig.* 36, en prenant pour origine des coordonnées le point A''', placé d'une manière quelconque par rapport au centre A; et pour cela il suffirait d'écrire analytiquement que la distance de ce centre à chacun des points de la circonférence, est égale à r. Or, si l'on désigne par p, q, les lignes $A'''A'$ et $A'A$, qui seront alors les coordonnées du

centre A, par rapport aux axes $A'''B'$ et $A'''C'$, et que l'on fasse $A'''Q = x$, $QM = y$, on aura (88).

$$AM = r = \sqrt{(x-p)^2 + (y-q)^2},$$

d'où on tirera, en quarrant les deux membres et en développant,

$$x^2 - 2px + p^2 + y^2 - 2qy + q^2 = r^2.$$

Cette dernière équation est la plus générale que l'on puisse obtenir pour le cercle, en le rapportant à des coordonnées rectangles : elle ne peut être particularisée que par la détermination des trois quantités constantes p, q et r, dont les deux premières fixent la position du centre, et la troisième représente le rayon. Il suit de là qu'il faut trois conditions pour déterminer la position et la grandeur d'un cercle ; et c'est aussi ce qu'on a vu dans les Élémens de Géométrie.

Si on voulait déterminer le cercle qui passe par trois points dont les coordonnées soient

$$\alpha \text{ et } \beta, \qquad \alpha' \text{ et } \beta', \qquad \alpha'' \text{ et } \beta'',$$

on mettrait α, α', α'' à la place de x, et β, β', β'' à celle de y ; on formerait ainsi les trois équations :

$$\alpha^2 - 2p\alpha + p^2 + \beta^2 - 2q\beta + q^2 = r^2 ;$$
$$\alpha'^2 - 2p\alpha' + p^2 + \beta'^2 - 2q\beta' + q^2 = r^2 ,$$
$$\alpha''^2 - 2p\alpha'' + p^2 + \beta''^2 - 2q\beta'' + q^2 = r^2 ,$$

qui ne renferment que trois inconnues, savoir : p, q et r.

Si on retranche successivement la première de la deuxième et de la troisième, on aura, en effaçant les termes qui se détruisent ;

$$2\{(\alpha-\alpha')p+(\beta-\beta')q\}+\alpha^2-\alpha'^2+\beta^2-\beta'^2=0,$$
$$2\{(\alpha-\alpha'')p+(\beta-\beta'')q\}+\alpha^2-\alpha''^2+\beta^2-\beta''^2=0;$$

ces deux équations ne contenant p et q qu'au premier

degré, font voir que le centre du cercle demandé ne peut avoir qu'une seule position ; et quant au rayon, comme on a immédiatement

$$r = \sqrt{a^2 - 2pa + p^2 + \beta^2 - 2q\beta + q^2},$$

il n'est susceptible que d'une seule grandeur : on ne peut donc faire passer par trois points qu'un seul cercle.

Je n'achèverai point la résolution des équations ci-dessus, qui pourrait s'abréger par l'effet de la symétrie des quantités qu'elles renferment, et qui menerait aisément à la construction donnée dans les Élemens de Géométrie, parce que les résultats de cette solution sont inutiles pour ce qui doit suivre.

95. L'équation générale du cercle

$$x^2 - 2px + p^2 + y^2 - 2qy + q^2 = r^2$$

se simplifie de plusieurs manières, qui méritent d'être remarquées, parce que les formes qu'elle prend alors sont employées fréquemment dans l'analyse.

Si l'on y fait $p = 0$, $q = 0$, on retombe sur $x^2 + y^2 = r^2$.

Pour placer l'origine des coordonnées sur la circonférence du cercle, il suffit de faire $p^2 + q^2 = r^2$, puisque $\sqrt{p^2 + q^2}$, exprimant alors la distance du centre à l'origine, il s'ensuit que cette distance est égale au rayon : l'équation du cercle se réduit dans ce cas, à cause de celle qu'on vient de poser, à

$$x^2 - 2px + y^2 - 2qy = 0.$$

Enfin, si, pour plus de simplicité, on prenait l'origine à l'extrémité D' du diamètre, le centre se trouvant alors sur l'axe des abscisses, son ordonnée deviendrait nulle, son abscisse p serait égale au rayon r, et l'équation ci-dessus se changerait en

$$x^2 - 2rx + y^2 = 0.$$

Cette dernière et la première, $x^2 + y^2 = r^2$, sont celles des équations du cercle dont on fait le plus fréquent usage.

96. Ce qui précède étant bien compris, toutes les questions que l'on peut proposer sur la ligne droite et sur le cercle, se ramènent facilement à l'algèbre, sans qu'il soit besoin de recourir à d'autres propriétés des figures qu'à la relation qui existe entre les trois côtés d'un triangle rectangle (*). Soit, pour premier exemple, cette question :

Deux lignes droites, AE *et* DE, *fig.* 41 , *étant don-* FIG. 41. *nées par les angles qu'elles font avec une troisième* AB, *et par la partie* AD *qu'elles interceptent sur cette troisième, trouver sur une ligne* AC, *perpendiculaire à* AB, *un point* G, *par lequel, menant une droite* GK, *parallèle à* AB, *la partie* HK, *comprise entre* AE *et* DE *soit d'une grandeur donnée.*

Pour former les équations des droites AE et ED, je nomme a et a' les tangentes des angles EAD, EDA, qu'elles font respectivement avec la droite AB ; je prends celle-ci pour l'axe des abscisses dont je place l'origine au point A, ainsi que celle des ordonnées y que je conçois parallèles à AC; et je fais $AD = a$. La première droite aura pour équation $y = ax$, puisqu'elle passe par le point A ; la seconde devant passer par le point D, pour lequel on a

---

(*) Dans les notes qu'il a placées à la suite de ses Elémens de Géométrie, Legendre déduit cette relation des premières conséquences de la superposition des triangles égaux, par un moyen trèsélégant ; mais les considérations qu'il emploie pour cela sont malheureusement trop abstraites pour pouvoir servir de base à un livre élémentaire, et porter dans l'esprit cette conviction intime qui résulte des notions reçues immédiatement par les sens.

$$y = 0 \ (85) \quad \text{et} \quad x = \alpha,$$

sera

$$y = - a' (x - \alpha),$$

en observant que y diminue tandis que x augmente, et que par conséquent a' doit être pris négativement: on aura donc ces deux équations :

$$y = ax, \quad y = - a' (x - \alpha).$$

Pour obtenir les points H et K, où les droites qu'elles représentent rencontrent la ligne GK, parallèle à AB, il suffit d'y faire $y = AG$; si donc on pose $AG = t$, on aura

$$t = ax, \qquad t = - a' (x - \alpha) :$$

prenant la valeur de x dans chacune de ces équations, il viendra

$$x = \frac{t}{a} \qquad x = \frac{\alpha a' - t}{a'}.$$

Ces expressions sont celles des abscisses Ah et Ak, dont la différence donne $hk = HK$, à cause des parallèles; et désignant par m la grandeur que doit avoir HK, on trouvera

$$m = \frac{\alpha a' - t}{a'} - \frac{t}{a},$$

d'où l'on tirera

$$aa'm = \alpha aa' - ta - ta',$$

et par conséquent

$$t = \frac{(\alpha - m) aa'}{a + a'}.$$

telle est la valeur de AG, qui satisfait à la question proposée.

97. Je suppose qu'au lieu de donner à la ligne HK une grandeur connue, on demande qu'elle soit égale à la ligne AG, ce qui revient à inscrire un quarré dans un trian-

gle (65). Dans ce cas, au lieu d'égaler à m l'expression de HK, il faudra l'égaler à t, ce qui donnera

$$t = \frac{aa' - t}{a'} - \frac{t}{a},$$

d'où l'on déduira

$$t = \frac{aaa'}{aa' + a + a'}.$$

98. Soit encore le problème suivant, déjà résolu au n° 78 : *D'un point* E, fig. 33, *placé comme on voudra,* FIG. 33. *mener une droite de manière que la partie* D'F' *de cette droite, interceptée entre deux lignes qui forment entr'elles un angle droit* BAC, *soit d'une grandeur donnée.*

Si α et β désignent les coordonnées du point donné E, $y - \beta = -a(x - \alpha)$ sera l'équation de la droite ED', menée par ce point. Pour obtenir la longueur de $D'F'$, il suffit de déterminer AD' et AF', c'est-à-dire la valeur de y lorsque $x = 0$, et celle de x lorsque $y = 0$, hypothèses qui fournissent les équations

$$y - \beta = a\alpha, \qquad -\beta = -a(x - \alpha),$$

desquelles on tire

$$y = \beta + a\alpha = AD', \qquad x = \frac{\beta + a\alpha}{a} = AF';$$

et comme $F'D' = \sqrt{\overline{AD'}^2 + \overline{AF'}^2}$, il en résulte

$$F'D' = \sqrt{(\beta + a\alpha)^2 + \frac{1}{a^2}(\beta + a\alpha)^2} = \frac{\beta + a\alpha}{a}\sqrt{1 + a^2}:$$

posant $F'D' = m$, et élevant au quarré, pour faire disparaître le radical, il vient

$$m^2 = \left(\frac{\beta + a\alpha}{a}\right)^2 (1 + a^2).$$

Cette équation étant développée et ordonnée par rapport à la lettre a, se changera en

$$a^4 + \frac{2\beta}{\alpha} a^3 + \frac{\beta^2 + \alpha^2 - m^2}{\alpha^2} a^2 + \frac{2\beta}{\alpha} a + \frac{\beta^2}{\alpha^2} = 0,$$

et monte, comme on voit, au quatrième degré; mais si l'on fait $\beta = \alpha$, c'est-à-dire, si l'on prend le point E à égale distance des deux axes AC et AB, elle devient

$$a^4 + 2a^3 + \frac{2\alpha^2 - m^2}{\alpha^2} a^2 + 2a + 1 = 0,$$

et rentre dans l'équation (3) du n° 78, lorsqu'on change a en z et α en a.

99. Je fais maintenant l'application des formules que j'ai trouvées pour la ligne droite, à la recherche des principales propriétés du triangle. Je prends à cet effet deux points M et M', *fig. 42*, formant, avec l'origine A, un triangle quelconque; je désigne les coordonnées du
premier par...........α, β,
celles du second par....α', β':
les distances AM, AM', MM', qui forment les côtés de ce triangle, seront, d'après le numéro 88, exprimées res-pectivement par

$$\sqrt{\alpha^2 + \beta^2}, \quad \sqrt{\alpha'^2 + \beta'^2}, \quad \sqrt{(\alpha' - \alpha)^2 + (\beta' - \beta)^2}.$$

Si l'on fait $AM = c$, $AM' = c'$, $MM' = c''$, on aura ces équations :

$$c^2 = \alpha^2 + \beta^2$$
$$c'^2 = \alpha'^2 + \beta'^2$$
$$c''^2 = \alpha'^2 - 2\alpha'\alpha + \alpha^2 + \beta'^2 - 2\beta'\beta + \beta^2$$

et si on retranche la dernière de la somme des deux pre-mières, il viendra

$$c^2 + c'^2 - c''^2 = 2(\alpha\alpha' + \beta\beta'),$$

d'où

$$\alpha\alpha' + \beta\beta' = \frac{c^2 + c'^2 - c''^2}{2}.$$

Les équations des lignes AM et AM' seront

$$y = \frac{\beta}{\alpha}x, \qquad y = \frac{\beta'}{\alpha'}x \ (87);$$

le cosinus de l'angle qu'elles forment entre elles aura, pour expression (93),

$$\frac{r\left(1 + \frac{\beta\beta'}{\alpha\alpha'}\right)}{\sqrt{\left(1 + \frac{\beta^2}{\alpha^2}\right)\left(1 + \frac{\beta'^2}{\alpha'^2}\right)}} = \frac{r(\alpha\alpha' + \beta\beta')}{\sqrt{(\alpha^2 + \beta^2)(\alpha'^2 + \beta'^2)}}.$$

En faisant le rayon $r = 1$, comme celui des tables des sinus, et substituant à la place des quantités $\alpha^2 + \beta^2$, $\alpha'^2 + \beta'^2$, $\alpha\alpha' + \beta\beta'$, leurs valeurs c^2, c'^2, $\frac{c^2 + c'^2 - c''^2}{2}$, il viendra

$$\cos MAM' = \frac{c^2 + c'^2 - c''^2}{2cc'},$$

équation qui donne une relation entre les trois côtés du triangle MAM' et l'un de ses angles. Si l'on fait attention que l'angle MAM' est opposé au côté $MM' = c''$, on sera convaincu qu'on doit avoir pour les angles AMM', $AM'M$, respectivement opposés aux côtés $AM' = c'$, $AM = c$, les équations

$$\cos AMM' = \frac{c^2 + c''^2 - c'^2}{2cc''},$$

$$\cos AM'M = \frac{c'^2 + c''^2 - c^2}{2c'c''}.$$

En désignant donc par γ'', γ', γ, les angles MAM', AMM', $AM'M$, on obtiendra les trois équations suivantes :

$$\left. \begin{aligned} c^2 + c'^2 - 2cc' \cos\gamma'' &= c''^2 \\ c^2 + c''^2 - 2cc'' \cos\gamma' &= c'^2 \\ c'^2 + c''^2 - 2c'c'' \cos\gamma &= c^2 \end{aligned} \right\} \quad (A).$$

Si l'on ajoute ensemble la première et la seconde de ces équations, puis la première et la troisième, puis la seconde et la troisième, on obtiendra trois résultats qui deviendront respectivement divisibles par $2c$, $2c'$, $2c''$, lorsqu'on aura effacé les termes communs aux deux membres de chacun, et qui donneront ainsi

$$\left. \begin{aligned} c - c'\cos\gamma'' - c''\cos\gamma' &= 0 \\ c' - c\cos\gamma'' - c''\cos\gamma &= 0 \\ c'' - c\cos\gamma' - c'\cos\gamma &= 0 \end{aligned} \right\} \quad (B).$$

Il est bon d'observer que ces équations s'obtiennent immédiatement en abaissant successivement de chaque angle du triangle, une perpendiculaire sur le côté opposé, et en calculant les segmens de ce côté.

 On a dans la figure 16

$$BD = AB \cos B, \qquad CD = AC \cos C,$$
$$BC = BD + CD = AB \cos B + AC \cos C.$$

Nommant $BC = c$, $AB = c'$, $AC = c''$, et conservant les dénominations des angles, il viendra

$$c = c' \cos\gamma'' + c''\cos\gamma' \quad \text{ou} \quad c - c'\cos\gamma'' - c''\cos\gamma' = 0.$$

On parviendrait de même aux deux autres équations (B).

100. Quoique ces équations soient au nombre de trois, elles ne peuvent cependant faire connaître les côtés lorsque les trois angles sont donnés; car si on cherchait les valeurs de c, c', c'', au moyen des expressions générales des inconnues, déterminées par trois équations du premier degré, on trouverait 0, à cause que le terme connu manque. Mais ces mêmes équations se changent en

$$1 - p \cos \gamma'' - q \cos \gamma' = 0$$
$$p - \cos \gamma'' - q \cos \gamma = 0$$
$$q - \cos \gamma' - p \cos \gamma = 0,$$

lorsqu'on fait $\dfrac{c'}{c} = p$, $\dfrac{c''}{c} = q$; elles donnent alors le rapport des côtés du triangle proposé, et il reste de plus une équation de condition, qu'on obtient en éliminant p et q. Cette équation est

$$1 - \cos \gamma'^2 - \cos \gamma'^2 - \cos \gamma^2 - 2 \cos \gamma'' \cos \gamma' \cos \gamma = 0;$$

et son premier membre est précisément le dénominateur commun des valeurs des inconnues c, c', c'', déduites des expressions générales citées plus haut. En égalant cette quantité à zéro, les valeurs des côtés c, c', c'', deviennent $\frac{0}{0}$, et les côtés demeurent par conséquent indéterminés, comme le prouve la transformation opérée sur les équations (B).

L'équation de condition, que l'on vient d'indiquer, renferme la relation que doivent avoir entre eux les trois angles γ, γ' et γ'', pour que leur somme soit égale à deux droits, ainsi que l'exige la nature du triangle rectiligne. Pour s'en assurer, il faut, à l'aide des valeurs de $\sin(p \pm q)$, $\cos(p \pm q)$ (11), développer l'équation $\cos(2^q - \gamma'' - \gamma') = \cos \gamma$: on trouvera d'abord.

$$- \cos(\gamma'' + \gamma') = \cos \gamma,$$

en observant que $\sin 2^q = 0$, et que $\cos 2^q = -1$; puis il viendra

$$- \cos \gamma'' \cos \gamma' + \sin \gamma'' \sin \gamma' = \cos \gamma,$$

d'où

$$\cos \gamma + \cos \gamma'' \cos \gamma' = \sin \gamma'' \sin \gamma',$$
$$(\cos \gamma + \cos \gamma'' \cos \gamma')^2 = \sin \gamma''^2 \sin \gamma'^2 = (1 - \cos \gamma''^2)(1 - \cos \gamma'^2),$$

et après les réductions, on retombera sur l'équation ci-dessus.

Il est à propos de remarquer que les équations (A)

sont, par rapport aux triangles rectilignes, ce que les équations (B) du numéro 47 sont à l'égard des triangles sphériques, et conduiraient, par de simples transformations, aux formules de la résolution des premiers triangles.

101. Pour avoir l'aire du triangle MAM', il faudra, du point A, abaisser une perpendiculaire AD sur le côté MM' qui, passant par les points M et M', dont les coordonnées sont respectivement α et β, α' et β', a pour équation (88)

$$y - \beta = \frac{\beta' - \beta}{\alpha' - \alpha}(x - \alpha),$$

ou
$$y = \frac{\beta' - \beta}{\alpha' - \alpha}x + \frac{\alpha'\beta - \beta'\alpha}{\alpha' - \alpha},$$

En comparant cette dernière équation avec la formule $y = ax + b$, on trouvera

$$a = \frac{\beta' - \beta}{\alpha' - \alpha}, \qquad b = \frac{\alpha'\beta - \beta'\alpha}{\alpha' - \alpha};$$

mais en observant que dans le numéro 92, les lettres α et β désignent les coordonnées du point d'où part la perpendiculaire, coordonnées qui sont nulles dans le cas actuel, puisque ce point est l'origine, l'expression de la perpendiculaire se réduit à

$$\frac{-b}{\sqrt{1 + a^2}} = -\frac{\alpha'\beta - \beta'\alpha}{\sqrt{(\alpha' - \alpha)^2 + (\beta' - \beta)^2}};$$

et mettant c'' au lieu de $\sqrt{(\alpha' - \alpha)^2 + (\beta' - \beta)^2}$, il viendra

$$AD = \frac{\alpha\beta' - \alpha'\beta}{c''}.$$

Avec cette valeur, on aura pour l'aire du triangle MAM',

$$\frac{MM' \times AD}{2} = S = \frac{\alpha\beta' - \alpha'\beta}{2},$$

expression bien remarquable, en ce qu'elle donne l'aire

de tous les triangles qui ont leur sommet au point A, au moyen des coordonnées des sommets des angles adjacens à leur base.

On peut la changer en une autre qui ne dépende que des côtés. Pour cela, il faut multiplier entre elles les deux équations

$$\alpha^2 + \beta^2 = c^2, \qquad \alpha'^2 + \beta'^2 = c'^2;$$

et retranche du produit le quarré de

$$\alpha\alpha' + \beta\beta' = \frac{c^2 + c'^2 - c''^2}{2}; \text{ il viendra}$$

$$\alpha^2\beta'^2 + \alpha'^2\beta^2 - 2\alpha\alpha'\beta\beta' = c^2 c'^2 - \frac{(c^2 + c'^2 - c''^2)^2}{4}:$$

prenant les racines quarrées, et réduisant tous les termes du second membre au même dénominateur, on trouvera

$$\alpha\beta' - \alpha'\beta = \tfrac{1}{2}\sqrt{4c^2 c'^2 - (c^2 + c'^2 - c''^2)^2},$$

et l'aire du triangle MAM' aura pour expression

$$\tfrac{1}{4}\sqrt{4c^2 c'^2 - (c^2 + c'^2 - c''^2)^2},$$

dont le développement s'accorde avec le résultat du n° 64.

102. Si l'on conçoit maintenant un quatrième point M'', dont les coordonnées soient α'', β''; et que l'on représente par d, d', d'', les distances AM'', MM'', $M'M''$, on aura

$$\alpha''^2 + \beta''^2 = d^2$$
$$(\alpha'' - \alpha)^2 + (\beta'' - \beta)^2 = d'^2$$
$$(\alpha'' - \alpha')^2 + (\beta'' - \beta')^2 = d''^2.$$

En développant ces équations, et substituant dans les deux dernières, à la place des quantités $\alpha^2 + \beta^2$, $\alpha'^2 + \beta'^2$, $\alpha''^2 + \beta''^2$, leurs valeurs c^2, c'^2 et d^2, on obtiendra

$$c^2 + d^2 - 2(\alpha\alpha'' + \beta\beta'') = d'^2$$
$$c'^2 + d^2 - 2(\alpha'\alpha'' + \beta'\beta'') = d''^2;$$

si, pour abréger, on fait

$$\frac{c^2 + d^2 - d'^2}{2} = d_{,,} \qquad \frac{c'^2 + d^2 - d''^2}{2} = d_{,,,}.$$

on aura

$$d_{,} = \alpha\alpha'' + \beta\beta'', \qquad d_{,,} = \alpha'\alpha'' + \beta'\beta''.$$

Prenant dans ces équations la valeur de α'' et celle de β'', qui sont

$$\alpha'' = \frac{\beta' d_{,} - \beta d_{,,}}{\alpha\beta' - \alpha'\beta}, \qquad \beta'' = \frac{\alpha d_{,,} - \alpha' d_{,}}{\alpha\beta' - \alpha'\beta},$$

pour les mettre dans $\alpha''^2 + \beta''^2 = d^2$, en ayant égard aux équations $\alpha^2 + \beta^2 = c^2$, $\alpha'^2 + \beta'^2 = c'^2$, on trouvera

$$c^2 d_{,,}^2 + c'^2 d_{,}^2 - 2 d_{,} d_{,,} (\alpha\alpha' + \beta\beta') = d^2 (\alpha\beta' - \alpha'\beta)^2 \quad (C).$$

Remplaçant ensuite les quantités $\alpha\alpha' + \beta\beta'$ et $\alpha\beta' - \alpha'\beta$, par leurs valeurs

$$\frac{c^2 + c'^2 - c''^2}{2}, \qquad \tfrac{1}{2}\sqrt{4c^2 c'^2 - (c^2 + c'^2 - c''^2)^2},$$

obtenues ci-dessus, et remettant

$$\frac{c^2 + d^2 - d'^2}{2}, \qquad \frac{c'^2 + d^2 - d''^2}{2},$$

pour $d_{,}, d_{,,}$, cette équation ne renfermera plus que les six distances

$$AM, \ AM', \ MM', \ AM'', \ MM'', \ M'M'',$$

qui forment les quatre côtés et les deux diagonales du quadrilatère $AMM'M''$. Quand les quatre côtés de ce quadrilatère et l'une de ses diagonales seront connus, on pourra trouver l'autre diagonale.

103. Si l'on voulait déterminer le point M'' par les conditions que les trois distances AM'', MM'', $M'M''$ fussent égales, ce point serait alors le centre du cercle circonscrit au triangle proposé, et l'on aurait

$$d = d' = d'',$$

ce qui donnerait

$$d_{,} = \frac{c^2}{2}, \qquad d_{,,} = \frac{c'^2}{2};$$

l'équation (C) deviendrait

$$c^2 c'^4 + c'^2 c^4 - 2c^2 c'^2 (\alpha\alpha' + \beta\beta') = 4 d^2 (\alpha\beta' - \alpha'\beta)^2,$$

et se réduirait à

$$c^2 c'^2 c''^2 = 16 \, d^2 S^2,$$

en mettant pour $\alpha\alpha' + \beta\beta'$ sa valeur, et en observant que si on désigne par S la surface du triangle AMM', égale à $\dfrac{\alpha\beta' - \alpha'\beta}{2}$ (101), on aura

$$(\alpha\beta' - \alpha'\beta)^2 = 4S^2.$$

On tire de là

$$d = \frac{cc'\,c''}{4S},$$

expression très-simple du rayon du cercle circonscrit au triangle proposé ; et en écrivant $\dfrac{c^2}{2}$ et $\dfrac{c'^2}{2}$ au lieu de d, et $d_{\prime\prime}$, dans les valeurs de α'' et de β'', on a les coordonnées du centre de ce cercle.

104. Il ne sera pas plus difficile de trouver les coordonnées du centre du cercle inscrit, et le rayon de ce cercle. Dans ce cas, le point M'', *fig.* 43, se trouve au-dedans du triangle, et dans une situation telle, que les perpendiculaires abaissées de ce point sur chacun des côtés AM, AM', MM', sont égales entre elles. Pour exprimer analytiquement cette circonstance, il suffit de former les équations des trois lignes ci-dessus, et d'en déduire, par la formule du numéro 88, les longueurs des perpendiculaires menées du point M'', dont les coordonnées sont α'' et β''. Or, ces équations sont respectivement

$$y = \frac{\beta}{\alpha}\,x, \qquad y = \frac{\beta'}{\alpha'}\,x \;(87),$$

$$y = \frac{\beta' - \beta}{\alpha' - \alpha}\,x + \frac{\alpha'\beta - \alpha\beta'}{\alpha' - \alpha}\;(88);$$

les perpendiculaires abaissées sur chacune d'elles auront pour expression

$$\frac{\alpha\beta'' - \alpha''\beta}{\sqrt{\alpha^2 + \beta^2}}, \qquad \frac{\alpha'\beta'' - \alpha''\beta'}{\sqrt{\alpha'^2 + \beta'^2}};$$

$$\frac{(\alpha' - \alpha)\beta'' - (\beta' - \beta)\alpha'' + \alpha\beta' - \alpha'\beta}{\sqrt{(\alpha' - \alpha)^2 + (\beta' - \beta)^2}};$$

et pourront s'écrire ainsi :

$$\frac{\alpha\beta'' - \alpha''\beta}{c}, \qquad \frac{\alpha'\beta'' - \alpha''\beta'}{c'}$$

$$\frac{-(\alpha\beta'' - \alpha''\beta) - (\alpha''\beta' - \alpha'\beta'') + (\alpha\beta' - \alpha'\beta)}{c''}$$

en mettant pour les radicaux leurs valeurs c, c', c''.

Si maintenant on se rappelle que la formule qui donne la perpendiculaire abaissée d'un point sur une ligne, a été obtenue par une extraction de racine quarrée, et qu'elle est par conséquent susceptible d'être prise positivement ou négativement, on en conclura que chacune des expressions ci-dessus a deux valeurs. Pour n'employer que celles qui sont positives, il faut observer que, d'après la figure, la ligne AM' s'écartant plus de l'axe des abscisses AB que la ligne AM, et le point M'' étant compris entre la première et la dernière, on doit avoir

$$\frac{\beta'}{\alpha'} > \frac{\beta''}{\alpha''}, \qquad \frac{\beta'}{\alpha'} > \frac{\beta}{\alpha} \quad \text{et} \quad \frac{\beta''}{\alpha''} > \frac{\beta}{\alpha},$$

ou, ce qui est la même chose,

$$\alpha''\beta' > \alpha'\beta'', \qquad \alpha\beta' > \alpha'\beta, \qquad \alpha\beta'' > \alpha''\beta;$$

d'où il suit que, pour donner une valeur positive, l'expression de la seconde perpendiculaire doit être prise avec des signes contraires à ceux qu'elle a ci-dessus.

De plus le point M'' se trouvant au-dessous de la droite MM', dont l'équation est

$$y = \frac{\beta' - \beta}{\alpha' - \alpha} x + \frac{\alpha'\beta - \alpha\beta'}{\alpha' - \alpha},$$

il faut que

$$\beta'' < \frac{\beta' - \beta}{\alpha' - \alpha} \alpha'' + \frac{\alpha'\beta - \alpha\beta'}{\alpha' - \alpha};$$

ou que

$$\beta'' < \frac{\beta - \beta'}{\alpha - \alpha'} \alpha'' + \frac{\alpha\beta' - \alpha'\beta}{\alpha - \alpha'};$$

ce qui donne

$$\alpha\beta'' - \alpha'\beta'' < \alpha''\beta - \alpha''\beta' + \alpha\beta' - \alpha'\beta;$$

ou bien

$$\alpha\beta'' - \alpha''\beta + \alpha''\beta' - \alpha'\beta'' < \alpha\beta' - \alpha'\beta,$$

condition d'après laquelle l'expression de la troisième perpendiculaire est positive.

Si d'après ces considérations, on fait

$$\frac{\alpha\beta'' - \alpha''\beta}{c} = e, \qquad \frac{\alpha''\beta' - \alpha'\beta''}{c'} = e',$$

$$\frac{-(\alpha\beta'' - \alpha''\beta) - (\alpha''\beta' - \alpha'\beta'') + (\alpha\beta' - \alpha'\beta)}{c''} = e'',$$

et que l'on ajoute les produits ec, $e'c'$, $e''c''$, il viendra par les réductions ;

$$ec + e'c' + e''c'' = \alpha\beta' - \alpha'\beta.$$

Cette équation est facile à vérifier, car les produits ec, $e'c'$, $e''c''$, expriment les aires des triangles $AM''M$, $AM''M'$, $MM''M'$, multipliées par 2; la somme de ces aires est égale à celle du triangle total AMM', qu'on a désignée par S, et on a

$$\alpha\beta' - \alpha'\beta = 2S \ (101).$$

Lorsque $e = e' = e''$, on obtient sur-le-champ

$$e = \frac{2S}{c + c' + c''},$$

et quand $c = c' = c''$, il vient

$$e + e' + e'' = \frac{2S}{c}.$$

La première de ces expressions est celle du rayon du

Trigonométrie.   K

cercle inscrit ; et la seconde fait voir que *si d'un point quelconque pris dans l'intérieur d'un triangle équilatéral, on abaisse une perpendiculaire sur chacun des côtés de ce triangle, la somme de ces trois lignes sera égale à sa hauteur*, puisqu'en prenant le côté c pour base, et nommant h la hauteur, on a $S = \frac{1}{2} ch$, ce qui donne $e + e' + e'' = h$.

On pourrait tirer encore un grand nombre de conséquences de la théorie que je viens d'exposer ; mais ce qui précède suffit pour cet ouvrage ; et j'observerai qu'il existe pour les polygones rectilignes quelconques des équations analogues aux équations (A) et (B) du numéro 99, qui s'obtiennent de la même manière, et qui conduiraient aux propriétés de ces polygones, comme celles-ci mènent aux propriétés du triangle. Lagrange a donné, sur les pyramides, un Mémoire auquel ceci peut servir de préliminaire, et qu'on étendrait aux polyèdres en faisant usage des formules rapportées dans le cinquième chapitre du premier volume de mon *Traité du Calcul différentiel et du Calcul integral* (*).

105. La combinaison de l'équation de la circonférence du cercle avec celle de la ligne droite, conduit aux diverses propriétés qui résultent de la rencontre de ces lignes, et donne la solution de toutes les questions dans lesquelles l'inconnue ne passe pas le second degré.

Soient $x^2 + y^2 = r^2$, $y - \beta = a(x - \alpha)$, ces deux équations. Les employer à la détermination de x et de y, ou les considérer comme renfermant les mêmes inconnues, c'est supposer que les points auxquels appartien-

---

(*) Voyez aussi la *Polygonométrie* de l'Huilier, sa *Polyédrométrie*, insérée dans le premier volume des *Mémoires présentés à l'Institut, par des Savans étrangers* ; la *Géométrie de Position* de Carnot, et son *Mémoire sur la relation qui existe entre les distances de cinq points quelconques pris dans l'espace.*

nent les coordonnées x, y, sont situés en même temps sur la circonférence du cercle et sur la ligne droite proposées, c'est-à-dire, sont les intersections de ces lignes ; et en général, il est évident que pour trouver les points de rencontre de deux lignes quelconques, il suffit de supposer que leurs équations ne contiennent que les mêmes inconnues.

En chassant d'abord y par le moyen de sa valeur prise dans la seconde équation, on trouvera

$$x^2 + (ax + \beta - a\alpha)^2 = r^2.$$

Cette équation du second degré, étant développée, donnera deux valeurs pour x, parce qu'en effet la ligne droite doit rencontrer en général le cercle en deux points ; mais on peut arriver à des résultats plus simples, en prenant pour inconnue la distance du point dont les coordonnées sont α et β, à l'un des points d'intersection de la droite et du cercle. Si l'on désigne cette distance par z, on aura (88)

$$z = \sqrt{(x - \alpha)^2 + (y - \beta)^2},$$

d'où l'on tirera

$$z^2 = (x - \alpha)^2 + (y - \beta)^2 ;$$

et mettant pour $y - \beta$ sa valeur $a(x - \alpha)$, il viendra

$$z^2 = (x - \alpha)^2 (1 + a^2),$$

d'où l'on déduira

$$(x - \alpha) = \frac{z}{\sqrt{1 + a^2}}, \qquad y - \beta = \frac{az}{\sqrt{1 + a^2}}.$$

ce qui donnera

$$x = \alpha + \frac{z}{\sqrt{1 + a^2}}, \qquad y = \beta + \frac{az}{\sqrt{1 + a^2}}.$$

Substituant ces dernières valeurs dans l'équation $x^2 + y^2 = r^2$, on la changera en cette autre :

$$\alpha^2 + \frac{2\alpha z}{\sqrt{1+a^2}} + \frac{z^2}{1+a^2} + \beta^2 + \frac{2\beta a z}{\sqrt{1+a^2}} + \frac{a^2 z^2}{1+a^2} = r^2,$$

qui se réduit à

$$z^2 + \frac{2(\alpha + \beta a)}{\sqrt{1+a^2}} z + \alpha^2 + \beta^2 - r^2 = 0,$$

et qui fera d'abord connaître z, et ensuite x et y, au moyen des expressions précédentes.

FIG. 44. Il est visible que si le point E, *fig.* 44, est celui dont les coordonnées sont α et β, que MNM' et EM soient le cercle et la droite proposés, a exprimera la tangente de l'angle EeB, et les deux valeurs de z appartiendront aux droites EM et EM'.

106. On sait par la théorie des équations, que le dernier terme est le produit de toutes les racines ; si donc on nomme z' et z'' celles de l'équation ci-dessus, on aura

$$z'z'' = \alpha^2 + \beta^2 - r^2,$$

expression qui, ne dépendant point de la quantité a, demeurera la même, quelle que soit cette quantité, c'est-à-dire, quel que soit l'angle EeB dont elle est la tangente ; et comme z' et z'' représentent les deux lignes EM et EM', il suit de là que le produit $EM' \times EM$ est le même pour toutes les lignes menées par le point E, ou, que si l'on tire une seconde sécante Em', on aura

$$EM \times EM' = Em \times Em',$$

d'où il résulte que les sécantes EM' et Em' sont réciproquement proportionnelles à leurs parties extérieures EM et Em, ainsi qu'on le prouve dans les Élémens.

Lorsque le point E est en dehors du cercle, on a

$$\alpha^2 + \beta^2 > r^2,$$

puisque $\alpha^2 + \beta^2$ exprime le quarré de la distance du point E au centre A ; mais quand ce point est intérieur au cercle, comme le montre la figure 45, z' et z'' FIG. 45. sont de signes différens, parce que le dernier terme $\alpha^2 + \beta^2 - r^2$ devient négatif, à cause de $\alpha^2 + \beta^2 < r^2$. D'ailleurs, le produit $EM \times EM'$ demeure indépendant de l'inclinaison de la ligne MM', par rapport à AB ; et en menant par le point E une seconde corde mm', on a encore

$$EM \times EM' = Em \times Em',$$

d'où il résulte, comme on le prouve dans les Élémens, que les cordes d'un même cercle se coupent en raison réciproque : et l'on voit que ce théorème et le précédent n'en font, à proprement parler, qu'un seul, puisqu'ils se déduisent de la même équation.

En tirant de l'équation

$$z^2 + \frac{2(\alpha + \beta a)}{\sqrt{1 + a^2}}\, z + \alpha^2 + \beta^2 - r^2 = 0$$

la valeur de z, on trouve

$$z' = \frac{-(\alpha + \beta a) + \sqrt{r^2(1 + a^2) - (\beta - a\alpha)^2}}{\sqrt{1 + a^2}}.$$

$$z'' = \frac{-(\alpha + \beta a) - \sqrt{r^2(1 + a^2) - (\beta - a\alpha)^2}}{\sqrt{1 + a^2}}.$$

telles sont les expressions des lignes EM et EM'.

Elles peuvent être simplifiées en changeant les coordonnées, de manière que les abscisses x et a soient prises sur la droite AE fig. 44, qui joint le point E avec FIG. 44. le centre A du cercle proposé, en partant toujours de ce point, et que les ordonnées y soient perpendiculaires à cette droite : on aura alors

$$\beta = 0, \qquad \alpha = AE,$$

$$z' = \frac{-\alpha + \sqrt{r^2(1+a^2) - a^2\alpha^2}}{\sqrt{1+a^2}}$$

$$z'' = \frac{-\alpha - \sqrt{r^2(1+a^2) - a^2\alpha^2}}{\sqrt{1+a^2}};$$

l'équation au cercle ne changera point, mais celle de la droite EM deviendra

$$y = a(x - \alpha).$$

107. En supposant que le point E soit extérieur au cercle, on obtient

$$MM' = EM' - EM = \frac{2\sqrt{r^2(1+a^2) - a^2\alpha^2}}{\sqrt{1+a^2}};$$

mais il est visible que cette ligne diminue à mesure que la ligne EM, tournant autour du point E, tend à sortir du cercle, et que les points M et M' finissent par coïncider en N, lorsque cette ligne n'a plus avec le cercle qu'un simple contact : à ce point, on a donc $MM' = 0$, et par conséquent

$$r^2(1+a^2) - a^2\alpha^2 = 0,$$

$$a = \frac{r}{\sqrt{\alpha^2 - r^2}}.$$

Voilà l'expression de la tangente trigonométrique de l'angle que doit faire avec la ligne AE, une ligne EN, menée par le point E, de manière à toucher le cercle ; et par conséquent la solution algébrique de ce problème : *Mener par un point pris hors du cercle, une tangente à ce cercle.*

108. Les mêmes considérations serviront aussi à déterminer la tangente menée par un point pris sur la

circonférence du cercle ; et pour plus de généralité , je placerai ce point d'une manière quelconque. En désignant toujours par α et β ses coordonnées , on aura par l'équation du cercle, à laquelle ces quantités doivent satisfaire ,

$$\alpha^2 + \beta^2 = r^2 ,$$

ce qui réduira l'équation

$$z^2 + \frac{2(\alpha + \beta a)}{\sqrt{1 + a^2}} z + \alpha^2 + \beta^2 - r^2 = 0$$

à

$$z^2 + \frac{2(\alpha + \beta a)}{\sqrt{1 + a^2}} z = 0 ; $$

et dans cet état elle se décompose en

$$z = 0 , \qquad z + \frac{2(\alpha + \beta a)}{\sqrt{1 + a^2}} = 0 :$$

ses deux racines seront donc

$$z' = 0. \qquad z'' = -\frac{2(\alpha + \beta a)}{\sqrt{1 + a^2}} ;$$

et la différence de ces valeurs, ou la longueur de la partie de la sécante comprise dans le cercle, sera

$$\frac{2(\alpha + \beta a)}{\sqrt{1 + a^2}} .$$

Pour que cette quantité s'évanouisse , il faudra qu'on ait

$$\alpha + \beta a = 0 , \qquad \text{ou} \qquad a = -\frac{\alpha}{\beta} ,$$

résultat qui s'accorde avec ce qu'on démontre dans les Élémens ; car la droite menée par le centre du cercle et par le point dont les coordonnées sont α et β , ou le rayon AN, aurait pour équation $y = \frac{\beta}{\alpha} x$ (87) ; l'équation $y - \beta = a(x - \alpha)$ devenant, par la valeur de a trouvée ci-dessus, $y - \beta = -\dfrac{\alpha}{\beta}(x - \alpha)$, représentera la droite perpendiculaire à ce rayon, et passant par le point dont les coordonnées sont α et β, c'est-à-dire, par son extrémité N (90).

Si l'on voulait connaître la distance de l'origine A des coordonnées, au point où la tangente NT rencontre l'axe des abscisses, il faudrait, dans l'équation de cette tangente, faire $y = 0$, ce qui donnerait

$$-\beta = -\frac{\alpha}{\beta}(x - \alpha) \qquad \text{et} \qquad x = \frac{\alpha^2 + \beta^2}{\alpha} = \frac{r^2}{\alpha},$$

à cause de $\alpha^2 + \beta^2 = r^2$.

109. On peut, par ce qui précède, résoudre la question suivante : *Trouver la position que doit avoir la ligne* EM, *menée par le point donné* E, *pour que la partie* MM′ *de cette ligne, comprise dans le cercle, soit d'une grandeur donnée* m. Afin de parvenir à des expressions plus simples, je prendrai, comme à la fin du numéro 106, la ligne AE pour axe des abscisses, et en égalant à m la différence des valeurs de z, obtenues dans le numéro 107, j'aurai

$$m = \frac{2\sqrt{r^2(1 + a^2) - a^2\alpha^2}}{\sqrt{1 + a^2}};$$

faisant disparaître les radicaux, il viendra

$$m^2(1 + a^2) = 4r^2(1 + a^2) - 4a^2\alpha^2;$$

d'où je tirerai

$$a = \frac{\sqrt{4r^2 - m^2}}{\sqrt{4\alpha^2 - 4r^2 + m^2}};$$

substituant cette valeur dans $y = a(x - \alpha)$, j'obtiendrai l'équation de la droite cherchée.

Ce n'est encore là que la solution analytique du problème qui m'occupe ; il faut maintenant construire l'expression ci-dessus. Pour y parvenir, on observera d'abord que le numérateur $\sqrt{4r^2 - m^2}$ exprime le côté d'un triangle rectangle dont $2r$ est l'hypoténuse, et m le troisième côté. On donnera ensuite au dénominateur $\sqrt{4a^2 - 4r^2 + m^2}$ la forme $\sqrt{4a^2 - (4r^2 - m^2)}$, équivalente à $\sqrt{4a^2 - (\sqrt{4r^2 - m^2})^2}$, et qui fait voir que ce dénominateur est aussi le côté d'un triangle rectangle ayant pour hypoténuse $2a$, et pour troisième côté le radical $\sqrt{4r^2 - m^2}$, ou le numérateur dont je viens d'indiquer la construction.

En désignant par q et par p les deux lignes qu'on obtiendra par ces opérations, j'ai

$$a = \frac{q}{p},$$

l'équation $y = a(x - \alpha)$ devient

$$y = \frac{q}{p}(x - \alpha);$$

et il en résulte que si l'on prend sur AE, à partir du point E, distance $EF = p$, et que par l'autre extrémité de cette distance, on élève une perpendiculaire $FG = q$, la droite qui joindra l'extrémité de cette perpendiculaire avec le point E, jouira de la propriété comprise dans l'énoncé de la question, puisque l'angle FEG aura pour tangente trigonométrique $a = \dfrac{q}{p} = \dfrac{FG}{EF}$.

110. Il doit être évident, d'après ce qui précède, que les questions de géométrie peuvent être traitées par deux méthodes bien distinctes : l'une consiste à déterminer les équations des lignes qui contiennent les points cherchés,

en partant des propriétés de ces lignes ; et l'autre, à déduire immédiatement de la considération des triangles semblables et des triangles rectangles que présente la figure résultante du problème supposé résolu, en s'aidant même de quelque construction préparatoire, les relations des droites qui déterminent la position de ces points.

La première de ces méthodes, quelquefois plus élégante que la seconde, est toujours plus générale ; mais la seconde est souvent plus simple ; et cela doit être, puisque par celle-ci on prend les choses de moins haut, et qu'on part de propriétés plus voisines de celles qu'on cherche à découvrir (*).

111. L'équation du premier degré n'a donné qu'une seule espèce de lignes, savoir la ligne droite ; l'équation du cercle s'est trouvée du second degré ; mais cette équation, obtenue dans le numéro 94, sous la forme la plus générale, n'est encore qu'un cas particulier de ce même degré, dont la formule est

$$Ay^2 + Bxy + Cx^2 + Dy + Ex = F \dots (1):$$

il reste donc à découvrir les courbes qui répondent aux autres cas de cette formule. J'observerai d'abord qu'on peut, sans en diminuer la généralité, l'écrire ainsi :

$$y^2 + \frac{B}{A}xy + \frac{C}{A}x^2 + \frac{D}{A}y + \frac{E}{A}x = \frac{F}{A};$$

(*) J'ai tracé la marche féconde et uniforme de la première de ces méthodes dans la Préface de mon *Traité du Calcul différentiel et du Calcul intégral* ; et les lecteurs qui voudront en connaître plus particulièrement l'application, trouveront de quoi satisfaire leur goût dans le *Recueil de diverses propositions de géométrie*, etc. publié par Puissant, professeur très-recommandable, maintenant à l'École militaire de Fontainebleau.

et faisant pour abréger

$$\frac{B}{A}=b\,; \quad \frac{C}{A}=c, \quad \frac{D}{A}=d, \quad \frac{E}{A}=e, \quad \frac{F}{A}=f.$$

il en résultera

$$y^2 + bxy + cx^2 + dy + ex = f.$$

Le moyen qui s'offre le premier pour déterminer les circonstances du cours des courbes cherchées, c'est d'examiner la marche des valeurs de l'ordonnée, par rapport à celles que l'on peut assigner aux abscisses, et pour cela de résoudre l'équation ci-dessus, par rapport à y. En opérant ainsi, on trouve.

$$y = -\tfrac{1}{2}(bx+d) \pm \tfrac{1}{2}\sqrt{4(f-ex-cx^2)+(bx+d)^2}.$$

Développant la quantité qui est sous le radical, et l'ordonnant par rapport à x, il viendra

$$y = \frac{-(bx+d) \pm \sqrt{(4f+d^2)-2(2e-bd)x-(4c-b^2)x^2}}{2}.$$

Faisant pour abréger

$$4f + d^2 = p, \qquad 2e - bd = n, \qquad 4c - b^2 = m,$$

on aura

$$y = -\frac{bx+d}{2} \pm \frac{\sqrt{p-2nx-mx^2}}{2}.$$

On voit d'abord que la valeur de y est composée de deux parties, dont l'une, exprimée par $-\dfrac{bx+d}{2}$, est l'ordonnée d'une ligne droite ayant pour équation $y = -\tfrac{1}{2}bx - \tfrac{1}{2}d$, qui se construit en prenant sur l'axe AC, au-dessous de AB, *fig.* 46, une partie $AD = \tfrac{1}{2}d$, et menant par le point D une droite DE, faisant du côté des x négatifs un angle DEA, dont la tangente soit égale à $\frac{1}{2}b$ (87) ; ensorte que AP étant x, PN sera $-\dfrac{bx+d}{2}$. Il est évident maintenant que pour avoir les points qui appartiennent à la courbe cherchée, il faut porter dans la direction de PN, tant au-dessus qu'au-dessous de la droite DE, des parties NM et NM' égales à

$$\tfrac{1}{2}\sqrt{p - 2nx - mx^2},$$

puisqu'on aura par ce moyen

$$PM = -\tfrac{1}{2}(bx+d) + \tfrac{1}{2}\sqrt{p - 2nx - mx^2},$$
$$PM' = -\tfrac{1}{2}(bx+d) - \tfrac{1}{2}\sqrt{p - 2nx - mx^2}.$$

La droite DE jouit ainsi de la propriété remarquable de partager en deux parties égales les lignes menées parallèlement à AC, entre deux points de la courbe cherchée, et c'est pour cela qu'on lui a donné le nom de *diamètre*; mais il y a cette différence entre la ligne DE et les diamètres du cercle, que ceux-ci rencontrent à angle droit toutes les lignes qu'ils divisent en deux parties égales, tandis que la première le fait obliquement : cependant on verra bientôt que ces deux circonstances dérivent d'une même loi.

112. L'équation ci-dessus se simplifierait beaucoup en prenant pour ordonnées les droites NM et NM', c'est-à-dire en faisant

$$y + \frac{bx+d}{2} = t :$$

il viendrait alors

$$t = \pm \tfrac{1}{2}\sqrt{p - 2nx - mx^2} ;$$

mais les abscisses AP ne seraient plus comptées sur la ligne de laquelle partent les ordonnées. Pour les ramener à cet état, il faut les prendre sur le diamètre DE :

c'est ce qu'on effectuera en posant $DN = s$; et en observant que si l'on tire DG parallèle à AB, on aura

$$DG = DN \cos D = s \cos D.$$

L'angle D est le même que l'angle E, dont la tangente est $\frac{1}{2} a$; son cosinus est $\dfrac{1}{\sqrt{1 + \frac{1}{4} a^2}} = \dfrac{2}{\sqrt{4 + a^2}}$ (p. 31) ; et puisque $AP = DG$, il en résultera

$$x = \frac{2s}{\sqrt{4 + a^2}} \qquad \text{ou} \qquad x = qs,$$

en faisant, pour abréger,

$$\frac{2}{\sqrt{4 + a^2}} = q.$$

La valeur de x étant mise dans celle de t, on trouve l'équation

$$t = \pm \tfrac{1}{2} \sqrt{p - 2nqs - mq^2 s^2},$$

qui doit exister entre s et t, ou entre les droites DN et NM, pour chaque point de la courbe, et qui est par conséquent son équation rapportée aux coordonnées DN et NM. Celle-ci, quoique plus simple que

$$y^2 + bxy + cx^2 + dy + ex = f,$$

est aussi générale, puisque les transformations effectuées jusqu'ici, n'ont introduit aucune condition particulière.

L'expression de t étant affectée en général d'un radical du second degré, ne saurait avoir de valeur réelle qu'autant que la quantité $p - 2nqs - mq^2 s^2$ sera positive. L'examen de cette circonstance présente plusieurs cas que je discuterai successivement.

113. Je suppose d'abord que la quantité désignée

par m dans le n° 111, soit positive, et je mets l'expression $p - 2nqs - mq^2s^2$ sous la forme

$$mq^2\left(\frac{p}{mq^2} - \frac{2n}{mq}s - s^2\right);$$

pour n'avoir plus à considérer que celle-ci :

$$\frac{p}{mq^2} - \frac{2n}{mq}s - s^2.$$

de laquelle on peut faire disparaître le terme où s n'est qu'au premier degré, en prenant

$$s = u - \frac{n}{mq}, \quad (Elém.\ d'Algèb.\ 209)$$

et après la substitution et la réduction, elle devient

$$\frac{pm + n^2}{m^2q^2} - u^2.$$

Pour savoir ce qu'est u, il suffit de construire sa valeur en s; et l'expression

$$u = s + \frac{n}{mq} = DN + \frac{n}{mq}.$$

montre que l'origine des u doit être placée en arrière de celle des s, à une distance $OD = \frac{n}{mq}$, parce qu'alors

$$DN = ON - OD = u - \frac{n}{mq}.$$

Cela fait, on a

$$t = \pm \tfrac{1}{2}\sqrt{mq^2\left\{\frac{pm + n^2}{m^2q^2} - u^2\right\}}.$$

et on voit que l'expression de t sera réelle, tant que

$$u^2 < \frac{pm + n^2}{m^2 q^2},$$

qu'elle sera nulle quand

$$u^2 = \frac{pm + n^2}{m^2 q^2}, \quad \text{ou} \quad u = \pm \sqrt{\frac{pm + n^2}{m^2 q^2}}.$$

Ces dernières valeurs indiquent donc les intersections de la courbe avec le diamètre DE ; et en les portant de chaque côté du point O, à cause de leurs signes, on obtiendra les points I et I' placés à égale distance du premier.

Au-delà de ces points, la quantité

$$\frac{pm + n^2}{m^2 q^2} - u^2,$$

devenant negative, les ordonnées t seront imaginaires, la courbe n'aura aucun point correspondant aux abscisses plus grandes que OI et OI' ; elle sera donc renfermée dans l'espace compris entre les lignes IH et $I'H'$, menées par les points I et I' parallèlement aux ordonnées.

114. Les deux valeurs de t en u ne différant que par leur signe et demeurant les mêmes soit qu'on prenne u positif ou négatif ; il s'ensuit qu'à l'abcisse $ON' = ON$, répond l'ordonnée $N'M''$ égale à NM' et placée en sens contraire, ensorte que les triangles $M''N'O$, et $M'NO$, sont égaux, et que par conséquent la droite $M'M''$ est partagée en deux parties égales au point O. Cette propriété dont le point O jouit par rapport à tous les points de la courbe, lui a fait donner le nom de *centre*.

115. La forme de la courbe que représente l'équation entre t et u, se reconnaît aisément par la construction de cette équation ; et pour l'effectuer je fais d'abord

$$\frac{pm + n^2}{m^2 q^2} = a'^2 ;$$

il vient

$$t = \pm \tfrac{1}{2} \sqrt{mq^2(a'^2 - u^2)} = \pm \tfrac{1}{2} \sqrt{mq^2} . \sqrt{a'^2 - u^2}.$$

Prenant alors a' pour le rayon d'un cercle ayant son centre au point O, u pour l'abscisse, le facteur $\sqrt{a'^2 - u^2}$ exprimera l'ordonnée de ce cercle, élevée perpendiculairement à OI. A l'égard du facteur $\tfrac{1}{2}\sqrt{mq^2}$, il ne doit représenter qu'un rapport, si l'on veut avoir égard à l'homogénéité des expressions (71) ; je le désignerai donc par $\dfrac{b'}{a'}$, et j'aurai par conséquent

$$\frac{b'^2}{a'^2} = \tfrac{1}{4} mq^2, \qquad b'^2 = \frac{mp + n^2}{4m}, \text{ d'où je tirerai}$$

$$t = \pm \frac{b'}{a'} \sqrt{a'^2 - u^2}.$$

On voit ainsi que l'ordonnée NM s'obtiendra en cherchant le quatrième terme de la proportion

$$a' : b' :: \sqrt{a'^2 - u^2} : t.$$

Lorsqu'on aura déterminé la grandeur de t, on la portera le long de la ligne MM', tant au-dessus qu'au-dessous de DE, à cause du signe $\pm$.

Il est évident que la courbe résultante de cette construction sera fermée comme le cercle, et ne s'étendra que dans l'espace compris depuis $u = a'$ jusqu'à $u = -a'$, puisqu'au-delà de ces limites, le radical, ou l'ordonnée du cercle, sera imaginaire.

La plus grande valeur que puisse avoir l'ordonnée t, est visiblement celle qui répond au point O, pour lequel $u = 0$; on a dans ce cas

$$t = \pm b' :$$

prenant donc les droites OL et OL' égales à b', les points L et L' seront les limites de la courbe dans le sens de ses ordonnées, comme les points I et I' le sont dans celui des abscisses.

116. Il est important de remarquer que si la quantité représentée par a'^2 était négative, le radical $\sqrt{a'^2 - t^2}$ demeurerait toujours imaginaire, et l'équation proposée ne saurait exprimer alors aucune ligne. En remontant à la valeur de a'^2, qui est $\dfrac{pm + n^2}{m^2 q^2}$, on verra qu'elle serait négative si p étoit affecté du signe $-$, et qu'on eût en même temps $pm > n^2$.

Quand dans ce cas $pm = n^2$, il vient (115) $a' = 0$, $b' = 0$; mais on a toujours $\dfrac{b'}{a'} = \frac{1}{2}\sqrt{mq^2}$, et par conséquent

$$t = \pm \frac{1}{2}\sqrt{mq^2} \cdot \sqrt{-u^2} = \pm \frac{1}{2} qu \sqrt{-m},$$

équation à laquelle on satisfait en posant $t = 0$, $u = 0$: on peut donc dire que la courbe se réduit alors au seul point O, où $t = 0$, $u = 0$, et que ce point est la limite vers laquelle tendent, à mesure que les diamètres II' et LL' diminuent, les courbes données par l'équation ci-dessus.

En élevant au quarré les deux membres de l'équation

$$t = \pm \frac{1}{2}\sqrt{mq^2\left(\frac{pm + n^2}{m^2 q^2} - u^2\right)},$$

elle se change en

Trigonométrie.   L

$$t^2 = \tfrac{1}{4} mq^2 \left(\frac{pm + n^2}{m^2 q^2} - u^2 \right),$$

et en
$$4mt^2 + m^2 q^2 u^2 - pm - n^2 = 0.$$

Lorsque p est négatif elle devient
$$4mt^2 + m^2 q^2 u^2 + pm - n^2 = 0;$$

et quand $pm > n^2$ son premier membre étant la somme de trois quantités essentiellement positives, puisqu'on suppose que m est aussi positive, ne peut devenir nul que dans le cas où l'on aurait séparément les trois équations

$$4mt^2 = 0, \qquad m^2 q^2 u^2 = 0, \qquad pm - n^2 = 0.$$

On peut satisfaire aux deux premières en faisant $t = 0$, $u = 0$; mais la dernière exprime une condition sans laquelle la proposée est tout-à-fait absurde.

117. Je suppose à présent que m soit négative; la quantité $p - 2nqs - mq^2 s^2$ deviendra

$$p - 2nqs + mq^2 s^2 = mq^2 \left\{ -\frac{p}{mq^2} - \frac{2n}{mq} s + s^2 \right\} :$$

on fera disparaître le terme $-\dfrac{2n}{mq} s$, en prenant

$s = u + \dfrac{n}{mq}$; et la quantité $\dfrac{n}{mq}$, qui représente DO,

fig. 47, ayant ici le signe $+$, se portera sur la partie DF, affectée aux abscisses positives. On aura ainsi le centre O, et l'équation proposée deviendra

$$t = \pm \tfrac{1}{2} \sqrt{ mq^2 \left(\frac{pm - n^2}{m^2 q^2} + u^2 \right) } :$$

posant $\dfrac{pm - n^2}{m^2 q^2} = \pm a'^2$, selon que la quantité $pm - n^2$

sera positive ou négative, et faisant toujours $\tfrac{1}{4} mq^2 = \dfrac{b'^2}{a'^2}$,

on obtiendra

$$t = \pm \frac{b'}{a'} \sqrt{u^2 \pm a'^2}.$$

Cette équation paraît renfermer deux cas distincts : elle n'en contient cependant qu'un seul ; car si on élève ses deux membres au quarré, on en déduira

$$t^2 = \frac{b'^2}{a'^2} (u^2 \pm a'^2),$$

d'où
$$a'^2 t^2 - b'^2 u^2 = a'^2 b'^2,$$
$$b'^2 u^2 - a'^2 t^2 = b'^2 a'^2,$$

équations qui ne diffèrent l'une de l'autre que parce que dans la seconde, a' et t tiennent la place qu'occupent b' et u dans la première, et réciproquement; il suffit donc d'examiner ce que signifie l'une d'elles.

Je considérerai en particulier la seconde : on en tire

$$t = \pm \frac{b'}{a'} \sqrt{u^2 - a'^2};$$

l'ordonnée t se construit en cherchant une quatrième proportionnelle aux trois lignes

$$a', \quad b' \quad \text{et} \quad \sqrt{u^2 - a'^2},$$

dont la dernière est une moyenne proportionnelle entre $u - a'$ et $u + a'$, et ne se trouve réelle qu'autant que $u > a'$. La courbe cherchée n'a donc, depuis $u = 0$ jusqu'à $u = + a'$, et depuis $u = 0$ jusqu'à $u = - a'$, aucune ordonnée réelle ; et comme $u = a'$ et $u = - a'$ donnent également $t = 0$, il en résulte que cette courbe rencontre le diamètre DE aux points I et I', où se terminent les abscisses OI et OI' égales à t, mais qu'elle ne s'étend point entre les droites IH et $I'H'$.

Au-delà des points I et I', on a $u > a'$, soit positivement, soit négativement, l'ordonnée t augmente sans cesse, et rien ne limite la grandeur à laquelle elle peut atteindre. D'après ces considérations, il est visible que le cours de la courbe est pareil à celui des lignes KIk, $K'I'k'$, séparées par l'intervalle II', et dont les branches IK et Ik, $I'K'$ et $I'k'$, s'étendent à l'infini.

Si l'on considérait cette courbe par rapport à la droite LL', c'est-à-dire en prenant t pour l'abscisse, et u pour l'ordonnée, son équation donnerait

$$u = \pm \frac{a'}{b'} \sqrt{t^2 + b'^2}.$$

Dans cette forme, u ne saurait devenir moindre que OI et OI', et la courbe ne rencontre point son diamètre LL'. Il est évident par là que l'équation

$$a'^2 t^2 - b'^2 u^2 = a'^2 b'^2,$$

conduisant aussi à

$$t = \pm \frac{b'}{a'} \sqrt{u^2 + a'^2},$$

doit appartenir à une courbe QLq, $Q'L'q'$ de la même espèce que KIk, $K'I'k'$, mais tournée par rapport au diamètre LL' des t, comme celle-ci l'est par rapport au diamètre II' des u.

118. Si l'on avait $a' = 0$ ou $pm - n^2 = 0$ (117), l'expression de t se réduirait à $t = \frac{1}{2} \sqrt{mq^2 u^2}$, et donnerait les deux équations distinctes

$$t = \tfrac{1}{2} qu \sqrt{m}, \qquad t = -\tfrac{1}{2} qu \sqrt{m},$$

qui ne représentent que deux lignes droites menées par le point O. Pour les construire on prendra à volonté une abscisse OR; il viendra

$$t = \pm \tfrac{1}{2} OR . q \sqrt{m},$$

et portant ces valeurs de R en S et en S', on tirera OS et OS', qui seront les droites demandées.

Je vais comparer à ces droites, la courbe KIk, en prenant pour une abscisse quelconque $ON = u$, la différence MV des ordonnées correspondantes NM et NV. La première étant exprimée par

$$\tfrac{1}{2}\sqrt{mq^2}\,.\,\sqrt{u^2-a'^2} \quad\text{ou}\quad \tfrac{1}{2}qu\sqrt{m}\,.\,\sqrt{1-\frac{a'^2}{u^2}},$$

et la seconde par

$$\tfrac{1}{2}qu\sqrt{m},$$

j'obtiendrai

$$MV = \tfrac{1}{2}qu\sqrt{m} - \tfrac{1}{2}qu\sqrt{m}\,.\,\sqrt{1-\frac{a'^2}{u^2}}$$

$$= \tfrac{1}{2}qu\sqrt{m}\left\{1-\sqrt{1-\frac{a'^2}{u^2}}\right\}.$$

La différence $1-\sqrt{1-\dfrac{a'^2}{u^2}}$ devient plus facile à apprécier lorsqu'on développe l'expression $\sqrt{1-\dfrac{a'^2}{u^2}}$: or la racine du premier terme 1, étant 1, on fera

$$\sqrt{1-\frac{a'^2}{u^2}} = 1+z$$

et on aura

$$1-\frac{a'^2}{u^2} = 1 + 2z + z^2;$$

mais plus on supposera u considérable, plus la fraction $\dfrac{a'^2}{u^2}$ sera petite, et moins la racine $1+z$ différera de l'unité. En négligeant donc, suivant la méthode donnée en Algèbre, n° 215, z^2 dans l'équation ci-dessus, on aura

$$z = -\frac{a'^2}{2u^2}.$$

Pour approcher ensuite davantage de cette valeur, on fera $z = -\dfrac{a'^2}{2u^2} + z'$, et on calculera semblablement z', qu'on trouvera $-\dfrac{a'^4}{8u^4}$ et ainsi de suite (*). On aura donc

$$MV = \tfrac{1}{2}qu\sqrt{m}\left\{ 1 - 1 + \frac{a'^2}{2u^2} + \frac{a'^4}{8u^4} + \text{etc.} \right\}$$

$$= \tfrac{1}{2}q\sqrt{m}\left\{ \frac{a'^2}{2u} + \frac{a'^4}{8u^3} + \text{etc.} \right\};$$

d'où on voit que plus u augmentera, plus MV diminuera, mais sans pouvoir jamais devenir nulle.

Il suit de là que plus la courbe s'éloigne du point O, plus elle s'approche des droites OS et OS', sans néanmoins pouvoir les rencontrer ; ensorte que ces droites sont les limites des parties KIk et $K'I'k'$ de la courbe proposée, qui ne peuvent jamais sortir de l'angle SOS', et de son opposé par le sommet.

119. Dans le cas où $m = 0$, on a simplement

$$t = \pm \tfrac{1}{2}\sqrt{p - 2nqs}:$$

on réduit la quantité qui est sous le radical à un seul terme, en faisant

$$\frac{p}{2nq} - s = u;$$

et, par ce moyen, il vient

$$t = \pm \tfrac{1}{2}\sqrt{2nqu} \qquad \text{ou} \qquad t = \pm\sqrt{e'u},$$

en représentant $\tfrac{1}{2}nq$ par e'. On voit aisément que cette

---

(*) On peut aussi tirer ce développement de la formule du binome.

équation donne $t = 0$ en même temps que $u = 0$, et que par conséquent le point du diamètre DE, *fig.* 48 , sur lequel on a pris l'origine des u, appartient à la courbe cherchée. Pour trouver ce point il faut faire $u=0$ dans l'équation

$$u = \frac{p}{2nq} - s ,$$

posée ci-dessus ; on obtient $s = \frac{p}{2nq}$, et en portant cette quantité sur DE, du côté des abscisses positives, on aura le point I, où la courbe proposée rencontre DE.

Si la quantité e' est positive, on ne pourra prendre u que positivement ; mais rien ne limitera sa grandeur, non plus que celle de t, ensorte que la courbe doit s'étendre à l'infini de ce côté seulement , ainsi que le marque la ligne RIr. Elle serait tournée du côté opposé si e' était négatif , parce qu'il faudrait alors prendre u négativement.

L'équation $u = \pm \sqrt{e'u}$ se construit en prenant une moyenne proportionnelle entre l'abscisse $IN=u$ et une droite égale à e' ; le résultat est l'ordonnée NM, qu'il faut, ici comme dans les cas précédens, porter tant au-dessous de DE qu'au-dessus.

Il faut remarquer que l'équation primitive

$$t = \pm \tfrac{1}{2} \sqrt{p - 2nqs}$$

se réduit à $t = \pm \tfrac{1}{2}\sqrt{p}$, quand $n=0$, parce qu'alors la courbe considérée dans cet article se change en deux lignes droites , menées parallèlement à l'axe des s, à une distance $\tfrac{1}{2}\sqrt{p}$, tant au-dessous qu'au-dessus de cet axe. Ces deux lignes se rapprochant de l'axe à mesure que p diminue, se réunissent sur cet axe quand $p = 0$, et il devient dans ce cas le lieu de l'équation proposée.

120. D'après ce qui a été trouvé dans les n^{os} précédens, l'équation

$$y^2 + bxy + cx^2 + dy + ex = f$$

ne peut prendre que l'une de ces trois formes :

$$\left.\begin{array}{l} t = \pm \dfrac{b'}{a'}\sqrt{a'^2 - u^2} \\[2ex] t = \pm \dfrac{b'}{a'}\sqrt{u^2 - a'^2} \\[2ex] t = \pm \sqrt{e'u} \end{array}\right\} \begin{array}{c} \text{ou, en faisant} \\ \text{disparaître} \\ \text{les radicaux,} \end{array} \left\{\begin{array}{l} a'^2 t^2 + b'^2 u^2 = a'^2 b'^2 \\[2ex] b'^2 u^2 - a'^2 t^2 = a'^2 b'^2 \\[2ex] t^2 = e'u, \end{array}\right.$$

selon que m est positive, ou négative, ou nulle ; elles répondent aux cas où la quantité $4c - b^2$, qui revient à $4AC - B^2$ (111) est positive, négative, ou nulle ; elles sont comprises aussi dans la seule équation

$$t = \pm \tfrac{1}{2}\sqrt{p - 2nqs - mq^2 s^2}.$$

Les courbes représentées par la première, qui rentrent sur elles-mêmes, et qui comprennent un espace fermé de toutes parts (115), sont désignées sous le nom d'*ellipses*. Celles que donne la seconde, composées de quatre branches infinies formant deux parties séparées (117), se nomment *hyperboles*, et les droites entre lesquelles elles sont renfermées (118), *asymptotes*. Enfin la troisième équation est celle des *paraboles* (119).

Pour achever la discussion de tous les cas compris dans l'équation générale

$$Ay^2 + Bxy + Cx^2 + Dy + Ex = F, \qquad (1)$$

il ne reste plus à considérer que celui où les deux coefficiens A et C sont nuls ; car quoique les transformations opérées jusqu'ici deviennent illusoires, quand $A = 0$, l'équation contenant x^2, quand C n'est pas nul, peut être résolue par rapport à cette quantité, et les formules des n^{os} précédens servent encore, en y changeant y en x et x en y, c'est-à-dire en faisant de l'axe des ordonnées celui des abscisses ; mais le cas où A et C sont nuls tous deux, échappe entièrement à ces formules, parce que l'équation (1), réduite alors à la forme

$$Bxy + Dy + Ex = F,$$

n'est plus que du premier degré, par rapport à chacune des coordonnées x et y ; il mérite donc un examen à part.

Je mets cette dernière équation sous la forme

$$xy + dy + ex = f,$$

ce qui n'en diminue en rien l'étendue, et j'en tire

$$y = \frac{f - ex}{x + d} :$$

l'ordonnée ne devient donc jamais imaginaire.

Si l'on fait d'abord $y = 0$, on trouve

$$x = \frac{f}{e}.$$

Telle est l'abscisse du point E, *fig.* 49, où la courbe cherchée coupe l'axe des abscisses AB, et elle passe ensuite au-dessous, puisque y devient négatif quand $x > \frac{f}{e}$. Quand $x = 0$, il vient $y = \frac{f}{d}$, valeur qui indique le point F où la courbe rencontre l'axe AC des y. FIG. 49.

En passant dans la partie négative de l'axe de x, l'ordonnée y continue à croître, parce que le dénominateur $x + d$ diminue, par la soustraction de x, et devient 0, lorsque $x = -d$. Dans ce cas, la valeur infinie qu'on trouve pour y montre que la courbe ne saurait atteindre la droite GS menée sur l'abscisse $AG = -d$, perpendiculairement à l'axe AB.

Lorsque x continuant à être négatif, l'emporte sur d, la valeur de y change de signe, mais en commençant par être plus grande que telle quantité qu'on voudra ; on voit donc par là qu'il faut prendre au-dessous de AB, de l'autre côté de GS, une branche $K'I'$ semblable à KI, mais allant en sens inverse, c'est-à-dire se rapprochant de AB à mesure que l'abscisse augmente négativement.

Il reste à savoir ce que devient y à mesure que x augmente, soit positivement, soit négativement ; et pour cela je divise par x les deux termes de l'expression de y : il vient

$$y = \frac{\dfrac{f}{x} - e}{1 + \dfrac{d}{x}},$$

résultat qui tend sans cesse vers $y = -e$, à mesure que les fractions $\dfrac{f}{x}$ et $\dfrac{d}{x}$ diminuent, ou que x augmente.

Tirant donc à une distance $AH = o$, au-dessous de AB, HS' parallèle à cet axe, on aura une limite de laquelle les branches Ik et $I'k'$ s'approcheront sans cesse ; et par conséquent les parties KIk et $K'I'k'$ de la courbe cherchée, ne sortiront jamais de l'angle SOS' et de son opposé.

Ce qu'on vient de voir suffit pour montrer l'analogie qu'il y a entre la courbe que je considère maintenant, et celle qui est nommée *hyperbole* ; il serait même facile de changer l'équation de celle-ci dans la proposée, en prenant pour axe des coordonnées, les asymptotes indiquées dans le n° 118. Je ne m'arrêterai point à ces détails, devant revenir sur ce sujet par une méthode plus générale (129). Je me bornerai à montrer que si on prend dans l'exemple actuel des coordonnées partant du point O, où se rencontrent les asymptotes GS' et HS', en faisant

$$x = t - d, \qquad y = u - e,$$

l'équation proposée devient

$$ut = f + de,$$

forme sous laquelle on voit bientôt que les deux branches sont semblables.

121. Chacune de ces équations paraît réduite à la forme la plus simple ; mais les coordonnées n'y sont pas perpendiculaires entre elles comme dans les équations de la ligne droite et du cercle dont j'ai fait usage jusqu'à présent : cependant la situation des ordonnées est liée à celle des abscisses par la condition que les premières sont parallèles à la droite qui touche la courbe à l'extrémité de son diamètre. Pour s'en convaincre, il suffit d'observer que les points M et M', *fig.* 46, 47 et 48, se confondent en un seul au point I, circonstance qui forme le caractère essentiel des points de contact (107). En effet, la somme des deux ordonnées, ou la distance des points M et M', étant exprimée par $\dfrac{2b'}{a'} \sqrt{a'^2 - u^2}$ pour l'ellipse, par $\dfrac{2b'}{a'} \sqrt{u^2 - a'^2}$ pour l'hyperbole, et enfin par $2\sqrt{c'u}$ pour la parabole, devient nulle au point I, où l'on a $u = a'$ pour les deux premières courbes, et $u = 0$ pour la troisième.

L'équation des ellipses étant symétrique par rapport aux deux indéterminées t et u, de manière que l'expression de u en t a la même forme que celle de t en u, on pourrait prendre aussi les t pour abscisses, et les u pour ordonnées, et on verrait que le diamètre II', *fig.* 46, FIG. 46. est lui-même parallèle à la tangente menée par le point L.

Les droites II' et LL' jouissant toutes deux des mêmes propriétés, se nomment pour cette raison *diamètres conjugués.* Il est évident que dans le cercle, les diamètres conjugués doivent être perpendiculaires entre eux, puisque la tangente menée à l'extrémité d'un diamètre quelconque lui est perpendiculaire : le nombre des diamètres qui jouissent de cette propriété est infini pour le cercle. Il n'en est pas de même de l'ellipse ; mais quoique, pour cette courbe, l'analyse précédente n'ait fait découvrir que deux diamètres conjugués, se coupant obliquement, elle en a néanmoins toujours deux qui se rencontrent à angle droit, ainsi qu'on le verra plus bas.

Si l'on rapproche ce que je viens de faire sur l'équation générale du second ordre, de ce qu'on a vu dans les numéros 87 et 94, pour la ligne droite et pour le cercle, on reconnaîtra que l'équation d'une même ligne prend des formes très-différentes, suivant les coordonnées auxquelles on la rapporte. Il peut donc être utile de savoir changer ces coordonnées, afin de pouvoir passer à celles qui donnent pour la ligne proposée, l'équation la plus simple ; et je vais chercher en conséquence les formules générales pour changer les coordonnées d'une courbe en d'autres situées d'une manière quelconque, tant par rapport aux premières qu'entre elles.

122. Le plus grand changement qu'on puisse apporter dans le système des coordonnées, sans cesser de les prendre droites et respectivement parallèles à deux lignes fixes, consiste à leur donner une nouvelle origine et d'autres directions. J'embrasserai tout de suite ce cas général, et je supposerai qu'on se propose d'exprimer les valeurs des coordonnées $AP = x$, $PM = y$,

fig. 5o, relatives aux axes AB et AC, par deux autres coordonnées $A'''P'' = t$, $P'' M = u$, rapportées aux axes $A''B''$, $A'''C''$, dont on connaît la position à l'égard des premiers.

Ayant mené par la nouvelle origine A''' les droites $A''B'$ et $A''C'$, respectivement parallèles à AB et à AC, les distances AA' et $A'A'''$ seront données par l'hypothèse, et en les représentant par α et par β, on aura

$$AP = A'P + AA' = A'''P' + \alpha,$$
$$PM = P'M + A'A''' = P'M + \beta.$$

Tirant ensuite par le pied de la nouvelle ordonnée $P''M$, les lignes $P''Q$ et $P''R$, l'une parallèle à AB et l'autre à AC, on observera que puisque les axes $A'''B''$ et $A'''C''$ sont donnés de position à l'égard de AB et AC, on doit connaître tous les angles des triangles $A'''P''R$, $P''MQ$, ou, ce qui revient au même, les rapports de leurs côtés homologues : faisant donc

$$\frac{A'''R}{A'''P''} = m, \qquad \frac{P''R}{A'''P''} = n, \qquad \frac{P''Q}{P''M} = p, \qquad \frac{QM}{P''M} = q,$$

on aura

$$A'''R = m. A'''P'' = mt, \qquad P''R = n. A'''P'' = nt,$$
$$P''Q = p . P''M = pu, \qquad QM = q . P''M = qu,$$

d'où on tirera

$$A'''P' = A'''R + P''Q = mt + pu,$$
$$P'M = P''R + QM = nt + qu,$$

et enfin

$$x = AP = A'''P' + \alpha = mt + pu + \alpha,$$
$$y = PM = P'M + \beta = nt + qu + \beta.$$

Telles sont les valeurs les plus générales que puissent prendre les coordonnées x et y, faisant entre elles un angle quelconque, lorsqu'on les exprime par d'autres coordonnées du même genre, mais situées comme on voudra. Voici maintenant comment on en déduit celles qui conviennent aux différens cas particuliers qui peuvent se présenter.

1°. Si on supposait les nouvelles coordonnées parallèles aux premières, et qu'on ne fît que changer la position de l'origine, les lignes $A'''C''$ et $A'''C'$ se confondraient, ainsi que $A'''B''$ et $A'''B'$; on aurait par conséquent

$$m = 1, \qquad n = 0, \qquad p = 0, \qquad \text{et} \qquad q = 1,$$

et il en résulterait

$$x = t + \alpha, \qquad y = u + \beta,$$

ce qu'il est facile de voir *à priori*, puisqu'alors $A'''P''$ et $A'''P'$ se confondraient, ainsi que $P''M$ et $P'M$.

En égalant à zéro ou α ou β, on conservera dans sa place ou l'axe AC, ou l'axe AB.

2°. Si on ne voulait changer que la direction des axes AB et AC, et qu'on laissât toujours l'origine au point A, les lignes $A'''B'$ et $A'''C'$ tombant dans ce cas sur AB et sur AC, on aurait en même temps

$$\alpha = 0 \qquad \text{et} \qquad \beta = 0,$$

ce qui donnerait

$$x = mt + pu, \qquad\qquad y = nt + qu.$$

On voit qu'en supposant $m = 1$ et $n = 0$, d'où il résulterait $x = t + pu$, $y = qu$, on ferait coïncider la ligne $A'''B''$ avec $A'''B'$, et que par conséquent on n'aurait changé que la direction de l'ordonnée ; on prouverait de même que $x = mt$ et $y = nt + u$ sont les valeurs de x et de y, relatives au changement de la direction des abscisses.

123. Il faut observer qu'il y a entre les quantités m,

n, p et q, qui dépendent de la direction des nouvelles coordonnées, une relation nécessaire, en sorte qu'on ne peut les prendre toutes les quatre arbitrairement ; car si, connaissant l'angle des axes primitifs $A'''B'$ et $A'''C'$ on se donnait encore les angles $B''A'''B'$ et $C'A'''B''$, la position des nouveaux axes $A'''B''$ et $A'''C''$ serait entièrement déterminée par ces trois choses. Lorsqu'on passera d'un système connu de coordonnées à un autre système également connu, les quantités m, n, p et q, calculées suivant leurs définitions, auront entre elles la relation dont on vient de parler ; mais il suit de ce qui précède, que la position de l'origine étant donnée, on ne peut déterminer la direction des nouveaux axes, de manière à satisfaire à plus de deux conditions différentes, et que dans les expressions $x = mt + pu + \alpha$, $y = nt + qu + \beta$, les quantités x et y, t et u, ne sauraient être les coordonnées d'un même point relativement à deux systèmes de coordonnées droites et parallèles, tant que m, n, p et q seront quelconques. Voici un moyen très-simple de trouver la relation qui doit exister entre ces quantités.

Si on mène par le point M les droites MG et MH, respectivement perpendiculaires à $A'''B'$ et $A'''B''$, et qu'on suppose connus les angles $MP'B' = C'A'''B'$ et $MP''B'' = C'A'''B''$, on aura le rapport de $P'M$ à $P'G$, et celui de $P''M$ à $P''H$. Nommant g le premier et h le second, il en résultera

$$P'G = P'M \times g \quad \text{et} \quad P''H = P''M \times h;$$

tirant ensuite $A'''M$, et représentant $A'''P'$ et $P'M$ par x' et y', les triangles obliquangles $A'''P'M$ et $A'''P''M$ donneront

$$\overline{A'''M^2} = \overline{A'''P'^2} + \overline{P'M^2} + \overline{2A'''P'} \times \overline{P'G} = x'^2 + y'^2 + 2gx'y'$$

$$\overline{A'''M^2} = \overline{A'''P''^2} + \overline{P''M^2} + \overline{2A'''P''} \times \overline{P''H} = t^2 + u^2 + 2htu.$$

En égalant ces deux expressions de $\overline{A'''M}^2$, il viendra

$$x'^2 + y'^2 + 2gx'y' = t^2 + u^2 + 2htu\,;$$

mettant pour x' et y' leurs valeurs $mt + pu$ et $nt + qu$, on aura

$$(m^2 + n^2 + 2gmn)t^2 + (p^2 + q^2 + 2gpq)u^2 + 2(mp + nq + g(np + mq))tu$$
$$= t^2 + u^2 + 2htu.$$

Cette équation devant avoir lieu, quelle que soit la position du point M, il faut qu'elle se vérifie toujours indépendamment de t et de u, condition qui donne les trois équations

$$m^2 + n^2 + 2gmn = 1, \qquad p^2 + q^2 + 2gpq = 1,$$
$$mp + nq + g(np + mq) = h.$$

En chassant g des deux premières, le résultat

$$(m^2 + n^2)\,pq - (p^2 + q^2)\,mn = pq - mn,$$

exprimera les conditions auxquelles doivent satisfaire les quantités m, n, p et q.

124. On suppose le plus souvent que les nouvelles coordonnées u et t se rencontrent à angle droit, ainsi que les premières; dans ce cas, les équations ci-dessus se simplifient beaucoup. Les angles $MP'B'$ et $MP''B''$ devenant droits, $P'G$ ou gy et $P''H$ ou hu, s'évanouissent; ensorte qu'on a seulement

$$m^2 + n^2 = 1,$$
$$p^2 + q^2 = 1,$$
$$mp + nq = 0,$$

d'où on tire

$$m^2 = 1 - n^2, \qquad p^2 = 1 - q^2,$$
$$m^2 p^2 = 1 - n^2 - q^2 + n^2 q^2\,;$$

et à cause de $mp = -nq$, il vient

$$n^2 + q^2 = 1.$$

comparant

Comparant ce résultat avec l'équation $m^2 + n^2 = 1$, on trouve $q = m$, ce qui donne $p = - n$; on a donc enfin

$$x' = mt - nu, \qquad y' = nt + mu,$$

en observant que les quantités m et n dépendent l'une de l'autre, en vertu de l'équation $m^2 + n^2 = 1$.

La figure 51, construite pour ce cas particulier, fait FIG. 51. voir que m est le cosinus de l'angle $B'A''B''$, que n en est le sinus, et qu'on a

$$A''P' = A''R - P''Q = mt - nu,$$
$$P'M = P''R + QM = nt + mu,$$

comme je viens de le trouver (*).

Pour changer à-la-fois, dans ce cas, l'origine des coordonnées et la direction de leurs axes, il faudra donc prendre

$$x = mt - nu + \alpha, \quad y = nt + mu + \beta \ (122),$$

en ayant égard à l'équation

$$m^2 + n^2 = 1,$$

et on ne pourra disposer alors que de trois quantités, savoir, α, β et l'une des quantités m ou n.

125. Je vais exposer maintenant les simplifications

(*) Rien ne serait plus aisé que de changer, non-seulement ici, mais encore dans tout ce qui précède, les dénominations des lettres m, n, p et q, en sinus ou cosinus des angles compris entre les axes des coordonnées, et on aurait alors les formules rapportées dans plusieurs ouvrages, *qu'on a publiés après les premières éditions de celui-ci*; mais la notation que j'ai adoptée, abrège les expressions, et conserve mieux l'élégance analytique. C'est sans doute par cette raison que Lagrange et Monge ont généralement préféré, dans les transformations de coordonnées, que renferment leurs écrits, de simples dénominations littérales, aux lignes trigonométriques, que d'ailleurs Euler avait introduites dans ces calculs dès 1748.

qu'on peut apporter à l'équation générale

$$Ay^2 + Bxy + Cx^2 + Dy + Ex = F\ldots(1),$$

par le moyen de la transformation des coordonnées, en ne cessant pas de les prendre perpendiculaires entre elles.

Si l'on fait

$$x = mt - nu + \alpha, \qquad y = nt + mu + \beta,$$

le résultat de la substitution de ces valeurs dans l'équation (1) sera encore une équation complète du second degré, en u et t; mais comme on y aura introduit trois quantités arbitraires, on pourra s'imposer autant de conditions, qui simplifient ce résultat : égaler, par exemple, à zéro, les coefficiens des quantités ut, t et u, afin de faire disparaître les termes qui en sont affectés.: on obtiendra alors une équation de la forme

$$A't^2 + C'u^2 = F',$$

semblable aux deux premières du n° 120. Cette forme est remarquable, 1° en ce que les deux valeurs de t étant égales, et de signes différens, il s'ensuit que l'axe des nouvelles abscisses t est un diamètre (111); 2° en ce que chaque valeur de u, prise positivement et négativement, donnant les mêmes valeurs pour t, il en résulte que l'origine des u, placée sur le milieu du diamètre, est le centre de la courbe (114).

Le calcul devient plus simple, lorsqu'au lieu d'effectuer en même temps, par les expressions ci-dessus, les changemens d'origine et de direction des coordonnées, on transporte d'abord les axes parallèlement à eux-mêmes. Si, pour cela, on prend seulement

$$x = x' + \alpha, \qquad y = y' + \beta.$$

l'équation (1) deviendra

$$\left. \begin{array}{l} Ay'^2 + Bx'y' + Cx'^2 \\ + (2A\beta + B\alpha + D)y' + (2C\alpha + B\beta + E)x' \\ + A\beta^2 + B\alpha\beta + C\alpha^2 + D\beta + E\alpha = F \end{array} \right\} \quad (2).$$

Les quantités α et β étant toutes deux arbitraires, on peut en disposer pour faire disparaître les termes affectés de x' et de y', en posant les équations

$$2A\beta + B\alpha + D = 0, \qquad 2C\alpha + B\beta + E = 0, \quad (a)$$

desquelles on tire

$$\alpha = \frac{BD - 2AE}{4AC - B^2}, \qquad \beta = \frac{BE - 2CD}{4AC - B^2};$$

Il ne reste plus après cela dans l'équation (2), que les termes affectés de y'^2, $x'y'$, x'^2, et des termes indépendans des coordonnées x' et y' ; ces derniers se réduisent à l'aide des équations (a). En effet, multipliant la première de celles-ci par β, la seconde par α, et retranchant leur somme de l'équation (2), après y avoir supprimé les termes qui doivent s'évanouir, il viendra

$$Ay'^2 + Bx'y' + Cx'^2 - A\beta^2 - B\alpha\beta - C\alpha^2 = F \ldots (3).$$

Je place à présent les axes des coordonnées dans une nouvelle direction, mais toujours à angle droit, en prenant (n° précédent)

$$x' = mt - nu, \qquad y' = nt + mu;$$

et ces valeurs étant substituées dans l'équation (3), la changent en

$$\left. \begin{array}{l} [An^2 + Bmn + Cm^2]t^2 \\ + [2(A - C)mn + B(m^2 - n^2)]ut \\ + [Am^2 - Bmn + Cn^2]u^2 \\ - A\beta^2 - B\alpha\beta - C\alpha^2 = F \end{array} \right\} \quad (4).$$

M 2

Les deux quantités m et n ne devant satisfaire qu'à l'équation $m^2 + n^2 = 1$, il en reste une à déterminer, et j'en dispose pour ôter le produit ut, en égalant à zéro son coefficient, ce qui fournit l'équation

$$2(A - C)\, mn + B\, (m^2 - n^2) = 0 \ldots \ldots (m).$$

Faisant ensuite, pour abréger,

$$An^2 + Bmn + Cm^2 = A'$$
$$Am^2 - Bmn + Cn^2 = C'$$
$$A\beta^2 + Ba\beta + Ca^2 + F = F',$$

l'équation (4) devient

$$A't^2 + C'u^2 = F',$$

et prend ainsi la forme demandée, en supposant toutefois qu'on puisse trouver des valeurs réelles pour m et n, qui sont données par des équations du second degré.

126. Ces valeurs se déduisent de la combinaison des équations

$$2\,(A - C)mn + B\,(m^2 - n^2) = 0$$
$$m^2 + n^2 = 1.$$

La première donne

$$mn = \frac{B\,(m^2 - n^2)}{2\,(C - A)};$$

si on fait $\dfrac{B}{2(C - A)} = \gamma$, qu'on élève au quarré la valeur de mn, qu'on en chasse n^2, au moyen de l'équation $m^2 + n^2 = 1$, il viendra

$$m^4 - m^2 = -\frac{\gamma^2}{1 + 4\gamma^2},$$

d'où on tirera

$$m^2 = \tfrac{1}{2} \pm \sqrt{\tfrac{1}{4} - \frac{\gamma^2}{1 + 4\gamma^2}} = \tfrac{1}{2} \pm \frac{1}{2\sqrt{1 + 4\gamma^2}};$$

puis

$$n^2 = \tfrac{1}{2} \mp \frac{1}{2\sqrt{1 + 4\gamma^2}}:$$

mettant au lieu de γ la quantité qu'il représente, et substituant les valeurs de m^2 et de n^2 dans l'expression de mn, on trouvera, en n'ayant égard qu'aux signes supérieurs des radicaux,

$$m^2 = \tfrac{1}{2} + \frac{C-A}{2\sqrt{(C-A)^2 + B^2}},$$

$$n^2 = \tfrac{1}{2} - \frac{C-A}{2\sqrt{(C-A)^2 + B^2}},$$

$$mn = \frac{B}{2\sqrt{(C-A)^2 + B^2}}.$$

Les valeurs de m et de n, tirées de celles de m^2 et de n^2 seront affectées des signes $\pm$; mais on voit par l'expression de mn, que ces signes doivent être choisis de manière que le produit mn soit de même signe que B.

En substituant les valeurs de m^2, n^2 et mn, dans les expressions de A' et de C', et en réunissant les termes qui ont le même dénominateur, on verra, avec un peu d'attention, que leur numérateur sera divisible par $\sqrt{(C-A)^2 + B^2}$, et que

$$A' = \tfrac{1}{2}(C+A) + \tfrac{1}{2}\sqrt{(C-A)^2 + B^2}$$

$$C' = \tfrac{1}{2}(C+A) - \tfrac{1}{2}\sqrt{(C-A)^2 + B^2}.$$

L'examen de ces expressions conduit aux conséquences suivantes :

1°. Les quantités A' et C' sont toujours réelles.

2°. Si A et C ont le même signe, qu'on peut alors

supposer $+$, en changeant, s'il le faut, le signe de tous les termes de l'équation (1), A' sera toujours positif, et C' le sera seulement quand

$$C+A > \sqrt{(C-A)^2 + B^2},$$

condition qui revient à

$$(C + A)^2 > (C - A)^2 + B^2,$$

ou à $$2AC > -2AC + B^2,$$

ou à $$4AC > B^2,$$

et de laquelle il résulte que $4AC - B^2$ est une quantité positive.

3°. Si A et C sont de signes différens, ou que A étant positif, ou rendu tel, C soit négatif, il viendra

$$A' = \tfrac{1}{2}(A-C) + \tfrac{1}{2}\sqrt{(C+A)^2 + B^2},$$
$$C' = \tfrac{1}{2}(A-C) - \tfrac{1}{2}\sqrt{(C+A)^2 + B^2};$$

alors A' sera positif et C' négatif; mais à cause du signe — dont est affecté $4AC$, la quantité $4AC - B^2$ est négative.

Il suit de là que le signe de C' dépend de celui de la quantité $4AC - B^2$.

4°. Enfin si $4AC = B^2$, il viendra $C' = 0$, circonstance remarquable non-seulement parce qu'elle réduit à $A't^2 = F'$ la transformée $A't^2 + C'u^2 = F'$, mais encore parce qu'elle rend infinies les expressions de α et de β (page 179); on ne peut donc, dans ce cas, faire disparaître à-la-fois les termes affectés de y' et de x', dans l'équation (2).

127. Pour parer à cet inconvénient, je ferai immédiatement dans l'équation (1)

$$x = mt - nu, \qquad y = nt + mu,$$

ce qui donnera

$$\left.\begin{array}{l} [An^2 + Bmn + Cm^2]t^2 \\ + [2(A-C)nm + B(m^2-n^2)]ut \\ + [Am^2 - Bmn + Cn^2]u^2 \\ + (Dn+Em)t + (Dm-En)u = F \end{array}\right\} (5).$$

Je poserai encore l'équation

$$2(A-C)mn + B(m^2-n^2) = 0\ldots\ldots(m),$$

pour faire disparaître le produit ut; les valeurs de m et de n, ainsi que celles des coefficiens de t^2 et de u^2, seront donc les mêmes que dans le n° précédent, et la transformée ci-dessus deviendra

$$A't^2 + C'u^2 + (Dn + Em)t + (Dm - En)u = F.$$

Pour achever de la simplifier, il reste à changer l'origine des coordonnées, en faisant

$$t = t' + \alpha', \qquad u = u' + \beta',$$

et on obtiendra

$$\left.\begin{array}{l} A't'^2 + C'u'^2 + (2A'\alpha' + Dn + Em)t' \\ \qquad + (2C'\beta' + Dm - En)u' \\ + A'\alpha'^2 + C'\beta'^2 + (Dn+Em)\alpha' + (Dm-En)\beta' = F \end{array}\right\}$$

Il est encore évident, sous cette forme, que le terme affecté de u' ne peut disparaître quand $C' = 0$, car l'équation

$$2C'\beta' + Dm - En = 0,$$

qu'il faudrait poser dans ce cas, donnerait β' infini; je disposerai donc des deux quantités arbitraires α' et β', pour ôter le terme affecté de t' et ceux qui sont indépendans des coordonnées u' et t', ce qui entraîne les équations

$$2A'\alpha' + Dn + Em = 0,$$
$$A'\alpha'^2 + C'\beta'^2 + (Dn+Em)\alpha' + (Dm-En)\beta' - F = 0.$$

Faisant ensuite, pour abréger,

$$2C'\beta' + Dm - En = -E',$$

j'aurai l'équation

$$A't'^2 + C'u'^2 - E'u' = 0.$$

Pour reconnaître tous les cas embrassés par cette transformation, il faudrait chercher quand α' et β' peuvent être déterminés par les deux premières équations posées ci-dessus; mais il suffit, à l'objet présent, de considérer le seul cas où $C' = 0$ (*), ce qui réduit ces mêmes équations à

$$2A'\alpha' + Dn + Em = 0,$$
$$A'\alpha'^2 + (Dn + Em)\alpha' + (Dm - En)\beta' - F = 0,$$

et la transformée en t' et u', à

$$A't'^2 = E'u'.$$

On simplifie encore les équations entre α' et β', en retranchant la seconde de la première multipliée par α', et en observant que l'hypothèse $C' = 0$ donne

$$Dm - En = -E';$$

il vient alors

$$\left.\begin{array}{l} 2A'\alpha' + Dn + Em = 0 \\ A'\alpha'^2 + E'\beta' + F = 0 \end{array}\right\} \ldots (a').$$

Enfin l'hypothèse $C' = 0$, qui répond à $4AC = B^2$, étant établie dans les résultats du n° précédent, les

---

(*) Tous les autres étant compris dans l'équation

$$A't^2 + C'u^2 = F'$$

qu'on change aisément en

$$A't^2 + C'u'^2 - E'u' = 0,$$

en faisant $u = u' \pm \sqrt{\dfrac{F'}{C'}}$, et $E' = \mp\sqrt{C'F'}$.

change en

$$A' = C + A$$

$$m^2 = \frac{C}{C+A}, \quad n^2 = \frac{A}{C+A}, \quad mn = \frac{\sqrt{AC}}{C+A}.$$

Lorsque $Dm - En = 0$, on a $E' = 0$, et les équations (a') ne renfermant plus que l'inconnue α', peuvent ne pas s'accorder ; mais par cette hypothèse et en y faisant $C' = 0$, la transformée en t et u (p. 183), prend la forme

$$A't^2 + D't = F,$$

et ne contient plus que la coordonnée t.

128. Tous les cas de l'équation générale

$$Ay^2 + Bxy + Cx^2 + Dy + Ex = F,$$

sont donc compris dans les trois transformées

$$A't^2 + C'u^2 = F',$$
$$A't'^2 = E'u',$$
$$A't^2 + D't = F,$$

les deux dernières répondant au seul cas où $4AC = B^2$, et la première à tous les autres.

Les trois formes indiquées, dans le n° 120, se retrouvent dans les deux premières équations ci-dessus, avec la seule différence que les coordonnées sont maintenant perpendiculaires entre elles ; et pour cette raison on appelle *axes* les diamètres auxquels sont alors rapportées les courbes que représentent ces équations, dont je vais rappeler les circonstances principales.

1°. Si les quantités A' et C' sont toutes deux positives, ce qui répond aux cas de l'équation générale, dans lesquels $4AC - B^2$ a le signe $+$, la transformée

$$A't^2 + C'u^2 = F',$$

M *

donnant

$$t = \pm \sqrt{\frac{F' - C'u}{A'}},$$

appartient à une ellipse (120).

FIG. 52.　On en trouve les demi-axes OI et OL, *fig.* 52, en cherchant la valeur de u, lorsque $t = 0$, et celle de t, lorsque $u = 0$: on obtient ainsi

$$OI = \sqrt{\frac{F'}{C'}}, \qquad OL = \sqrt{\frac{F'}{A'}},$$

et représentant ces lignes par a et b, on en conclut

$$\frac{F'}{C'} = a^2, \qquad \text{d'où} \qquad C' = \frac{F'}{a^2},$$

$$\frac{F'}{A'} = b^2 \ldots\ldots\ldots\ldots A' = \frac{F'}{b^2},$$

$$\frac{t^2}{b^2} + \frac{u^2}{a^2} = 1, \text{ d'où } t = \pm \frac{b}{a} \sqrt{a^2 - u^2},$$

résultat qui est semblable à celui du n° 115, et qui se construirait de même.

Le cas actuel comprend aussi l'équation du cercle, qui se présente quand $C' = A'$, puisqu'alors la transformée devient

$$A'(t^2 + u^2) = F', \text{ ou } t^2 + u^2 = \frac{F'}{A'},$$

et que les coordonnées sont à angle droit.

L'équation $A't^2 + C'u^2 = F'$ devient absurde quand, A' et C' demeurant positifs, F' est négative ; mais elle peut se vérifier en faisant $t = 0$, $u = 0$, lorsque $F' = 0$, et ne représente alors que le point où est l'origine des coordonnées : c'est l'ellipse réduite à son centre (116). En mettant dans la valeur de F' (pag. 180) celles de α et de β, on exprimera sans peine, par les coefficiens de l'équation (1), la condition qu'elle doit remplir pour signifier quelque chose.

2°. Si A' et C' sont de signes différens, ce qui répond au cas où $4AC - B^2$ a le signe $-$, l'équation en t et u prend nécessairement une de ces formes :

$$A't^2 - C'u^2 = F',$$
$$A't^2 - C'u^2 = -F';$$

et si on met pour A' et C' leurs valeurs en a et b, il vient, après les réductions,

$$\frac{t^2}{b^2} - \frac{u^2}{a^2} = 1, \quad \text{d'où} \quad t = \pm\frac{b}{a}\sqrt{u^2 + a^2},$$

$$\frac{t^2}{b^2} - \frac{u^2}{a^2} = -1 \ldots\ldots t = \pm\frac{b}{a}\sqrt{u^2 - a^2}.$$

Ces deux équations appartiennent à des hyperboles (120) ; mais la première est traversée par l'axe des t et non par celui des u, parce qu'on ne peut y avoir $t = 0$: le contraire a lieu pour la seconde.

Il faut remarquer que quoique la valeur $t = \sqrt{-b^2}$, qui répond à $u = 0$, dans la seconde, soit imaginaire, on ne laisse pas d'élever au centre O, *fig.* 53, une per-FIG. 53. pendiculaire $OL = \sqrt{b^2} = b$, et que, par analogie avec l'ellipse, on appelle *second axe* la ligne LL' double de OL ; mais on en distingue, par le nom d'*axe transverse*, la ligne II' qui rencontre la courbe, ce que ne saurait faire la ligne LL'.

Lorsque $C' = A'$ les axes deviennent égaux, et l'hyperbole est *équilatère*.

Il est visible que quand $F' = 0$, les équations de l'hyperbole se réduisent à

$$A't^2 - C'u^2 = 0, \quad \text{ou} \quad t = \pm u\sqrt{\frac{C'}{A'}},$$

et ne représentent plus que deux lignes droites (118).

3°. Quand on a $4AC = B^2$, la transformée étant

$$A't'^2 = E'u', \text{ ou } t' = \pm \sqrt{\frac{E'}{A'}u'},$$

appartient à une parabole qui rencontre son axe IB, fig. 54. *fig.* 54, à l'origine des coordonnées t' et u'.

Quand $E' = 0$ et que les équations (a') s'accordent, il vient $A't'^2 = 0$, résultat qui, donnant deux fois $t' = 0$, indique l'axe IB sur lequel les branches de la parabole tendent à se réunir, lorsque E' diminue.

La dernière transformée

$$A't^2 + D't = F$$

ne donnant aussi pour t que deux valeurs déterminées, indique deux droites parallèles à l'axe des u.

Enfin il est à propos de remarquer que l'équation

$$A't'^2 + C'u'^2 - E'u' = 0 \ (127'),$$

est commune à l'ellipse, à l'hyperbole et à la parabole ; on a la première de ces courbes quand A' et C' sont de même signe, la seconde, lorsqu'ils sont de signes différens, et la troisième, lorsque $C' = 0$.

Le point sur lequel se trouve l'origine des coordonnées étant placé à l'une des extrémités de l'axe, se nomme le *sommet*. Dans l'ellipse et dans l'hyperbole, il y a deux sommets marqués I et I', *figures* 52 et 53 ; la parabole n'en ayant qu'un seul, *fig.* 54, n'a point de centre, et c'est pour cela que son équation ne saurait prendre la forme

$$A't^2 + C'u^2 = F'.$$

129. Après avoir reconnu par les formules des n°ˢ précédens, à quelle espèce de lignes se rapporte tel cas particulier qu'on voudra de l'équation générale, on a encore besoin, pour tracer cette ligne, d'établir les axes des coordonnées de la transformée, par rapport

aux axes primitifs, et de construire les quantités A', C', F' ou E'; c'est à quoi le lecteur tant soit peu habitué à particulariser des formules générales, ne saurait éprouver de difficulté : aussi je ne pense pas qu'il soit nécessaire, pour des opérations qui ne sont point de celles qu'on pratique souvent, d'entrer dans une énumération de règles presque toujours effacées de la mémoire lorsqu'il arrive d'en avoir besoin; et l'exemple suivant, quoique très-simple, suffira d'ailleurs pour en montrer l'inutilité.

Soit l'équation

$$xy + Dy + Ex = F:$$

en la comparant à l'équation (1), on en conclura

$$A = 0, \quad B = 1, \quad C = 0,$$
$$4AC = 0, \quad\quad B^2 = 1;$$

et puisque $4AC$ n'est pas égal à B^2, c'est à la transformée

$$A't^2 + C'u^2 = F'$$

que se rapporte le cas que l'on considère. On trouve ensuite (pag. 179 et 180),

$$\alpha = -D, \quad \beta = -E, \quad F' = F + DE;$$

puis (page 181),

$$A' = \tfrac{1}{2}, \quad C' = -\tfrac{1}{2};$$

et par conséquent

$$\tfrac{1}{2}t^2 - \tfrac{1}{2}u^2 = F + DE, \quad \text{ou} \quad t^2 - u^2 = 2(F + DE):$$

la courbe cherchée est donc une hyperbole dont les deux demi-axes sont égaux à $\sqrt{2(F + DE)}$, et traversée par celui des t (128). En remontant aux transformations opérées par les valeurs

$$x = x' + \alpha \qquad y = y' + \beta,$$
$$x' = mt - nu, \qquad y' = nt + mu,$$

on voit d'abord que l'origine des t et des u répond au point où $x = \alpha$, $y = \beta$; prenant donc, *fig.* 55, les distances $AA' = -D$, $AA'' = -E$, le point A''' sera cette origine. Calculant ensuite la valeur de m, ou du cosinus de l'angle que forme l'axe des t avec celui des x, on trouvera le nombre $-\dfrac{1}{\sqrt{2}}$, qui répond à $0^q,5$; et faisant l'angle $A''A'''B''$, égal à $0^q,5$, puis menant $A''C''$ perpendiculairement à $A'''B''$, on aura les axes des t et des u ; prenant enfin $A'''I$ et $A'''I' = \sqrt{2(F + DE)}$, on déterminera les sommets I et I' de l'hyperbole, qui est le lieu de l'équation proposée.

La même marche conduira toujours au résultat, pour quelque exemple que ce soit ; et j'ai choisi le précédent, déja traité dans le n° 120, afin de prouver que la courbe indiquée dans ce n°, par ses asymptotes, est une hyperbole, et d'en trouver les axes.

Souvent aussi on cherche quelle est la courbe douée d'une propriété particulière, qu'on ignore appartenir à une courbe déjà connue ; mais alors l'équation relative à cette propriété rentre dans quelques-unes des équations qui ont été discutées ; c'est ce que montreront les questions suivantes :

130. *Trouver l'équation d'une courbe telle, que si l'on mène de chacun de ses points* M, fig. 52, *à deux points fixes,* F *et* F', *les droites* MF *et* MF', *la somme de ces lignes soit égale à une ligne donnée.*

Si on représente par $2a$ la ligne donnée, par $2c$ la

distance FF' des points fixes, en prenant pour origine des coordonnées le point O, milieu de FF', ensorte que $OF = OF' = c$, et faisant $OP = x$, $PM = y$, on trouvera

$$FP = c - x, \qquad F'P = c + x.$$

Les triangles PMF, PMF', rectangles en P, donnant

$$MF = \sqrt{\overline{FP}^2 + \overline{PM}^2}, \quad MF' = \sqrt{\overline{F'P}^2 + \overline{PM}^2},$$

on obtiendra

$$MF = \sqrt{(c-x)^2 + y^2}, \quad MF' = \sqrt{(c+x)^2 + y^2};$$

mais en posant $MF = z$, il viendra $MF' = 2a - z$, puisque par l'énoncé on a, sur toute la courbe cherchée,

$$MF + MF' = 2a,$$

et par conséquent

$$z = \sqrt{(c-x)^2 + y^2}, \qquad 2a - z = \sqrt{(c+x)^2 + y^2}.$$

En élevant au quarré, pour faire disparaître les radicaux, il en résultera

$$z^2 = c^2 - 2cx + x^2 + y^2,$$
$$4a^2 - 4az + z^2 = c^2 + 2cx + x^2 + y^2;$$

retranchant la seconde de ces équations de la première, il restera

$$-4a^2 + 4az = -4cx,$$

d'où

$$z = \frac{a^2 - cx}{a};$$

substituant enfin cette valeur de z dans la première expression de z^2, on parviendra à l'équation cherchée, qui sera, après les réductions,

$$a^4 + c^2 x^2 = a^2 c^2 + a^2 (x^2 + y^2).$$

Cette équation n'étant que du second degré, apprend que la courbe cherchée ne peut être que l'une de celles qui ont été discutées précédemment ; et pour reconnaître à quelle espèce elle appartient, je donne à son équation la forme

$$a^2 y^2 + (a^2 - c^2)\, x^2 = a^4 - a^2 c^2.$$

En la comparant alors avec $A' t^2 + C' u^2 = F'$, après avoir écrit dans cette dernière y et x pour t et u, on aura

$$A' = a^2, \quad C' = a^2 - c^2, \quad F' = a^4 - a^2 c^2 = a^2 (a^2 - c^2),$$

d'où l'on conclura qu'elle est celle d'une ellipse, puisque c étant moindre que a, les quantités A', C', F', sont essentiellement positives (128). En posant, pour abréger, $a^2 - c^2 = b^2$, il viendra

$$a^2 y^2 + b^2 x^2 = a^2 b^2,$$

d'où l'on tirera

$$y = \pm \frac{b}{a} \sqrt{a^2 - x^2}.$$

Les demi-axes OI et OL de cette ellipse sont respectivement a et b ; et comme $b^2 = a^2 - c^2$, on tire de là

$$c^2 = a^2 - b^2, \qquad c = \sqrt{a^2 - b^2},$$

ce qui fait voir que lorsqu'on ne connaît que les axes II' et LL' d'une ellipse, on peut trouver sur le plus grand des deux, les points F et F', pour lesquels $MF + MF' = II'$, en décrivant du point L comme centre et d'un rayon égal à la moitié du grand axe II', un arc de cercle ; car aux intersections F et F' de cet arc de cercle avec l'axe II', on a

$$OF = OF' = \sqrt{\overline{FL}^2 - \overline{OL}^2} = \sqrt{a^2 - b^2}.$$

L'énoncé du problème que je viens de résoudre,

offre

offre donc une propriété commune à toutes les ellipses ; savoir : que *la somme des lignes* MF *et* MF′, *qu'on nomme rayons vecteurs, menées aux points fixes* F *et* F′, *pris sur le grand axe ; et qu'on appelle* foyers, *est toujours égale au grand axe.*

131. Cette propriété donne un moyen très-simple de trouver autant de points qu'on voudra des ellipses, ou même de les décrire d'un mouvement continu. En effet, si l'on prend à volonté une ouverture de compas *FM*, moindre que *OI*, que du point *F*, comme centre, on décrive un cercle avec cette ouverture de compas, et qu'ensuite prenant pour centre le point *F′*, et pour rayon la différence *F′M* entre le premier rayon *FM* et l'axe *II′*, on décrive un second cercle, il coupera le premier en deux points *M* et *M′*, qui appartiendront à l'ellipse. En répétant ce procédé avec diverses ouvertures de compas, on obtiendra de nouveaux points de l'ellipse demandée ; et si ces points sont un peu multipliés, on pourra, en les joignant par un trait libre de la main, achever la courbe d'une manière d'autant plus exacte, que les points déterminés seront en plus grand nombre.

Lorsque l'ellipse doit être fort grande, on la trace par un mouvement continu, en fixant aux points *F* et *F′* les extrémités d'un cordeau dont la longueur est celle de l'axe *II′* ; on tend ce cordeau par le moyen d'un piquet *M* que l'on fait glisser le long du même cordeau, jusqu'à ce qu'il se trouve au point d'où il est parti : alors il a tracé l'ellipse demandée.

Il est utile aussi de se rappeler que la distance *c*, d'un foyer au centre, se nomme *excentricité*.

L'équation $y = \pm \dfrac{b}{a} \sqrt{a^2 - x^2}$ fournit une construction par points, très-commode dans la pratique. Ayant décrit du centre *O* de l'ellipse demandée, *fig.* 56, FIG. 56.

Trigonométrie.   N

deux demi-cercles, l'un sur le grand axe et l'autre sur le petit, pris pour diamètres, et mené un grand nombre de rayons ON, ON', etc. on abaissera sur l'axe II' les perpendiculaires PN, $P'N'$, etc. et on mènera par les points R, R', etc. où les rayons ON, ON', etc. rencontrent le plus petit des deux cercles, les droites RM, $R'M'$, etc. parallèles à II'; les points M, M', etc. que ces parallèles détermineront sur les perpendiculaires PN, $P'N'$, etc. appartiendront à l'ellipse cherchée. Par l'opération que je viens d'indiquer, on n'obtient que la moitié de cette courbe; mais en répétant la construction au-dessous de l'axe II', on l'aura toute entière.

Pour reconnaître l'exactitude de cette construction, il suffit d'observer qu'en vertu du parallélisme des droites RM et II', on a

$$ON : OR :: PN : PM;$$

et puisque $ON = a$, $OR = b$, $OP = x$, il en résultera

$$PN = \sqrt{\overline{ON}^2 - \overline{OP}^2} = \sqrt{a^2 - x^2},$$

$$a : b :: \sqrt{a^2 - x^2} : PM,$$

d'où
$$PM = \frac{b}{a}\sqrt{a^2 - x^2} = y.$$

132. Je modifierai dans cet article le problème que j'ai résolu dans le numéro précédent, et je demanderai qu'on ait $MF' - MF = II' = 2a$, *fig*. 53, au lieu de $MF + MF' = 2a$; c'est-à-dire que *la différence des rayons vecteurs soit constante*. En gardant d'ailleurs les dénominations de l'article cité, on aura

$$MF = \sqrt{\overline{FP}^2 + \overline{PM}^2} = \quad z = \sqrt{(c-x)^2 + y^2},$$

$$MF' = \sqrt{\overline{F'P}^2 + \overline{PM}^2} = 2a + z = \sqrt{(c+x)^2 + y^2},$$

d'où on tirera

$$z^2 = c^2 - 2cx + x^2 + y^2 ;$$
$$4a^2 + 4az + z^2 = c^2 + 2cx + x^2 + y^2 ;$$

retranchant la première de ces équations de la seconde, on obtiendra

$$4a^2 + 4az = 4cx \quad \text{ou} \quad z = \frac{cx - a^2}{a} ;$$

et par cette valeur de z, on parviendra à l'équation

$$\left(\frac{cx - a^2}{a} \right)^2 = c^2 - 2cx + x^2 + y^2,$$

qui, par le développement, se réduit à

$$(c^2 - a^2) x^2 - a^2 y^2 = a^2 (c^2 - a^2).$$

Dans le cas actuel, où $c > a$, il faut prendre $b^2 = c^2 - a^2$, ce qui donne

$$b^2 x^2 - a^2 y^2 = a^2 b^2,$$

équation appartenante à l'hyperbole, qui jouit par conséquent de cette propriété, *que la différence de ses rayons vecteurs* MF *et* MF′, *est égale à l'axe transverse* II′, *sur lequel se trouvent les foyers* F *et* F′.

J'ai déjà fait remarquer que cette courbe n'avait, à proprement parler, qu'un axe (128), mais que pour conserver l'analogie, on concevait un second axe LL' mené par le point O, perpendiculairement au premier; b exprime la longueur OL de la moitié de cet axe, et l'équation $b^2 = c^2 - a^2$, donnant $c = \sqrt{a^2 + b^2}$, fait voir que pour trouver les foyers F et F', il faut prendre les distances OF et OF' égales à l'hypoténuse du triangle rectangle construit sur les deux demi-axes OI et OL.

133. La propriété dont jouissent les foyers F et F' peut servir à la construction de l'hyperbole par points. Pour cela, du point F, comme centre, et d'un rayon

FM, qui ne soit pas moindre que *IF*, mais d'ailleurs quelconque, on décrira un arc de cercle, puis on prendra un rayon $F'M$ plus grand ou moindre que le premier d'une quantité égale à II', et le cercle décrit sur ce dernier, du point F'' comme centre, coupera le premier dans deux points *M* et *M'* appartenans à l'hyperbole.

Pour décrire une portion quelconque d'hyperbole par un mouvement continu, on assujétit une règle à tourner autour du point F', on fixe à l'extrémité *R* de cette règle et au point *F*, un fil dont la longueur soit moindre que $F'R$ de la quantité II'; on fait ensuite tourner la règle en appuyant contre elle, avec un style *M*, le fil *RMF*, de manière qu'il demeure toujours tendu : le style *M* trace ainsi un arc de courbe qui appartient à l'hyperbole dont l'axe est II', et dont les foyers sont *F* et *F'*.

134. Je me proposerai encore de *trouver l'équation d'une courbe telle, que chacun de ses points soit autant* *éloigné de la droite* AC, *donnée de position,* fig. 54, *que d'un point fixe* F, *également donné de position.*

FIG.54.

Si l'on prend sur la droite AB, menée par le point *F* perpendiculairement à AC, un point *I* situé au milieu de la distance AF, ce point appartiendra nécessairement à la courbe cherchée, puisqu'il sera autant éloigné de la droite AC que du point *F*. Faisant

$$IF = AI = c', \quad IP = x, \quad PM = y,$$

on aura, pour un point quelconque *M*, la distance

$$QM = AP = AI + IP = c' + x;$$

et le triangle rectangle *FPM* donnera

$$MF = \sqrt{\overline{FP}^2 + \overline{PM}^2} = \sqrt{(c' - x)^2 + y^2},$$

puisque $FP = IF - IP$. En développant, on trouvera

$$MF = \sqrt{c'^2 - 2c'x + x^2 + y^2};$$

et comme par la nature de la courbe cherchée, on doit
avoir $QM = MF$, il en résultera

$$c' + x = \sqrt{c'^2 - 2c'x + x^2 + y^2},$$

d'où on tirera

$$(c' + x)^2 = c'^2 - 2c'x + x^2 + y^2 :$$

il viendra, après la réduction,

$$2c'x = -2c'x + y^2 \text{ ou } y^2 = 4c'x,$$

équation à la parabole (128).

135. Pour construire la courbe d'après la propriété
que je viens d'employer à la recherche de son équation, il faut, d'un rayon FM pris à volonté, décrire un
cercle, faire $AP = FM$, et mener par le point P, parallèlement à la ligne AC, une droite PM : le point M
où cette droite coupera le cercle appartiendra à la parabole demandée ; car il est évident que la droite QM étant
parallèle et égale à AP, sera égale à FM.

Cette même propriété donne lieu à un mouvement
continu par lequel on trace la courbe ; pour cela, on
place le long de AC, une règle sur laquelle on fait
mouvoir une équerre dont l'un des côtés représente la
droite QE ; on attache au point F l'extrémité d'un fil
dont la longueur est égale à QE, et dont l'autre extrémité est fixée au point E ; on tend ce fil par un style en
l'appliquant contre le côté QE, et le style décrit une
portion de parabole.

136. La question qui a conduit ci-dessus à l'équation de la parabole, peut être modifiée de manière
à embrasser les trois courbes du second degré. Il suffit
pour cela de l'énoncer ainsi : *Trouver l'équation d'une
courbe dans laquelle la distance entre un point quelconque* M *et le point fixe* F, fig. 57, *soit à la distance* MQ FIG. 57.

entre le même point M *et une droite* AC, *donnée de position, dans un rapport constant.*

Soit $1 : n$ ce rapport, et que l'on tire du point F sur AC la perpendiculaire AB; il est évident que la courbe cherchée rencontre cette droite dans un point I, tel que

$$IF : AI :: 1 : n;$$

en sorte que si on désigne IF par c', il en résultera

$$AI = nc'.$$

Faisant $IP = x$, $PM = y$, il viendra, en vertu du triangle rectangle PMF, de même que ci-dessus,

$$MF = \sqrt{(c' - x)^2 + y^2};$$

et comme $QM = AP = AI + IP = nc' + x$, on aura

$$\sqrt{(c' - x)^2 + y^2} : nc' + x :: 1 : n,$$

d'où on tirera

$$nc' + x = n\sqrt{(c' - x)^2 + y^2};$$

élevant au quarré, on obtiendra enfin

$$n^2 y^2 + (n^2 - 1) x^2 - 2(n+1) nc'x = 0.$$

Cette équation, d'une forme absolument semblable à l'équation $A't'^2 + C'u'^2 - E'u' = 0$, du numéro 128, appartiendra à l'ellipse, à l'hyperbole ou à la parabole, selon qu'on aura $n > 1$, $n < 1$, ou $n = 1$, et montre par conséquent que la propriété qui fait le sujet de la question proposée, est commune aux trois courbes du second degré, par rapport auxquelles la droite AC est nommée *directrice*.

En donnant à l'équation ci-dessus la forme.

$$y^2 + \left(1 - \frac{1}{n^2}\right) x^2 - 2\left(1 + \frac{1}{n}\right) c'x = 0,$$

et en remarquant que plus n augmente, plus les fractions

$\dfrac{1}{n^2}$ et $\dfrac{1}{n}$ diminuent, on verra que dans la supposition de n infinie, elle doit se réduire à

$$y^2 + x^2 - 2c'x = 0,$$

équation qui est celle d'un cercle dont le rayon est c', et pour lequel l'origine des abscisses est placée à l'une des extrémités du diamètre (94).

137. On a vu dans le n° 128, que l'ellipse, l'hyperbole et la parabole, peuvent être données par une seule équation; et il est remarquable que celle-ci peut aussi se déduire immédiatement de l'une quelconque des équations

$$y^2 = \frac{b^2}{a^2}(a^2 - x^2), \qquad y^2 = \frac{b^2}{a^2}(x^2 - a^2),$$

qui, se rapportant au centre, semblent particulières à l'ellipse et à l'hyperbole. Pour cela, il suffit de transporter dans ces équations l'origine des coordonnées à l'un des sommets de la courbe qu'elles représentent. En effet, si, dans les figures 52 et 53, on fait $IP = x'$, on aura par la première

$$x \quad \text{ou} \quad OP = OI' - IP = a - x',$$

et par la seconde,

$$x \quad \text{ou} \quad OP = OI + IP = a + x'.$$

La substitution de ces valeurs changera les équations rapportées ci-dessus en

$$y^2 = \frac{2b^2}{a}x' - \frac{b^2}{a^2}x'^2, \quad y^2 = \frac{2b^2}{a}x' + \frac{b^2}{a^2}x'^2,$$

qui reviendront à

$$y^2 = px' - \frac{p}{2a}x'^2, \quad y^2 = px' + \frac{p}{2a}x'^2,$$

si l'on pose $\dfrac{2b^2}{a} = p$; et l'une ne différera de l'autre que par le signe de a : l'inspection de la figure 53 montre aussi que l'abscisse IP étant regardée comme positive, l'axe II' est nécessairement négatif.

En mettant pour b^2 sa valeur, relative tant à l'ellipse qu'à l'hyperbole, il vient :

$$p = \frac{2(a^2 - c^2)}{a} \ (130), \quad p = \frac{2(c^2 - a^2)}{a} \ (132) ;$$

mais il est à propos d'introduire la distance IF à la place de c, qui représente la distance OF, et en faisant $IF = c'$, on trouve par la figure 52,

$$c \quad \text{ou} \quad OF = OI - IF = a - c',$$

par la figure 53,

$$c \quad \text{ou} \quad OF = OI + IF = a + c',$$

ces valeurs donnent

$$p = \frac{4ac' - 2c'^2}{a}, \quad p = \frac{4ac' + 2c'^2}{a},$$

expressions qui ne diffèrent encore que par le signe de a.

Toutes les deux étant réunies dans la formule

$$p = \frac{4ac' \mp 2c'^2}{a} = 4c' \mp \frac{2c'^2}{a},$$

ont également pour limite

$$p = 4c',$$

lorsqu'on suppose a infini; mais dans ce cas les équations

$$y^2 = px' \mp \frac{p}{2a} x'^2,$$

se réduisent à

$$y^2 = px \quad \text{ou} \quad y^2 = 4c'x ;$$

par l'anéantissement de la fraction $\frac{p}{2a}$, et donnent ainsi l'équation de la parabole (134).

L'équation

$$y = px' - \frac{p}{2a} x'^2$$

est donc propre à représenter chacune des lignes du second ordre : elle appartiendra à l'ellipse quand a sera positif, et au cercle si $p = 2a$; à l'hyperbole quand a sera négatif, et à la parabole lorsque a sera infini (*).

138. La quantité p se nomme le *paramètre*; c'est dans l'ellipse et dans l'hyperbole une troisième proportionnelle aux deux axes, puisque sa valeur

$$p = \frac{2b^2}{a} = \frac{4b^2}{2a}$$

conduit à la proportion

$$2a : 2b :: 2b : p;$$

et dans les trois courbes, elle exprime la valeur de la double ordonnée qui passe par le foyer. En effet, lorsqu'on prend $x' = c'$, il vient

$$y^2 = pc' \mp \frac{p}{2a} c'^2 = \frac{p(2ac' \mp c'^2)}{2a};$$

d'où on conclut

$$4y^2 = p \frac{4ac' \mp 2c'^2}{a} = p^2, \quad \text{et} \quad 2y = p.$$

139. Les équations

$$y^2 = px' \mp \frac{p}{2a} x'^2$$

(*) L'expression $p = \dfrac{4ac' - 2c'^2}{a}$, qui se rapporte à l'ellipse, prendrait une valeur négative, si l'on y supposait $c' > 2a$, et l'équation $y^2 = px' - \dfrac{p}{2a} x'^2$ se changeant en

$$y^2 = - px' + \frac{p}{2a} x'^2$$

appartiendrait à l'hyperbole ; mais c' exprimerait alors la distance entre le sommet et le foyer le plus éloigné, ou IF', *fig.* 53.

étant mises sous la forme

$$y^2 = \frac{p}{2a}(2ax' - x'^2), \quad y^2 = \frac{p}{2a}(2ax' + x'^2),$$

on en déduit les suivantes

$$\frac{y^2}{x'(2a - x')} = \frac{p}{2a}, \quad \frac{y^2}{x'(2a + x')} = \frac{p}{2a},$$

desquelles il résulte que le quarré de l'ordonnée PM est dans un rapport constant avec le produit des lignes IP et $I'P$, qui sont respectivement x' et $2a - x'$ pour l'ellipse, *fig.* 52, x' et $2a + x'$ pour l'hyperbole, *fig.* 53. Ces distances du pied de l'ordonnée à chacun des sommets de la courbe, étant nommées *abscisses*, on dit que *dans l'ellipse et dans l'hyperbole, les quarrés des ordonnées sont entre eux comme les produits des abscisses correspondantes.*

En effet, si on désigne par X' une abscisse différente de x', mais toujours comptée du même point, et par Y l'ordonnée correspondante, on aura

$$Y^2 = \frac{p}{2a}(2aX' - X'^2), \quad Y^2 = \frac{p}{2a}(2aX' + X'^2)$$

d'où on tirera

$$y^2 : Y^2 :: x'(2a - x') : X'(2a - X')$$

pour l'ellipse,

$$y^2 : Y^2 :: x'(2a + x') : X'(2a + X')$$

pour l'hyperbole, en supprimant toutefois dans le dernier rapport de chacune de ces proportions le facteur commun $\frac{p}{2a}$.

L'équation de la parabole $y^2 = px'$, étant traitée de la même manière, donne seulement

$$y^2 : Y^2 :: x' : X',$$

ce qui fait voir que *dans la parabole, les quarrés des ordonnées sont comme les abscisses correspondantes.*

140. Il suit de la comparaison des formules rapportées dans les numéros 120 et 128, qu'il y a pour chaque courbe du second degré, au moins deux systèmes de coordonnées dans lesquels l'équation de cette courbe se présente sous la forme la plus simple : l'un de ces systèmes est celui des axes, et l'autre celui de deux diamètres conjugués; et je vais montrer qu'il y a un nombre infini de systèmes de coordonnées qui jouissent de la même propriété. Pour le faire , j'appliquerai la transformation des coordonnées aux équations relatives aux axes.

Soit premièrement celle de l'ellipse $y^2 = \dfrac{b^2}{a^2}(a^2 - x^2)$, qui revient à

$$a^2 y^2 + b^2 x^2 = a^2 b^2 \, ;$$

j'observe d'abord qu'il est inutile de déplacer l'origine des coordonnées qu'il faut laisser au centre, et n'ayant à changer que la direction des axes, je prends seulement

$$x = mt + pu , \qquad y = nt + qu \cdot (122).$$

Je laisse indéterminé l'angle que les nouvelles coordonnées doivent faire entre elles, et dont le cosinus est représenté par h (123), et je ne tiendrai par conséquent aucun compte de l'équation

$$mp + nq + g\,(np + mq) = h \, ;$$

il n'en sera pas de même des équations

$$m^2 + n^2 + 2gmn = 1, \qquad p^2 + q^2 + 2gpq = 1,$$

parce que les coordonnées x et y étant réciproquement perpendiculaires, il en résulte $g = 0$, d'où

$$m^2 + n^2 = 1, \qquad p^2 + q^2 = 1 :$$

des quatre quantités m, n, p et q, il n'en restera donc que deux dont il soit possible de disposer. En faisant la substitution des valeurs de x et de y, dans l'équation

$$a^2 y^2 + b^2 x^2 = a^2 b^2,$$

on obtiendra

$$(a^2 n^2 + b^2 m^2) t^2 + 2(a^2 nq + b^2 mp) ut + (a^2 q^2 + b^2 p^2) u^2 = a^2 b^2$$

et pour simplifier cette dernière, je poserai

$$a^2 nq + b^2 mp = 0,$$

ce qui la réduit à

$$(a^2 n^2 + b^2 m^2) t^2 + (a^2 q^2 + b^2 p^2) u^2 = a^2 b^2.$$

Pour comparer cette équation avec

$$a'^2 t^2 + b'^2 u^2 = a'^2 b'^2,$$

on les mettra sous la forme

$$\frac{a^2 n^2 + b^2 m^2}{a^2 b^2} t^2 + \frac{a^2 q^2 + b^2 p^2}{a^2 b^2} u^2 = 1;$$

$$\frac{t^2}{b'^2} + \frac{u^2}{a'^2} = 1;$$

elles ne pourront alors devenir identiques, indépendamment de t et de u, que par la supposition de

$$\frac{1}{b'^2} = \frac{a^2 n^2 + b^2 m^2}{a^2 b^2}, \qquad \frac{1}{a'^2} = \frac{a^2 q^2 + b^2 p^2}{a^2 b^2},$$

ce qui donnera

$$b'^2 = \frac{a^2 b^2}{a^2 n^2 + b^2 m^2}, \qquad a'^2 = \frac{a^2 b^2}{a^2 q^2 + b^2 p^2}.$$

Pour s'assurer de la possibilité de cette transformation, il faut voir si la détermination des quantités m, n, p et q, n'est sujette à aucune exception. L'équation

$$a^2 nq + b^2 mp = 0,$$

mise sous la forme

$$\frac{n}{m} \cdot \frac{q}{p} = -\frac{b^2}{a^2},$$

fera toujours connaître le rapport de p à q, ou celui de m à n. Si on en tire

$$\frac{q}{p} = -\frac{b^2}{a^2}\frac{m}{n},$$

et si, pour abréger, on fait

$$\frac{b^2}{a^2}\frac{m}{n} = -r,$$

il viendra

$$q = pr;$$

substituant dans $p^2 + q^2 = 1$, on en déduira

$$p^2(1 + r^2) = 1;$$

d'où l'on conclura

$$p = \frac{1}{\sqrt{1+r^2}}, \qquad q = \frac{r}{\sqrt{1+r^2}};$$

expressions qui demeureront toujours réelles, quelle que soit r. L'équation $m^2 + n^2 = 1$ ne pouvant déterminer qu'une des deux quantités m et n, laisse absolument in-déterminé le rapport $\frac{n}{m}$ qui entre dans les expressions de p et de q, lesquelles, par cette raison, deviennent susceptibles d'une infinité de valeurs différentes : il y a donc en effet une infinité de systèmes de coordonnées dans lesquels l'équation de l'ellipse à la forme

$$a'^2 t^2 + b'^2 u^2 = a'^2 b'^2,$$

absolument semblable à celle de l'équation aux axes

$$a^2 y^2 + b^2 x^2 = a^2 b^2.$$

141. En opérant sur l'équation de l'hyperbole

$$y^2 = \frac{b^2}{a^2}(x^2 - a^2) \text{ ou } a^2 y^2 - b^2 x^2 = -a^2 b^2,$$

comme je viens de le faire sur celle de l'ellipse, on aura successivement

$$(a^2n^2-b^2m^2)t^2+2(a^2nq-b^2mp)ut+(a^2q^2-b^2p^2)u^2=-a^2b^2,$$

$$a^2nq - b^2mp = 0,$$

$$\frac{a^2n^2-b^2m^2}{a^2b^2}\,t^2 + \frac{a^2q^2-b^2p^2}{a^2b^2}\,u^2 = -1\,;$$

et comparant la dernière équation à

$$\frac{t^2}{b'^2} - \frac{u^2}{a'^2} = -1\,,$$

on trouvera

$$b'^2 = -\frac{a^2b^2}{a^2n^2-b^2m^2}\,, \qquad a'^2 = -\frac{a^2b^2}{a^2q^2-b^2p^2}\cdot$$

Les expressions de p et de q seront de la même forme dans ce cas-ci que dans le précédent, et pourront donner par conséquent une infinité de valeurs, d'après celles qu'on assignera au rapport $\dfrac{n}{m}$: on sera donc fondé à tirer pour l'hyperbole une conclusion pareille à celle qui vient d'être énoncée pour l'ellipse.

142. Je passe à la parabole; son équation $y^2=4c'x$, ne peut être transformée en une autre qui lui soit semblable, par les formules

$$x = mt + pu, \qquad y = nt + qu.$$

On obtient en effet la résultante

$$n^2t^2 + 2nqut + q^2u^2 = 4c'(mt+pu),$$

de laquelle il faudrait faire disparaître les termes, affectés de t^2, ut et u; ce qui s'effectuerait en posant $n=0, p=0$; mais il s'ensuivrait $m=1, q=1, x=t$, $y=u$, et l'on retomberait sur les coordonnés primitives: il n'en sera pas ainsi en déplaçant en même temps l'origine. Si l'on substitue à x et à y leurs valeurs les plus générales,

$$mt + pu + \alpha, \qquad nt + qu + \beta \ (122),$$

il vient alors

$$
\left.\begin{array}{l}
n^2 t^2 + 2nqut + q^2 u^2 \\
+\ 2\beta\,(nt + qu) - 4c'\,(mt + pu) \\
+\ \beta^2 - 4\alpha c'
\end{array}\right\} = 0.
$$

Pouvant disposer maintenant de quatre quantités, à cause des deux nouvelles indéterminées α et β, on fera disparaître les termes affectés de ut, de u, et les termes indépendans de t et de u, en posant

$$
2nq = 0, \quad 2\beta n - 4c'm = 0, \quad \beta^2 - 4\alpha c' = 0.
$$

La première de ces équations peut être satisfaite de deux manières : soit par $n = 0$, soit par $q = 0$; mais $n = 0$ donne $m = 0$, dans la seconde équation, ce qui né saurait s'accorder avec l'équation $m^2 + n^2 = 1$. En adoptant la valeur $q = 0$, le terme $q^2 u^2$ s'évanouit, et il ne reste que

$$
n^2 t^2 = 4c'pu \quad \text{ou} \quad t^2 = \frac{4c'pu}{n^2},
$$

équation semblable à celle qui se rapporte à l'axe de la courbe. La supposition de $q = 0$, introduite dans l'équation $p^2 + q^2 = 1$, donne

$$
p = \pm 1;
$$

de $2\beta n - 4c'm = 0$, on tire

$$
\frac{n}{m} = \frac{2c'}{\beta},
$$

et cette équation, combinée avec $m^2 + n^2 = 1$, détermine n et m. L'équation $\beta^2 - 4\alpha c' = 0$, détermine aussi α, lorsque β est connu; mais cette dernière quantité reste susceptible de telle valeur qu'on voudra.

143. Les remarques précédentes conduisent à cette question : *un diamètre quelconque étant donné, trouver la position de son conjugé.* On la résoudra en observant que lorsque dans la figure 50, du numéro 122, l'angle CAB, ou celui que font entre eux les axes des coordonnées primitives x, y, est droit, les triangles Fig. 50.

$P''A'''R$ et $P''MQ$ deviennent rectangles, l'un en R,
l'autre en Q; d'où il suit que $m = \dfrac{A'''R}{A'''P''}$ représente
le cosinus de l'angle $P''A'''R$ ou $B''A'''B'$, et que
$n = \dfrac{P''R}{A'''P''}$ en est le sinus; que $p = \dfrac{P''Q}{P''M}$ représente le
cosinus de l'angle $MP''Q$ ou $C''A'''B'$, et que $q = \dfrac{QM}{P''M}$
en est le sinus.

FIG. 58 et 59. Si l'on rapporte ces mêmes dénominations sur les figures 58 et 59, en prenant II' pour l'axe des x, OF
pour celui des t, et OH pour celui des u, il viendra

$$\frac{n}{m} = \frac{\sin FOI}{\cos FOI} = \operatorname{tang} FOI,$$

$$\frac{q}{p} = \frac{\sin HOI}{\cos HOI} = \operatorname{tang} HOI;$$

et comme les équations

$$a^2 nq + b^2 mp = 0,$$
$$a^2 nq - b^2 mp = 0,$$

obtenues dans les n°s 140 et 141, peuvent être mises
sous la forme

$$\frac{n}{m} \cdot \frac{q}{p} = \mp \frac{b^2}{a^2},$$

il en résultera

$$\operatorname{tang} FOI . \operatorname{tang} HOI = \mp \frac{b^2}{a^2},$$

le signe supérieur se rapportant à l'ellipse, et l'inférieur à l'hyperbole : on déterminera donc aisément
l'un des angles FOI, HOI, quand l'autre sera connu.

FIG. 58. 144. On peut substituer dans l'ellipse, *fig.* 58, aux
angles FOI et HOI, les coordonnées des points F
et H; car si l'on désigne

OE

$$OE \text{ par } \alpha, \quad EF \text{ par } \beta;$$
$$OG \text{ par } \alpha'; \quad GH \text{ par } \beta';$$

l viendra

$$\text{tang } FOI = \frac{EF}{OE} = \frac{\beta}{\alpha};$$

$$\text{tang } HOI = \frac{GH}{OG} = \frac{\beta'}{\alpha'};$$

et par conséquent

$$\frac{\beta}{\alpha} \cdot \frac{\beta'}{\alpha'} = -\frac{b^2}{a^2};$$

ce qui donne

$$a^2\beta\beta' + b^2\alpha\alpha' = 0; \cdot$$

équation qui, jointe à celle de l'ellipse,

$$a^2\beta^2 + b^2\alpha^2 = a^2b^2,$$

fera connaître soit α et β, soit α' et β', c'est-à-dire l'un des points F, H, quand l'autre sera donné.

Dans l'hyperbole, *fig.* 59, α et β n'appartiendront FI plus à un point de la courbe, puisque le diamètre OF ne la traverse pas; mais comme il ne s'agit ici que de la direction de ce diamètre, on peut prendre au lieu du point F, le point R, correspondant à l'abscisse OI, et faire en conséquence

$$\alpha = OI = a; \qquad \beta = IR;$$

ce qui donnera

$$\text{tang } FOI = \frac{\beta}{\alpha}, \quad \text{et} \quad \frac{\beta}{\alpha} \cdot \frac{\beta'}{\alpha'} = \frac{b^2}{a^2};$$

d'où

$$a^2\beta\beta' = b^2\alpha'.$$

En déterminant β par son moyen, cette équation fera connaître le point R, mais il faudra la combiner avec

à

$$a^2\beta'^2 - b^2\alpha'^2 = -a^2b^2,$$

si c'est le point H que l'on cherche.

Trigonométrie.   O

145. Dans la parabole, on a $q=0$; il suit de là que l'axe
des u, OH, *fig.* 60, est parallèle à celui des x, et que
sa position ne dépend que du point O, où il rencontre
la courbe. Ce point se trouve déterminé par la quantité
α, laquelle représente évidemment l'abscisse IG, qui
répond, sur l'axe IB, au point de la courbe où l'on a
en même temps $t=0$, $u=0$; et l'équation $\dfrac{n}{m}=\dfrac{2c'}{\beta}$
donne la tangente trigonométrique de l'angle compris
entre l'axe des u et celui des t.

Je ferai remarquer en passant, que lorsqu'on a
trouvé la position du diamètre qui est le conjugué
d'un diamètre donné, on a celle de la tangente de la
courbe, au point où elle rencontre ce dernier, point
qu'on peut prendre arbitrairement. En effet (122),
dans l'ellipse et l'hyperbole, *fig.* 58 *et* 59, le diamètre
OF' est parallèle à la tangente HT; et dans la parabole, *fig.* 60, ce diamètre est lui-même tangent à la
courbe, en O.

Réciproquement, quand on sait mener la tangente
dans un point quelconque de la courbe, on en conclut
sur-le-champ la position du diamètre conjugué.

146. Dans les équations

$$a'^2t^2 + b'^2u^2 = a'^2b'^2, \qquad a'^2t^2 - b'^2u^2 = -a'^2b'^2,$$

dont la première appartient à l'ellipse, et la seconde à
l'hyperbole, les lettres a' et b' représentent les deux
demi-diamètres conjugués; en effet, quand $t=0$, il
vient

$$u=a' \quad \text{ou} \quad OH=a',$$

et lorsque $u=0$, il vient

$$t^2 = b'^2 \quad \text{ou} \quad t^2 = -b'^2,$$

ce qui donne, pour l'hyperbole comme pour l'ellipse,

$$OF = b' \ (128).$$

Il est facile de voir que les quantités m, n, p, q, peuvent, au moyen des équations $m^2 + n^2 = 1$, $p^2 + q^2 = 1$, et de celles qui résultent des expressions de a'^2 et de b'^2, être éliminées de l'équation de condition qui détermine la position respective des diamètres conjugués, et qu'on doit parvenir à une relation entre ces lignes et les demi-axes. Le calcul s'effectue fort simplement de la manière suivante :

On tire d'abord des expressions de a'^2 et de b'^2, relatives à l'ellipse (140), les équations

$$a'^2 a^2 q^2 + a'^2 b^2 p^2 = a^2 b^2, \qquad b'^2 a^2 n^2 + b'^2 b^2 m^2 = a^2 b^2;$$

et en y joignant respectivement

$$q^2 + p^2 = 1, \qquad n^2 + m^2 = 1,$$

on aura deux systèmes d'équations, l'un en q^2 et p^2, l'autre en n^2 et m^2. Le premier système donne sur-le-champ,

$$q^2 = \frac{a^2 b^2 - a'^2 b^2}{a'^2 a^2 - a'^2 b^2} = \frac{b^2(a^2 - a'^2)}{a'^2(a^2 - b^2)}$$

$$p^2 = \frac{a'^2 a^2 - a^2 b^2}{a'^2 a^2 - a'^2 b^2} = \frac{a^2(a'^2 - b^2)}{a'^2(a^2 - b^2)} :$$

pour obtenir n^2 et m^2, il suffit de changer a' en b' dans ces valeurs; et il vient

$$n^2 = \frac{b^2(a^2 - b'^2)}{b'^2(a^2 - b^2)}$$

$$m^2 = \frac{a^2(b'^2 - b^2)}{b'^2(a^2 - b^2)}.$$

Cela posé, l'équation de condition (140)

$$a^2 nq + b^2 mp = 0$$

revient à $\qquad a^2 nq = - b^2 mp,$

et en la quarrant on obtient

$$a^4 n^2 q^2 = b^4 m^2 p^2.$$

Si l'on substitue dans cette dernière, les valeurs de n^2, m^2, q^2, p^2, on pourra effacer les dénominateurs; car ils seront les mêmes dans les deux membres : et on aura

$$(a^2 - a'^2)\,(a^2 - b'^2) = (a'^2 - b^2)\,(b'^2 - b^2).$$

Développant, réduisant et décomposant en facteurs, il viendra

$$(a^4 - b^4) - (a^2 - b^2)\,(a'^2 + b'^2) = 0;$$

puis supprimant le facteur commun $a^2 - b^2$, on trouvera enfin

$$a'^2 + b'^2 = a^2 + b^2 \quad \text{ou} \quad \overline{OF}^2 + \overline{OH}^2 = \overline{OI}^2 + \overline{OL}^2.$$

Les expressions de a'^2 et de b'^2, relatives à l'hyperbole (141), conduisant aux équations

$$a'^2 a^2 q^2 - a'^2 b^2 p^2 = -a^2 b^2, \quad b'^2 a^2 n^2 - b'^2 b^2 m^2 = a^2 b^2,$$

et l'équation de condition étant

$$a^2 n q - b^2 m p = 0,$$

on voit qu'il suffira d'affecter b^2 et b'^2 du signe —, dans le calcul précédent, pour l'approprier au cas actuel, et qu'on en tirera par conséquent

$$a'^2 - b'^2 = a^2 - b^2, \quad \text{ou} \quad \overline{OF}^2 - \overline{OH}^2 = \overline{OI}^2 - \overline{OL}^2 :$$

donc *la somme des quarrés des demi-diamètres conjugués dans l'ellipse, ou leur différence dans l'hyperbole, est égale à la somme des quarrés des demi-axes, ou à leur différence.*

147. Si on multiplie entre elles les expressions de a'^2 et de b'^2 dans l'ellipse, on obtiendra

$$d'^2 b'^2 = \frac{a^4 b^4}{a^4 n^2 q^2 + a^2 b^2 n^2 p^2 + a^2 b^2 m^2 q^2 + b^4 m^2 p^2};$$

mais en quarrant l'équation $a^2 nq + b^2 mp = 0$, il vient

$$a^4 n^2 q^2 + 2a^2 b^2 mnpq + b^4 m^2 p^2 = 0,$$

ou

$$a^4 n^2 q^2 + b^4 m^2 p^2 = -2a^2 b^2 mnpq;$$

et avec cette valeur, on fera disparaître le premier et le dernier terme du dénominateur de l'expression de $a'^2 b'^2$, qui deviendra

$$a'^2 b'^2 = \frac{a^4 b^4}{a^2 b^2 n^2 p^2 - 2a^2 b^2 mnpq + a^2 b^2 m^2 q^2}$$

$$= \frac{a^2 b^2}{(np - mq)^2}:$$

prenant de part et d'autre la racine quarrée, on aura

$$a' b' = \frac{ab}{np - mq} \quad \text{ou} \quad a' b' (np - mq) = ab.$$

Il est important de remarquer que la quantité $np - mq$ n'est autre chose que le sinus de l'angle que font entre eux les deux diamètres conjugués OF et OH, car n et m FIG. 53. étant le sinus et le cosinus de l'angle FOI, q et p le sinus et le cosinus de l'angle HOI, la formule

$$\sin FOH = \sin (FOI + HOI)$$

$$= \sin FOI \cos HOI + \cos FOI \sin HOI \,(11),$$

donne

$$\sin FOH = np - mq,$$

si l'on fait attention que l'angle HOI tombant au-dessous de l'axe II' a un sinus négatif, $q = -\dfrac{b^2 mp}{a^2 n}$,

qu'il faut rendre positif dans cette formule, et prendre par conséquent $-q$, au lieu de $+q$: on aura donc

$$a' b' \sin FOH = ab.$$

Il est facile de voir que si du point F on abaisse sur OH la perpendiculaire FQ, on aura

$$FQ = OF \sin FOH = b' \sin FOH ;$$

et que par conséquent l'aire du parallélogramme

$$FH = OH \times FQ = a'b' \sin FOH :$$

on doit donc conclure de ce qui précède, que le rectangle formé sur les demi-axes a et b, ou OI et OL, est égal au parallélogramme FH, formé sur les deux demi-diamètres conjugués OF et OH.

On reconnaîtra que la même propriété a lieu dans l'hyperbole, en formant de même le produit $a'^2b'^2$; mais FIG.59. il faudra prendre garde que dans la figure 59, l'angle

$$FOH = FOI - HOI.$$

On déduit de là cette propriété remarquable : que *les parallélogrammes circonscrits à l'ellipse, ou inscrits entre les deux parties opposées de l'hyperbole, sont tous égaux au rectangle des axes*, puisque ces parallélogrammes, ainsi que le montrent les figures, sont composés de quatre autres parallélogrammes égaux, chacun, au quart du rectangle des axes exprimé par $4a^2b^2$.

148. Si on désigne par s le sinus de l'angle FOH, on aura l'équation

$$a'b's = ab,$$

que l'on combinera avec

$$a'^2 + b'^2 = a^2 + b^2$$

dans l'ellipse, et avec

$$a'^2 - b'^2 = a^2 - b^2$$

dans l'hyperbole, pour trouver les demi-axes a et b, lorsqu'on ne connaîtra que deux demi-diamètres conjugués, et l'angle qu'ils font entre eux. Quand on aura les axes, on arrivera facilement aux angles qu'ils font avec les diamètres conjugués, en se servant des expressions de a'^2 et b'^2, rapportées dans les n°s 140 et 141. Je laisserai au lecteur à effectuer les calculs et les constructions qui en dérivent; ce que j'ai dit me paraît remplir le but que je m'étais proposé : savoir, de montrer comment on peut déduire les principales propriétés des lignes du second degré, par une méthode vraiment analytique, et indépendante des constructions géométriques.

149. Ce n'est pas seulement en les rapportant à un axe des abscisses, par des ordonnées parallèles entre elles, comme on l'a vu jusqu'ici, que les courbes peuvent être définies par des équations; il est à propos de remarquer que tout système de lignes, propre à déterminer les différens points d'une courbe, peut également en fournir une équation caractéristique.

La relation

$$ z = \frac{a^2 - cx}{a} = a - \frac{cx}{a}, $$

obtenue dans le n° 130, entre le rayon vecteur $FM = z$, *fig.* 52, et l'abscisse $OP = x$, peut être considérée comme telle, par rapport à l'ellipse : on en déduit une construction très-simple de cette courbe ; car en se donnant x, on obtiendra par les lignes proportionnelles la quantité $\frac{cx}{a}$, et retranchant cette quantité de a, on aura z ou FM; ensuite, du point F, comme centre, et d'un rayon égal à FM, ou décrira un arc de cercle qui coupera la perpendiculaire PM dans un point M appartenant à l'ellipse. Si l'abscisse tombait dans la partie OI' de l'axe, x devenant négatif, il viendrait pour ce cas $z = a + \frac{cx}{a}$.

FIG. 52.

Cette équation diffère des précédentes en ce que l'ordonnée, au lieu d'être constamment parallèle à une même droite, change sans cesse de direction, et n'est assujétie qu'à passer par un point donné ; aussi l'équation $z = a - \dfrac{cx}{a}$, quoique du premier degré, n'appartient plus à une ligne droite, comme lorsque ses coordonnées sont respectivement parallèles à des axes fixes.

Dans le système que je considère maintenant, il est assez naturel de placer l'origine des abscisses au point F, duquel partent les nouvelles ordonnées ou les rayons vecteurs, et de remplacer, en conséquence, $OP = x$ par $FP = x'$, ce qui donne

$$x \quad \text{ou} \quad OP = OF - FP = c - x',$$

et
$$z = a - \frac{c(c - x')}{a} = \frac{a^2 - c^2}{a} + \frac{cx'}{a};$$

mettant b^2 au lieu de $a^2 - c^2$, on aura

$$z = \frac{b^2 + cx'}{a};$$

Enfin le plus souvent on introduit l'angle IFM à la place de l'abscisse x', ce qui se fait en observant que dans le triangle rectangle FMP on a

$$FP = FM \cos PFM, \quad \text{d'où} \quad x' = -z \cos IFM \quad (23);$$

nommant donc φ l'angle IFM, on obtiendra

$$z = \frac{b^2 - cz \cos \varphi}{a}, \quad \text{ou} \quad z = \frac{b^2}{a + c \cos \varphi}.$$

Cette dernière équation est d'un grand usage dans l'application de l'analyse à l'Astronomie : on la nomme *équation polaire*, comme toutes celles dont les ordonnées partent d'un même point, qu'on appelle le *pôle de la courbe*.

L'équation $z = \dfrac{cx - a^2}{a}$, relative à l'hyperbole (132), étant soumise aux transformations précédentes, devient successivement

$$z = \frac{c^2 - a^2 - cx'}{a} = \frac{b^2 - cx'}{a}$$

$$z = \frac{b^2 - cz\cos\varphi}{a}, \quad \text{ou} \quad z = \frac{b^2}{a + c\cos\varphi};$$

Dans la parabole, en faisant $FM = z$, *fig.* 54, et à cause que $FM = QM$ (134), on a

$$z = c' + x;$$

mais x représentant IP, il vient

$$x = IF - FP = c' - x',$$

d'où

$$z = 2c' - x',$$

$$z = 2c' - z\cos\varphi, \quad \text{ou} \quad z = \frac{2c'}{1 + \cos\varphi};$$

150. Les trois équations polaires obtenues ci-dessus peuvent se lier entre elles, en introduisant dans les deux premières, au lieu du second axe b, le paramètre, d'après lequel on a $b^2 = \tfrac{1}{2}ap$ (137) : par cette substitution, l'équation de l'ellipse, se changeant en

$$z = \frac{\tfrac{1}{2}ap}{a + c\cos\varphi} = \frac{\tfrac{1}{2}p}{1 + \dfrac{c}{a}\cos\varphi},$$

devient celle de l'hyperbole, quand a est négatif et $c > a$ (*), celle de la parabole, quand on fait $c = a$ et a infini, cas où $p = 4c'$.

On peut encore faire $\dfrac{c}{a} = e$, ce qui donnera

(*) φ doit être pris alors pour le supplément de IFM, *fig.* 53.

$$p = 2a(1-e^2), \qquad z = \frac{a(1-e^2)}{1+e\cos\varphi}.$$

Sous cette forme, on aura l'ellipse quand $e < 1$; le cercle, si $e = 0$; l'hyperbole, si $e > 1$ et que a soit négatif ; la parabole, si $e = 1$ et que a soit infini.

Enfin si l'on veut chasser a du résultat précédent, et le remplacer par la distance du sommet au foyer, on emploiera la relation $c = a - c'$ (137) qui donne

$$ae = a - c', \qquad \text{d'où} \qquad a = \frac{c'}{1-e},$$

et

$$z = \frac{c'(1+e)}{1+e\cos\varphi}.$$

151. Les propriétés fondamentales de l'ellipse, de l'hyperbole et de la parabole, énoncées dans le n° 139, et qui ont lieu, soit par rapport aux axes, soit par rapport aux diamètres, se retrouvent dans les différentes courbes qui résultent de l'intersection de la surface conique par un plan quelconque. En voici les démonstrations synthétiques.

FIG. 61. Soit ASB, *fig.* 61, un cône quelconque à base circulaire, c'est-à-dire le corps terminé par la surface qu'engendre, en glissant sur la circonférence du cercle $ACBD$, une droite assujétie à passer par le point S, dans toutes les positions qu'elle prend. 1° Il est évident, que si l'on coupe ce corps par un plan quelconque CSD, mené par le *sommet* S du cône, on obtiendra deux lignes droites qui répondent aux deux positions prises par la droite génératrice, lorsqu'elle est parvenue successivement aux points C et D, dans lesquels le plan CSD rencontre la circonférence $ACBD$. 2°. Si le plan coupant est $A'C'B'D'$, parallèle au plan de la base $ACBD$, la section sera un cercle, ainsi qu'il est aisé de s'en convaincre, en concevant qu'on ait mené par le point S et le centre de la base l'*axe* SO du cône proposé, et que l'on ait fait passer par cet axe deux plans quelconques ASB et CSD, dont les intersections respectives avec $ACBD$, $A'C'B'D'$ soient AB et $A'B'$, CD et $C'D'$; car on aura alors les triangles semblables

$$COS, \quad C'O'S,$$

qui donneront

$$CO : C'O' :: SO : SO',$$

et les triangles semblables AOS, $A'O'S$, qui donneront

$$AO : A'O' :: SO : SO',$$

d'où on conclura

$$AO : A'O' :: CO : C'O' :$$

et puisque par construction $AO = CO$, on aura

$$A'O' = C'O',$$

ce qui prouve que tous les rayons de la section $A'C'B'D'$ sont égaux, qu'elle est par conséquent un cercle.

Il est à propos d'observer que la surface du cône s'étend indéfiniment, soit au-dessous du plan de la base $ABCD$, soit au-dessus de son sommet S, puisque rien ne limite la longueur de la droite génératrice; et il est aisé de sentir que la partie Sb du prolongement de la droite SB, décrit un second cône, placé dans une situation inverse du premier.

152. Ces préliminaires étant posés, que l'on conçoive d'abord le cône ASB, *fig.* 62, coupé par un plan qui rencontre en même temps les deux côtés SA et SB, et qui, par conséquent, n'entre point dans le cône supérieur aSb; il est évident que dans ce cas la section $IMI'm$ sera une courbe fermée ou rentrante en elle-même. Soit GH la commune section du plan coupant avec le plan de la base $ACBD$; j'abaisse sur cette ligne, du centre O, la perpendiculaire OG, FIG. 62.

par laquelle je fais passer le plan triangulaire ASB, et je mène, parallèlement à $ACBD$, deux plans $EMFm$, $E'M'F'm'$, qui rencontreront en même temps le plan coupant $IMI'm$: les communes sections des deux premiers avec le troisième, représentées par Mm, $M'm'$, seront parallèles à GH, et par conséquent perpendiculaires aux lignes EF et $E'F'$, qui sont parallèles entre elles, comme étant les communes sections des plans $EMFm$, $E'M'F'm'$, par le plan ASB. Les courbes $EMFm$, $E'M'F'm'$ étant des circonférences de cercle (n° précéd.), on aura

$$\overline{PM}^2 = \overline{EP} \times \overline{FP}, \qquad \overline{P'M'}^2 = \overline{E'P'} \times \overline{F'P'};$$

mais la ligne II', commune section des plans ASB et $IMI'm$, formant avec les lignes EF, $E'F'$ et les côtés du cône, les triangles EIP, $E'IP'$, semblables entre eux, et les triangles $FI'P$, $F'I'P'$, aussi semblables entre eux, les deux premiers donneront

$$EP : E'P' :: IP : IP',$$

et les deux autres,

$$FP : F'P' :: I'P : I'P';$$

multipliant ces proportions par ordre, on aura

$$\overline{EP} \times \overline{FP} : \overline{E'P'} \times \overline{F'P'} :: \overline{IP} \times \overline{I'P} : \overline{IP'} \times \overline{I'P'};$$

et substituant à $\overline{EP} \times \overline{FP}$ et $\overline{E'P'} \times \overline{F'P'}$, leurs valeurs $\overline{PM}^2$ et $\overline{P'M'}^2$, on obtiendra

$$\overline{PM}^2 : \overline{P'M'}^2 :: \overline{IP} \times \overline{I'P} : \overline{IP'} \times \overline{I'P'},$$

proportion qui exprime la propriété caractéristique de l'ellipse, énoncée dans le n° 139.

153. Il est à propos de remarquer que si le triangle SII' était semblable au triangle SAB, sans que la ligne

II' fût parallèle à AB, ce qui aurait lieu si l'angle SII' était égal à SAB, alors $SI'I$ le serait à SBA, les triangles EPI et $FI'P$ devenant aussi semblables entre eux, comme les précédens, donneraient

$$EP : I'P :: IP : FP, \quad \text{ou} \quad \overline{EP} \times \overline{FP} = \overline{I'P} \times \overline{IP};$$

et parce que dans le cercle EMF on a

$$\overline{PM}^2 = \overline{EP} \times \overline{FP},$$

on aurait aussi

$$\overline{PM}^2 = \overline{I'P} \times \overline{IP}.$$

La section $IMI'm$ serait donc elle-même un cercle dans ce cas, si les ordonnées PM étaient perpendiculaires au diamètre II'; mais pour que cette dernière condition soit remplie, il faut que la commune section GH du plan coupant et de la base du cône soit perpendiculaire à-la-fois sur la droite GA et sur la droite GI, c'est-à-dire, qu'elle soit perpendiculaire au triangle SAB mené par l'axe, et que par conséquent celui-ci soit lui-même perpendiculaire au plan de la base du cône et au plan coupant. Lorsque ces circonstances se rencontrent ensemble, le plan coupant est dit *antiparallèle* à celui de la base; et il en résulte que dans un cône à base circulaire, la section antiparallèle à cette base est un cercle, de même que la section parallèle.

154. Si le plan coupant était, par rapport aux côtés du cône, dans la situation que représente la figure 63, FIG.63. c'est-à-dire qu'il pût rencontrer en même temps les deux cônes opposés, il formerait dans chaque cône une courbe indéfinie, puisqu'une fois entré dans le cône, ce plan ne saurait plus en être dégagé. Les deux cônes opposés ne formant, à proprement parler, qu'une seule surface, les deux courbes KIk et $K'I'k'$ doivent être regardées

comme n'en composant qu'une seule. Il est facile de reconnaître déjà une ressemblance marquée entre cette courbe et l'hyperbole; mais pour prouver leur identité, il faut de plus retrouver dans la première une des propriétés caractéristiques de la seconde. En supposant que le plan ASB soit déterminé comme dans le numéro 152, qu'on ait mené le plan $EMFm$ parallèle à $ACBD$, et tiré les droites II', Mm, $M'm'$, qui sont les communes sections du plan coupant avec les trois plans ASB, $EMFm$, $ACBD$, on comparera entre eux les triangles semblables EIP, AIP', qui donneront

$$EP : AP' :: IP : IP',$$

et les triangles semblables $FI'P$, $BI'P'$, qui donneront

$$FP : BP' :: I'P : I'P';$$

multipliant ces deux proportions par ordre, il viendra

$$\overline{EP} \times \overline{FP} : \overline{AP'} \times \overline{BP'} :: \overline{IP} \times \overline{I'P} : \overline{IP'} \times \overline{I'P'};$$

mais à cause que les sections $EMFm$ et $ACBD$ sont des cercles, dont les diamètres EF et AB sont perpendiculaires aux lignes Mm et $M'm'$, par construction, on aura

$$\overline{EP} \times \overline{FP} = \overline{PM}^2, \quad \overline{AP'} \times \overline{BP'} = \overline{P'M'}^2,$$

et par conséquent

$$\overline{PM}^2 : \overline{P'M'}^2 :: \overline{IP} \times \overline{I'P} : \overline{IP'} \times \overline{I'P'},$$

proportion dans laquelle se trouve exprimée la propriété caractéristique de l'hyperbole, énoncée dans le n° 139.

155. Il me reste encore à examiner le cas où le plan coupant serait parallèle à l'un des côtés du cône, ainsi que le montre la figure 64. Il ne pourrait alors rencontrer qu'un seul des deux cônes opposés; mais il ne s'en dégagerait jamais, ensorte que la section MIm serait une courbe ouverte et indéfinie, comme la parabole, avec

laquelle je vais prouver qu'elle est identique. Les plans ASB, $EMFm$, $ACBD$, étant menés dans les mêmes conditions que ci-dessus, le parallélisme des lignes IP' et SB, donne

$$FP = BP';$$

d'un autre côté, les triangles EIP, AIP', étant semblables, conduisent à

$$EP : AP' :: IP : IP';$$

multipliant l'un des termes du premier rapport par EP, l'autre par BP', il viendra

$$\overline{EP} \times \overline{FP} : \overline{AP'} \times \overline{BP'} :: IP : IP';$$

mais dans les cercles $EMFm$ et $ACBD$, on a toujours

$$\overline{PM}^2 = \overline{EP} \times \overline{FP}, \qquad \overline{P'M'}^2 = \overline{AP'} \times \overline{BP'}:$$

on aura donc

$$\overline{PM}^2 : \overline{P'M'}^2 :: IP : IP',$$

proportion qui n'est que l'expression de la propriété caractéristique de la parabole, énoncée dans le n° 139.

156. Les circonstances dans lesquelles les lignes du second degré changent de nature peuvent aussi se voir dans le cône. En effet, si le plan coupant passe par le sommet, sans entrer dans le cône, la section se réduit à un point qui correspond à celui qu'on a remarqué dans le n° 116.

Quand le plan coupant, passant toujours par le sommet, entre dans le cône, on a deux lignes droites ; et si on écarte ensuite le plan coupant du sommet du cône, en faisant mouvoir ce plan parallèlement à lui-même, on obtiendra une suite d'hyperboles, ayant pour asymptotes les droites ci-dessus, rapportées, ou *projetées*, sur le plan de la courbe, par des perpendiculaires à ce plan (118 et 128).

Enfin quand le plan coupant est parallèle au côté du cône, s'il passe par le sommet, il ne fait plus que toucher le cône suivant une ligne droite, mais qu'on doit regarder comme double; car elle est la réunion des deux parties de la parabole, qui s'approchent sans cesse par le rétrécissement que subit cette courbe, à mesure que le plan coupant s'approche de son contact avec le cône (119 et 128).

D'un autre côté, plus on éloigne du sommet du cône, mais toujours parallèlement à son côté, le plan coupant, plus la parabole s'ouvre ou s'élargit vers son sommet, et tend par conséquent à s'approcher de la ligne élevée par ce point, perpendiculairement à son axe.

157. Je vais examiner à présent les propriétés des lignes droites qui coupent ou qui touchent les courbes du second degré. Pour suivre la méthode que j'ai employée à l'égard du cercle en particulier (105), on prendra l'équation

$$y - \beta = A\,(x - \alpha),$$

qui appartient à la droite passant par le point dont les coordonnées sont α et β, et faisant avec l'axe des abscisses un angle dont la tangente trigonométrique est A; on la combinera avec l'équation $y^2 = mx + nx^2$, qui rentre dans $A't'^2 + C'u'^2 - E'u' = 0$ (128), et qui comprend par conséquent les trois courbes du second degré. En faisant comme dans le n° 105,

$$\sqrt{(x - \alpha)^2 + (y - \beta)^2} = z,$$

on aura

$$x = \alpha + \frac{z}{\sqrt{1 + A^2}}, \qquad y = \beta + \frac{Az}{\sqrt{1 + A^2}};$$

et posant pour abréger $\dfrac{1}{\sqrt{1+A^2}} = A'$, il viendra

$$x = \alpha + A'z, \qquad y = \beta + A'Az :$$

substituant ces valeurs dans l'équation $y^2 = mx + nx^2$, on obtiendra cette transformée

$$\beta^2 + 2\beta A A'z + A^2 A'^2 z^2 = \begin{cases} m\alpha + mA'z \\ + n\alpha^2 + 2nA'\alpha z + nA'^2 z^2. \end{cases}$$

Passant tous les termes dans un seul membre, et ordonnant par rapport à z, on trouvera

$$(A^2 - n)A'^2 z^2 + (\beta A - \tfrac{1}{2}m - n\alpha)2A'z + \beta^2 - m\alpha - n\alpha^2 = 0$$

ce qui revient à

$$z^2 + \frac{2(\beta A - \tfrac{1}{2}m - n\alpha)}{(A^2 - n)A'} z + \frac{\beta^2 - m\alpha - n\alpha^2}{(A^2 - n)A'^2} = 0.$$

Dans cette équation, l'inconnue z représente la distance EM, *fig.* 65, entre le point donné E, et l'un des points d'intersection M et M' de la droite proposée EM, avec la courbe AC; par le moyen de sa valeur, on parviendra facilement à celles des coordonnées de cette intersection. Fig. 65.

Il est évident, par ce qui précède, qu'*une ligne droite ne saurait rencontrer en plus de deux points, une courbe du second degré.*

158. En raisonnant ici comme pour le cas du cercle (107), on verra que les deux valeurs de z doivent devenir égales lorsque la ligne proposée ne fait plus que toucher la courbe, comme en N, parce que les points M et M' se rapprochent de plus en plus, à mesure que la ligne EM s'approche de EN. La différence des deux valeurs de z comprises dans la formule

$$z = -\frac{\beta A - \tfrac{1}{2}m - n\alpha}{(A^2 - n)A'} \pm \sqrt{\left(\frac{\beta A - \tfrac{1}{2}m - n\alpha}{(A^2 - n)A'}\right)^2 - \frac{\beta^2 - m\alpha - n\alpha^2}{(A^2 - n)A'^2}}$$

Trigonométrie. P

étant exprimée par

$$2\sqrt{\left(\frac{\beta A-\frac{1}{2}m-n\alpha}{(A^2-n)\,A'}\right)^2-\frac{\beta^2-m\alpha-n\alpha^2}{(A^2-n)\,A'^2}},$$

et donnant toujours la longueur de la corde MM', devient nulle lorsque les points M et M' coïncident, et fournit par conséquent, pour le point de contact N, l'équation

$$\left(\frac{\beta A-\frac{1}{2}m-n\alpha}{(A^2-n)\,A'}\right)^2-\frac{\beta^2-m\alpha-n\alpha^2}{(A^2-n)\,A'^2}=0\ (1).$$

En la développant, A'^2 disparaîtra comme diviseur commun à tous les termes, et la résultante sera l'équation qui doit donner A, et faire connaître par conséquent la position de la droite EN, menée par le point E, tangentiellement à la courbe AC.

Ne voulant considérer que les cas les plus simples, je supposerai que le point E soit pris sur l'axe des abscisses AP, *fig.* 66; il résultera de là $\beta=0$, et

$$\frac{(\frac{1}{2}m+n\alpha)^2}{(A^2-n)^2}+\frac{m\alpha+n\alpha^2}{A^2-n}=0,$$

équation qui se réduit, après le développement, à

$$\tfrac{1}{4}m^2+m\alpha\,A^2+n\alpha^2\,A^2=0,$$

et donne

$$A=\frac{\frac{1}{2}m}{\sqrt{-m\alpha-n\alpha^2}}.$$

Cette expression se présente sous une forme imaginaire, mais elle peut devenir réelle par les valeurs particulières que recevront les quantités m, n et α, et cela arrive pour tous les cas où la position du point E et la nature de la courbe, permettent de lui mener une tangente par ce point.

159. Il y a encore un cas dans lequel la condition de contingence se simplifie beaucoup, c'est celui où le point donné étant sur la courbe même, se confond avec le point de contact. En effet si le point E passe en M,

fig. 65, il y aura alors entre α et β la même rela- tion qu'entre x et y, sur la courbe AC, c'est-à-dire que

$$\beta^2 = m\alpha + n\alpha^2 \quad \text{ou} \quad \beta^2 - m\alpha - n\alpha^2 = 0 ;$$

ce qui réduira l'équation (1) à la suivante :

$$\beta A - \tfrac{1}{2} m - n\alpha = 0,$$

d'où on tirera

$$A = \frac{\tfrac{1}{2} m + n\alpha}{\beta}.$$

Telle est l'expression de la tangente de l'angle que doit faire avec l'axe des abscisses, la droite TM, pour toucher la courbe AC.

La position de cette droite serait donnée d'une manière plus commode, si l'on en connaissait un second point ; et celui qui s'offre le plus naturellement, est le point T, où elle rencontre l'axe des abscisses, et pour lequel $y = 0$, dans l'équation $y - \beta = A(x - \alpha)$ (85). Il résulte de là

$$- \beta = A(x - \alpha) \quad \text{et} \quad x - \alpha = - \frac{\beta}{A} ;$$

la quantité $x - \alpha$ étant la différence des abscisses des points M et T, désigne la portion PT de l'axe AB : mettant donc pour A sa valeur, on aura

$$PT = - \frac{\beta^2}{\tfrac{1}{2} m + n\alpha} \; (^{*}).$$

La ligne PT se nomme la *soutangente* ; et lorsqu'elle est construite, on obtient la tangente, en joignant le point M et le point T par une droite.

160. Pour connaître l'expression de la soutangente dans chacune des courbes du second degré en particu-

---

(*) Dans la figure, PT est la somme des lignes AT et AP, parce que l'abscisse AT du point T est négative par rapport à l'abscisse AP du point P (76).

lier, il suffit de comparer successivement les équations

$$y^2 = px - \frac{p}{2a}x^2, \ \ y^2 = px + \frac{p}{2a}x^2, \ \ y^2 = px,$$

avec l'équation $y^2 = mx + nx^2$. En observant comme ci-dessus que α et β, désignant les coordonnées du point de contact situé sur la courbe, ont entre eux les mêmes relations que x et y, et substituant en conséquence pour β^2 sa valeur, on trouvera, par la première équation, appartenante à l'ellipse,

$$m = p, n = -\frac{p}{2a}, \text{ d'où } PT = -\frac{2a\beta^2}{p(a-\alpha)} = -\frac{2a\alpha - \alpha^2}{a - \alpha},$$

par la seconde, appartenante à l'hyperbole,

$$m = p, \ \ n = \frac{p}{2a}, \text{ d'où } PT = -\frac{2a\beta^2}{p(a+\alpha)} = -\frac{2a\alpha + \alpha^2}{a + \alpha},$$

par la troisième enfin, appartenante à la parabole,

$$m = p, \ \ n = 0, \text{ d'où } PT = -\frac{2\beta^2}{p} = -2\alpha.$$

Cette dernière expression, la plus simple des trois, fait voir que *dans la parabole, la soutangente est double de l'abscisse*. Le signe — qui l'affecte, ainsi que les autres, montre qu'elle doit être prise sur l'axe AB, à partir du point P, vers le côté où se portent les x négatifs ; mais comme la forme des courbes indique suffisamment de quel côté doit tomber la soutangente, je ferai désormais abstraction du signe de son expression.

La construction des premières expressions n'offre pas beaucoup plus de difficulté : on a pour l'ellipse

$$a - \alpha : 2a - \alpha :: \alpha : \frac{2a\alpha - \alpha^2}{a - \alpha} = PT,$$

pour l'hyperbole

$$a + \alpha : 2a + \alpha :: \alpha : \frac{2a\alpha + \alpha^2}{a + \alpha} = PT ;$$

ainsi, tout se réduit à trouver des quatrièmes proportionnelles.

Il est bien remarquable que le second axe b n'entre point dans ces expressions ; il en résulte que pour une même abscisse, la soutangente est la même dans toutes les ellipses qui ont le même grand axe, et qu'il en arrive autant aux hyperboles. L'ellipse se changeant en cercle lorsque $b = a$, on peut mener la tangente à la première de ces courbes par le moyen de celle de la seconde ; car si l'on prolonge l'ordonnée $p\,m$, *fig.* 56, **FIG.** 56. jusqu'à la rencontre du cercle décrit sur le grand axe, et qu'on tire la droite nT tangente à ce dernier, au point n, la soutangente pT conviendra aussi, d'après ce qui précède, au point m de l'ellipse, dont la tangente s'obtiendra par conséquent en joignant le point T et le point m. On aurait une construction semblable pour les hyperboles quelconques, en partant des soutangentes de l'hyperbole équilatère (128).

161. Quand on a la soutangente, il est facile d'en déduire les expressions de la *tangente*, de la *sounormale* et de la *normale :* ce sont les noms qu'on donne aux lignes TM, PR et MR, *fig.* 65. La première **FIG.** 65. est la portion de la tangente comprise entre le point de contact et l'axe des abscisses ; la seconde est la partie de l'axe des abscisses comprise entre le pied de l'ordonnée PM et le point R, où une droite, menée perpendiculairement à la tangente par le point M, rencontre cet axe ; enfin la troisième est la longueur même de cette perpendiculaire, mesurée depuis le point M jusqu'à l'axe des abscisses.

1°. Par le triangle TMP, rectangle en P, on a

$$MT = \sqrt{\overline{PM}^2 + \overline{PT}^2}.$$

2°. Les triangles PMT, PMR, semblables entre eux comme étant formés par la perpendiculaire PM, abaissée de l'angle droit du triangle TMR, rectangle en M, donneront

$$PT : PM :: PM : PR, \quad \text{d'où} \quad PR = \frac{\overline{PM}^2}{PT}.$$

3°. Il résulte du triangle MPR, rectangle en P,

$$MR = \sqrt{\overline{PM}^2 + \overline{PR}^2}.$$

Il est visible que ces formules conviennent à toutes les courbes, et que pour les appliquer à l'ellipse, par exemple, il faut mettre dans la première et dans la seconde, au lieu de PM et de PT, les valeurs relatives à cette courbe, puis avec la valeur qu'on obtiendra pour PR et celle de PM, on formera celle de MR; il faudra opérer de même par rapport à l'hyperbole et à la parabole. Je me bornerai à rapporter ici les résultats de ces substitutions, qui n'ont par elles-mêmes aucune difficulté. Pour l'ellipse

$$PT = \frac{2a\alpha - \alpha^2}{a - \alpha}, \quad MT = \sqrt{\frac{b^2}{a^2}(2a\alpha - \alpha^2) + \left(\frac{2a\alpha - \alpha^2}{a - \alpha}\right)^2},$$

$$PR = \frac{b^2}{a^2}(a - \alpha), \quad MR = \sqrt{\frac{b^2}{a^2}(2a\alpha - \alpha^2) + \frac{b^4}{a^4}(a - \alpha)^2},$$

pour l'hyperbole

$$PT = \frac{2a\alpha + \alpha^2}{a + \alpha}, \quad MT = \sqrt{\frac{b^2}{a^2}(2a\alpha + \alpha^2) + \left(\frac{2a\alpha + \alpha^2}{a + \alpha}\right)^2},$$

$$PR = \frac{b^2}{a^2}(a + \alpha), \quad MR = \sqrt{\frac{b^2}{a^2}(2a\alpha + \alpha^2) + \frac{b^4}{a^4}(a + \alpha)^2},$$

pour la parabole

$$PT = 2\alpha \qquad MT = \sqrt{p\alpha + 4\alpha^2},$$

$$PR = \tfrac{1}{2}p \qquad MR = \sqrt{p\alpha + \tfrac{1}{4}p^2}.$$

On obtient des résultats un peu plus simples, à l'égard des deux premières courbes, lorsqu'on compte les abscisses à partir du centre, ce qu'on ne peut faire pour la troisième, qui en est dépourvue (128). Pour parvenir à ces résultats, il suffit de faire $\alpha = a - \alpha'$ dans l'ellipse, et $\alpha = \alpha' - a$ dans l'hyperbole (137); α' sera la nouvelle abscisse prise à partir du centre : ces substitutions et les réductions qui s'ensuivent étant effectuées, il viendra pour l'ellipse,

$$PT = \frac{a^2 - \alpha'^2}{\alpha'}, \quad MT = \sqrt{\frac{b^2}{a^2}(a^2 - \alpha'^2) + \left(\frac{a^2 - \alpha'^2}{\alpha'}\right)^2}$$

$$PR = \frac{b^2}{a^2}\alpha', \quad MR = \sqrt{\frac{b^2}{a^2}(a^2 - \alpha'^2) + \frac{b^4}{a^4}\alpha'^2},$$

pour l'hyperbole.

$$PT = \frac{\alpha'^2 - a^2}{\alpha'}, \quad MT = \sqrt{\frac{b^2}{a^2}(\alpha'^2 - a^2) + \left(\frac{\alpha'^2 - a^2}{\alpha'}\right)^2}$$

$$PR = \frac{a^2}{b^2}\alpha', \quad MR = \sqrt{\frac{b^2}{a^2}(\alpha'^2 - a^2) + \frac{b^4}{a^4}\alpha'^2}.$$

162. Quelqu'élégante que doive paraître la méthode employée ci-dessus pour mener les tangentes aux courbes du second degré, je crois ne pas devoir passer sous silence les solutions synthétiques que les Anciens ont données de ce problème, et je vais les exposer succinctement.

1°. Par le point M, pris sur l'ellipse, *fig.* 52, on mènera FIG. 52. les deux rayons vecteurs FM et $F'M$; on prolongera l'un d'eux, $F'M$ par exemple, d'une quantité MG égale à FM; on tirera ensuite FG, et la droite MH perpendiculaire sur le milieu de FG, sera tangente au point M; car elle n'aura que ce point de commun avec la courbe. En effet, si l'on prend un autre point quelconque N sur cette droite, et qu'on tire les droites FN, $F'N$, on aura

$$F'N + NG > F'G,$$

ce qui revient à

$$F'N + FN > F'M + FM > II';$$

car par la construction $MG = FM$, $NG = FN$; et comme il est aisé de voir que pour les points placés au-dedans de l'ellipse, la somme des distances à chacun des foyers est moindre que le grand axe, il suit de ce qui précède que le point N est hors de l'ellipse, puisque la somme de ses rayons vecteurs est plus grande que l'axe II'.

Cette construction montre aussi que les angles FMH $F'MN$, formés par les rayons vecteurs et la tangente, sont égaux, et que la normale au point M, diviserait en deux parties égales l'angle FMF'.

2°. Lorsque le point proposé M est sur l'hyperbole, *fig.* 53, il faut porter le plus petit rayon vecteur FM, sur le plus grand $F'M$, et non pas sur son prolongement; achevant la construction comme ci-dessus, on aura pour ce cas

$$F'N < F'G + NG < F'G + FN,$$

d'où il suit $F'N - FN < F'G < F'M - FM$,

ce qui prouve que le point N n'est pas sur l'hyperbole. Il n'est pas placé dans l'intérieur de cette courbe, car il faudrait, pour que cela fût, que la différence des distances à chacun des foyers surpassât le grand axe. En effet, si on tire $F'm$, on a

$$F'm - Fm = F'm + Mm - FM,$$

et comme $F'm + Mm$ surpasse $F'M$, il s'ensuit

$$F'm - Fm > F'M - FM.$$

L'égalité des angles FMH et $F'MH$, ou RMN, résulte encore de cette construction.

3°. Lorsque le point M est sur une parabole, *fig.* 54, il n'y a plus qu'un rayon vecteur; mais l'autre est remplacé par la droite QM parallèle à l'axe IP : le point Q tient lieu du point G, puisqu'on a $QM = FM$. Considérant ensuite un point N placé avant ou après le contact, on a en même-temps QN et $FN > ON$; le point N est donc hors de la courbe.

De la construction ci-dessus on déduit l'égalité des angles FMH, QMH; et il faut observer que le dernier est égal à NME, formé par la tangente et la droite ME parallèle à l'axe IB.

Si on appliquait le calcul à ces constructions, on trouverait les résultats obtenus dans le numéro précédent.

163. La considération des tangentes de l'hyperbole, conduit à une particularité très-remarquable, de laquelle il résulte que quoique son cours s'étende à l'infini, chacune de ses branches demeure néanmoins toujours renfermée entre les côtés d'un certain angle, sans pouvoir jamais les atteindre, ainsi qu'on le voit dans la fig. 67. Cette circonstance, qui s'est présentée d'une FIG. 67. autre manière dans le n°. 118, se retrouve encore en observant la marche de la soutangente PT, à mesure que le point de contact M s'avance sur la courbe et s'éloigne du point I, ou, ce qui est la même chose, à mesure que l'abscisse OP augmente. En désignant OP par x, on a (161) $PT = \dfrac{x^2 - a^2}{x}$; et comme...
$OT = OP - PT$, il vient

$$OT = x - \frac{x^2 - a^2}{x} = \frac{a^2}{x}.$$

On voit évidemment par ce résultat que plus x croît, plus OT diminue, et plus le point T s'approche du point O, qu'il ne peut cependant jamais atteindre, puisqu'une fraction ne peut jamais devenir absolument nulle tant que son numérateur ne s'anéantit pas; le point O doit donc être regardé comme la limite vers laquelle le point T tend sans cesse par le progrès de l'abscisse. Il faut examiner maintenant les changemens qu'éprouve, dans les mêmes circonstances, l'angle MTP qui détermine la situation de la tangente par rapport à l'axe des abscisses. La tangente trigonométrique de cet angle a pour expression

$$\frac{MP}{PT} = \frac{bx}{a\sqrt{x^2 - a^2}} \quad (30),$$

et prenant la forme $\dfrac{b}{a\sqrt{1 - \dfrac{a^2}{x^2}}}$, lorsqu'on divise ses

deux termes par x, elle tend nécessairement vers la quantité $\dfrac{b}{a}$ à mesure que la fraction $\dfrac{a^2}{x^2}$ diminue, ou à mesure que x augmente ; l'angle MTP ne peut donc diminuer indéfiniment, et la limite qu'il ne saurait atteindre, mais dont il s'approche sans cesse, est l'angle EOI, dont la tangente trigonométrique est $\dfrac{b}{a}$: l'hyperbole ne peut donc jamais parvenir à toucher la ligne EO, quelque prolongées qu'on les suppose l'une et l'autre.

Pour construire l'angle EOI, il faut prendre sur l'axe II' une abscisse à volonté, le demi-axe OI, par exemple, et le triangle rectangle EOI donnant $EI = OI$ tang EOI, on aura

$$EI = OI \times \frac{b}{a} = b,$$

puisque $OI = a$. Elevant donc au point I la perpendiculaire $EI = b$, la droite OE, qui joindra les points O et E, sera la limite de toutes les tangentes de la branche IK de l'hyberbole : j'ai déja dit que cette limite se nomme *asymptote*. Il est évident qu'il en existe une seconde Oe placée au-dessous de l'axe II', faisant avec cet axe le même angle que la première, et servant de limite aux tangentes de la branche Ik.

164. L'équation de l'hyperbole se simplifie beaucoup,

lorsqu'on prend les asymptotes pour axes des coordonnées. En effet, si l'on mène par le point M, parallèlement à l'asymptote Oe, une nouvelle ordonnée QM, et que l'on fasse $QO=t$, $QM=u$, l'angle EOI compris entre l'axe des t, QO, et celui des x, II', aura évidemment pour cosinus $\dfrac{OI}{OE}$, pour sinus $\dfrac{IE}{OE}$; et comme

$$OI = a,\ IE = b,\ OE = \sqrt{\overline{OI}^2 + \overline{IE}^2} = \sqrt{a^2 + b^2},$$

il en résultera (122),

$$m = \frac{a}{\sqrt{a^2 + b^2}},\qquad n = \frac{b}{\sqrt{a^2 + b^2}}.$$

Considérant ensuite l'axe des u, Oe, on trouvera

$$\cos eOI = \frac{OI}{Oe},\qquad \sin eOI = \frac{Ie}{Oe};$$

et comme $Oe = OE$, $Ie = -IE$, il viendra

$$p = \frac{a}{\sqrt{a^2 + b^2}},\qquad q = \frac{-b}{\sqrt{a^2 + b^2}},$$

et par les formules générales

$$x = mt + pu,\qquad y = nt + qu,$$

on obtiendra

$$x = \frac{a(t+u)}{\sqrt{a^2 + b^2}},\qquad y = \frac{b(t-u)}{\sqrt{a^2 + b^2}}.$$

Substituant ces valeurs dans l'équation

$$b^2 x^2 - a^2 y^2 = a^2 b^2,$$

elle se changera, après les réductions, en

$$\frac{4tu}{a^2 + b^2} = 1,\qquad \text{ou}\qquad tu = \tfrac{1}{4}(a^2 + b^2).\quad (*)$$

(*) On déduit immédiatement de l'équation générale des lignes du second ordre, l'équation de l'hyperbole par rapport à ses asymptotes, en transformant les coordonnées rectangles, en d'autres dont l'angle soit indéterminé, ce qui introduit quatre quantités arbitraires (123) dont on peut disposer pour faire disparaître les termes affectés

Cette dernière équation, semblable à la transformée de la page 171, met bien en évidence la propriété dont jouissent les asymptotes; car on en tire

$$u = \frac{\frac{1}{4}\,(a^2 + b^2)}{t}, \quad \text{ou} \quad QM = \frac{\frac{1}{4}\,\overline{OE}^2}{QO},$$

ce qui montre que l'ordonnée QM va toujours en diminuant à mesure que le point Q s'éloigne du point O, mais qu'elle ne peut jamais devenir nulle.

Lorsque l'hyperbole proposée est équilatère (128), $b = a$; la tangente de l'angle EOI, exprimée par $\dfrac{b}{a}$, se réduit alors à 1; chaque asymptote fait par conséquent avec l'axe II' un angle égal à $0^q, 5$, et les deux comprennent entre elles un angle droit. L'équation $tu = \frac{1}{4}\,(a^2 + b^2)$ devenant $tu = \frac{1}{2}\,a^2$, montre que le produit des coordonnées t et u est alors égal à la moitié du quarré du demi-grand axe OI.

Il est à propos de remarquer que si l'on mène par le point I les droites ID et Id, respectivement parallèles à Oe et à OE, on formera un losange dont les côtés ID et Id seront, par rapport aux asymptotes, les coordonnées du point I situé sur l'axe; on aura par conséquent

$$\overline{ID} \times \overline{Id} = \overline{ID}^2 = \tfrac{1}{4}\,(a^2 + b^2),$$

d'où on tirera $\quad ID = \frac{1}{2}\,\sqrt{a^2 + b^2},$

et en général $\quad QO \times QM = \overline{ID}^2.$

Dans le cas de l'hyperbole équilatère, le losange Dd devient un quarré, puisque l'angle DOd est droit.

Le quarré $\overline{ID}^2$, équivalent au quart de la somme des

___

de t^2, u^2, t et u, et réduire l'équation à la forme $B'ut = F'$; mais alors m et n n'ont des valeurs réelles que quand $4AC - B^2$ a le signe —, c'est-à-dire pour l'hyperbole seulement.

quarrés des demi-axes de l'hyperbole, est ce que les anciens géomètres désignaient sous le nom de *puissance* de l'hyperbole.

165. Il est visible que si l'on prolonge les lignes PM et PM', ordonnées relatives à l'axe II', jusqu'à la rencontre des asymptotes OE et Oe, les parties MR et $M'R'$ de ces ordonnées, interceptées entre chaque branche de courbe et son asymptote, sont égales entre elles : la même propriété a lieu par rapport à une droite quelconque, menée par un point quelconque de l'hyperbole. Si l'on tire, par exemple, MN', on aura $GM = G'N'$, quelque position qu'ait MN'. Pour s'en convaincre, on commencera par observer que

$$PR = PR' = \frac{bx}{a},$$

$$MR = PR - PM = \frac{b}{a}(x - \sqrt{x^2 - a^2});$$

$$MR' = PR' + PM = \frac{b}{a}(x + \sqrt{x^2 - a^2});$$

$$MR \times MR' = b^2.$$

On mènera ensuite par le point N', la droite SS' parallèle à MM'; les triangles semblables RMG, $SN'G$, donneront $\qquad GM : GN' :: MR : N'S$;

les triangles semblables $G'N'S'$ et $R'MG'$, donneront

$$G'M : G'N' :: MR' : N'S';$$

multipliant ces deux proportions par ordre, il viendra

$$GM \times G'M : GN' \times G'N' :: MR \times MR' : N'S \times N'S';$$

et comme en vertu de ce qui précède, on a

$$MR \times MR' = b^2, \qquad N'S \times N'S' = b^2,$$

on en conclura

$$GM \times G'M = GN' \times G'N'.$$

Mettant à la place de $G'M$ et de GN', leurs valeurs

$G'N' + MN'$, $GM + MN'$, faisant les réductions qui se présentent après les multiplications indiquées, on aura enfin

$$GM \times MN' = G'N' \times MN', \text{ ou } GM = G'N'.$$

166. Avec le secours de la propriété qui vient d'être démontrée, on décrit bien simplement l'hyperbole par points, lorsqu'on a les asymptotes et un seul point M. On tire par ce point un très-grand nombre de droites comme MN', on prend la partie GM comprise entre le point M et l'asymptote qui en est la plus voisine, pour la porter de G' en N', ce qui donne un nouveau point N' de la courbe cherchée.

Quand on a les asymptotes, on trouve la direction de l'axe II' en divisant en deux parties égales l'angle qu'elles forment; et comme la tangente de l'angle EOI donne le rapport des demi-axes a et b (163), il est aisé de déterminer ces quantités dès qu'on connaît un point de l'hyperbole. L'équation $\overline{PM}^2 = \dfrac{b^2}{a^2} \left(\overline{OP}^2 - a^2 \right)$ donne sur-le-champ $a^2 = \dfrac{A^2 \times \overline{OP}^2 - \overline{PM}^2}{A^2}$; en représentant par A la quantité $\dfrac{b}{a}$.

167. Outre l'hyperbole dont les branches sont KIk et $K'I'k'$, les lignes OS et OS' comprennent encore une autre hyperbole HLh, $H'L'h'$, décrite dans les deux autres angles que forment ces droites, de manière que l'axe transverse II' de la première est le second axe de la deuxième, qui a pour axe transverse LL', second axe de la première. La relation qu'ont entre elles ces deux courbes, les a fait nommer *hyperboles conjuguées;* elles ont même *puissance*, et par conséquent, leur équation est la même à l'égard des asymptotes : l'angle de ces lignes ou des coordonnées seulement diffère de l'une à l'autre.

168. On a vu par la forme de l'équation du cercle, qu'il fallait trois points pour le déterminer : la même considération s'applique à une courbe quelconque ; et il est évident qu'il faut en général autant de points que l'équation de la courbe demandée renferme de coefficiens nécessaires. L'équation

$$Ay^2 + Bxy + Cx^2 + Dy + Ex = F,$$

appartenante aux courbes du second degré en général, étant mise sous la forme

$$y^2 + axy + bx^2 + cy + dx = e,$$

ne contient plus que cinq coefficiens, a, b, c, d et e ; il suffira donc de cinq points pour particulariser la courbe du second degré qu'elle représente. En effet, si les coordonnées de ces points sont respectivement

$$\left.\begin{array}{c}\alpha\\\beta\end{array}\right\}\quad\left.\begin{array}{c}\alpha'\\\beta'\end{array}\right\}\quad\left.\begin{array}{c}\alpha''\\\beta''\end{array}\right\}\quad\left.\begin{array}{c}\alpha'''\\\beta'''\end{array}\right\}\quad\left.\begin{array}{c}\alpha''''\\\beta''''\end{array}\right\},$$

on formera les cinq équations suivantes :

$$\beta^2 + a\alpha\beta + b\alpha^2 + c\beta + d\alpha = e$$
$$\beta'^2 + a\alpha'\beta' + b\alpha'^2 + c\beta' + d\alpha' = e$$
$$\beta''^2 + a\alpha''\beta'' + b\alpha''^2 + c\beta'' + d\alpha'' = e$$
$$\beta'''^2 + a\alpha'''\beta''' + b\alpha'''^2 + c\beta''' + d\alpha''' = e$$
$$\beta''''^2 + a\alpha''''\beta'''' + b\alpha''''^2 + c\beta'''' + d\alpha'''' = e.$$

N'ayant pour but que de démontrer la possibilité de la détermination des lettres a, b, c, d, e, et le nombre de conditions qu'elle exige, je ne m'arrêterai pas à effectuer les calculs qu'entraînerait cette opération, pour lesquels on peut consulter l'ouvrage de Puissant, cité à la page 154, et où l'on trouvera sur ce sujet et sur ses applications, les détails les plus importans ; je me bornerai à faire observer que ces équations peuvent devenir contradictoires entre elles dans certains cas particuliers. S'il arrivait, par exemple, que trois des points donnés fussent en ligne droite, il ne serait pas possible de faire passer une courbe du second degré par ces points ; puisqu'aucune courbe de ce degré ne peut avoir plus de deux points communs avec une même droite (157).

On conçoit que quand la courbe est donnée d'espèce et de position, il faut moins de conditions pour la déterminer. Si l'on voulait déterminer une ellipse dont le centre et le grand axe fussent donnés de position, on n'aurait besoin que de deux points, puisque l'équation $a^2 y^2 + b^2 x^2 = a^2 b^2$, relative à ce cas, ne renferme que deux coefficiens ; a, b, qui dépendraient alors des équations

$$a^2 \beta^2 + b^2 \alpha^2 = a^2 b^2,$$
$$a^2 \beta'^2 + b^2 \alpha'^2 = a^2 b^2,$$

169. J'ai montré dans le numéro 73 que l'équation du second degré se construisait par le moyen d'une circonférence de cercle et d'une droite, et dans le numéro 105, que les deux racines étaient données par les deux intersections que peuvent avoir entre elles ces lignes, ensorte que l'on considérait l'équation proposée comme résultant de l'élimination d'une inconnue entre deux équations à deux indéterminées, l'une appartenante à la droite, et l'autre au cercle ; si l'on généralise ce point de vue, on aura le moyen de construire des équations d'un degré quelconque. En effet, si l'on a, par exemple, l'équation

$$x^4 - b^2 x^2 + c^3 x - d^4 = 0,$$

on pourra la supposer produite par l'élimination d'une inconnue y, entre deux équations du second degré, renfermant en même temps x et y, et appartenant par conséquent à deux courbes. Trouver ces équations est un problème indéterminé, car il y a une infinité de systèmes d'équations qui peuvent conduire à la proposée ; on en prend donc une arbitrairement.

Soit

Soit $x^2 = py$; on aura

$$x^4 = p^2 y^2 ,$$

et substituant dans l'équation proposée, il viendra

$$p^2 y^2 - b^2 py + c^3 x - d^4 = 0 ,$$

ou
$$y^2 - \frac{b^2}{p} y + \frac{c^3}{p^2} x - \frac{d^4}{p^2} = 0.$$

Il est aisé de reconnaître que cette équation appartient à une parabole (128) ; et pour la mettre sous la forme la plus simple, il suffit de faire disparaître le terme multiplié par y, ce qui s'effectuera en prenant $y = y' + \dfrac{b^2}{2p}$.

On aura, après la substitution,

$$y'^2 + \frac{c^3}{p^2} x - \frac{b^4 + 4d^4}{4p^2} = 0 ;$$

ce résultat, qui peut s'écrire ainsi :

$$y'^2 = \frac{c^3}{p^2} \left\{ \frac{b^4 + 4d^4}{4c^3} - x \right\} ;$$

montre que la parabole à laquelle il appartient, a pour paramètre la quantité $\dfrac{c^3}{p^2}$, et que les abscisses comptées à partir de son sommet, sont égales à la différence entre la quantité $\dfrac{b^4 + 4d^4}{4c^3}$ et les ordonnées de la première parabole, dans laquelle $x^2 = py$. En effet, si l'on porte perpendiculairement à l'axe AB des abscisses, *fig.* 68, et du côté des ordonnées positives, une distance $AA' = \dfrac{b^2}{2p}$, droite $A'B'$, menée parallèlement à AB, sera l'axe à partir duquel on doit prendre les y'. Le sommet de la parabole dont y' désigne l'ordonnée, correspondant au point où l'on a $y' = 0$, ce qui arrive quand $x = \dfrac{b^4 + 4d^4}{4c^3}$, il

Fig. 68.

Trigonométrie.   Q

faudra faire $AD = \dfrac{b^4 + 4d^4}{4\,c^3}$, et ayant élevé DI à angle droit sur AB, le point I sera le sommet de la seconde parabole GIH, $A'I$ en sera l'axe; et connaissant son paramètre, rien ne sera plus facile que de la construire par points, suivant le procédé du numéro 135. Quant à la première parabole EAF, donnée par l'équation $x^2 = py$, il est visible qu'elle a son sommet à l'origine A des coordonnées, et pour axe celui des y, AC. Lorsqu'elle sera construite, les points M, M', M'', M''', où elle rencontrera la parabole GIH, auront des abscisses égales aux racines de l'équation proposée, puisqu'à ces points les valeurs de x satisfont en même temps aux deux équations

$$x^2 = py,$$

$$p^2y^2 - b^2py + c^3x - d^4 = 0,$$

desquelles résulte la proposée.

La quantité p, introduite par l'équation de la première parabole, demeurant indéterminée, peut, pour simplifier la construction, recevoir telle valeur qu'on voudra lui assigner, excepté zéro.

Pour représenter le cas le plus général, j'ai disposé l'équation proposée et la figure, de manière que les deux courbes se rencontrassent en quatre points; mais cette circonstance n'aura lieu qu'autant que l'équation proposée aura ses quatre racines réelles. Si, par exemple, l'axe $A'I$ de la parabole GIH tombait au-dessous de AB, ce qui arriverait si le terme b^2py avait le signe $+$, puisqu'il faudrait faire alors $y = y' - \dfrac{b^2}{2p}$, il n'y aurait que deux intersections au plus, car il est bien clair que la branche IH ne pourrait plus rencontrer la parabole EAF; dans certains cas même, la courbe GIH se trouvera toute entière au-dessous de EAF, et alors les racines de la proposée seront imaginaires.

On voit au reste par cette construction, comme par la théorie des équations, que l'équation du quatrième degré ne peut avoir qu'un nombre pair de racines réelles, puisque les deux paraboles EAF, et GIH ne peuvent se couper qu'en deux ou en quatre points.

170. Il suit aussi de là que le cercle et la ligne droite ne se rencontrant pas en plus de deux points, ne peuvent résoudre que des problèmes susceptibles d'être ramenés à des équations du second degré, et ne sauraient par conséquent suffire pour ceux qui passent ce degré, tels que les problèmes de la duplication du cube et de la trisection de l'angle, si fameux dans l'antiquité.

Par le premier, il s'agit de trouver le côté d'un cube dont le volume soit double de celui d'un autre cube donné. Si a est le côté de celui-ci, et x le côté de l'autre, on aura cette équation :

$$x^3 = 2a^3, \quad \text{ou} \quad x^3 - 2a^3 = 0.$$

Pour la comparer à la proposée, il faut l'amener au quatrième degré, ce qui se fera en la multipliant par x, et on aura

$$x^4 - 2a^3x = 0;$$

comparant avec $x^4 - b^2x^2 + c^3x - d^4 = 0$, il viendra

$$b = 0, \quad c^3 = -2a^3, \quad d = 0.$$

Les équations des paraboles à construire, seront par conséquent $x^2 = py$, $y^2 = \dfrac{2a^3}{p^2}x$; et si l'on prend $p = a$, elles deviendront

$$x^2 = ay, \quad y^2 = 2ax :$$

la seconde courbe aura un paramètre double de celui de la première. Ces courbes passeront toutes deux par l'ori-

Fig. 69. gine A, *fig.* 69 , puisqu'on aura $x = 0$, $y = 0$, dans l'une et dans l'autre en même temps ; elles s'y couperont , et cette intersection donnera $x = 0$, racine qui vient du facteur introduit pour élever au quatrième degré l'équation à construire. La figure montre que l'on ne peut avoir en outre qu'une seule racine réelle AP ; et en effet, on a vu, dans les *Élémens d'Algèbre*, que l'équation $x^3 - 2a^3 = 0$ n'en a pas davantage.

171. Le problème de la trisection de l'angle a pour objet de partager un angle ou un arc en trois parties égales, ce qui s'effectuerait sans peine , si, connaissant la corde ou le sinus d'un arc, on obtenait la corde ou le sinus de son tiers. Cette question n'est qu'un cas particulier de la théorie de la multisection des angles, que je ne saurais exposer ici , mais dont on trouvera les bases dans l'Introduction au *Traité du Calcul différentiel et du Calcul intégral*; elle se met en équation par le moyen des formules du numéro 11 , qui donnent

$$\cos 3A = \frac{4\cos A^3 - 3R^2 \cos A}{R^2}.$$

Si l'on regarde $\cos 3A$ comme donné, et que l'on prenne $\cos A$ pour l'inconnue, on aura, en faisant $\cos 3A = a$ et $\cos A = x$, cette équation :

$$x^3 - \tfrac{3}{4}R^2 x - \tfrac{1}{4}R^2 a = 0,$$

qui, étant multipliée par x et comparée à l'équation

$$x^4 - b^2 x^2 + c^3 x - d^4 = 0,$$

donnera

$$b^2 = \tfrac{3}{4}R^2, \quad c^3 = -\tfrac{1}{4}R^2 a, \quad d^4 = 0,$$

On aura encore ici une intersection au point A correspondant à la racine $x = 0$, et les trois autres points d'intersection donneront les trois racines de l'équation

$$x^3 - \tfrac{3}{4}R^2 x - \tfrac{1}{4}R^2 a = 0.$$

Il semble au premier coup-d'œil qu'on ne devrait avoir qu'une racine réelle, et qu'il n'y a qu'une seule manière de partager un arc en trois parties égales ; mais en y réfléchissant avec un peu d'attention, on reconnaît qu'il y a trois arcs qui doivent satisfaire à la question proposée, car les arcs $3A$, $2\pi + 3A$, $4\pi + 3A$, qui ont le même cosinus (23), étant divisés par 3, donnent les valeurs

$$x = \cos A, \quad x = \cos\left(\tfrac{2}{3}\pi + A\right), \quad x = \cos\left(\tfrac{4}{3}\pi + A\right),$$

essentiellement différentes (*). On ne peut en avoir d'autres, parce que les arcs $6\pi + 3A$, $8\pi + 3A$, etc. qui ont encore le même cosinus que A, étant divisés par 3, conduisent aux arcs $2\pi + A$, $2\pi + \tfrac{2}{3}\pi + A$, etc. et que

$$\cos(2\pi + A) = \cos A, \quad \cos(2\pi + \tfrac{2}{3}\pi + A) = \cos(\tfrac{2}{3}\pi + A),$$

etc.

172. Avant que les méthodes d'approximation eussent atteint le degré de perfection où elles sont portées aujourd'hui, les géomètres s'appliquaient beaucoup à la construction des équations, et faisaient tous leurs efforts pour l'effectuer par les courbes les plus simples, ou les plus faciles à décrire. C'est ainsi que *Halley* donna une méthode pour construire les équations du troisième et du quatrième degré par le cercle et la parabole ; et cette méthode a quelque avantage sur celle du numéro 169, en ce que le cercle qui remplace une des paraboles, se trace par un mouvement continu : mais le peu d'usage que l'on fait à présent des constructions, dispense des détails à cet égard, et je

---

(*) L'équation ci-dessus tombe en effet dans le *cas irréductible*. (Voyez le *Complément des Élémens d'Algèbre*.)

terminerai en conséquence ce traité par l'exposition d'une méthode qui réunit à l'avantage de s'appliquer aux équations d'un degré quelconque, celui de peindre les résultats obtenus analytiquement par la théorie de la composition des équations.

Pour fixer les idées, je supposerai que l'équation à construire soit seulement $a + bx + cx^2 + dx^3 = 0$; et je ferai

$$y = a + bx + cx^2 + dx^3.$$

Puisque dans les points où la courbe représentée par cette dernière équation, rencontrera l'axe des abscisses, on aura $y = 0$, il s'ensuit que les abscisses de ces points seront les racines de l'équation proposée; la question sera donc réduite à construire la courbe dont il s'agit, ce qui est facile, après avoir rendu son équation homogène, en y restituant les puissances de l'unité (71). On obtiendra en effet

$$y = a + \frac{bx}{n} + \frac{cx^2}{n^2} + \frac{dx^3}{n^3},$$

résultat dont chaque terme se construirait séparément par les lignes proportionnelles (68); mais voici un moyen de lier entre elles d'une manière commode les différentes opérations.

FIG. 70. On mènera, fig. 70, l'axe AB des abscisses; par l'origine A, on élevera perpendiculairement à cet axe, la droite AC, qui sera celui des y; et ayant pris sur le premier la partie $AD = n$, et mené DE parallèle à AC, on portera sur cette dernière des parties

$$AF = a, \quad FG = b, \quad GH = c, \quad HI = d;$$

on tirera ensuite IK parallèle à AB; on joindra les points H et K par une droite qui coupera en L, la ligne PR élevée perpendiculairement à AB, sur l'abscisse $AP = x$; on mènera ML parallèle à AB, pour déterminer sur DE le point M, que l'on joindra avec le point G ; par le point N, où MG rencontrera PR, on tirera ON parallèle encore à AB, et joignant le point O avec le point F, la droite OF donnera sur PR un point Q, tel que $PQ = y$.

En effet, on a par les triangles semblables IKH et $H'LH$.

$$IK\,(n) : H'L\,(x) \,::\, HI\,(d) : HH' = \frac{dx}{n} ;$$

d'où $$GH' = GH + HH' = c + \frac{dx}{n} ;$$

des triangles $H'MG$ et $G'NG$, il résulte

$$H'M\,(n) : G'N\,(x) \,::\, GH'\left(c + \frac{dx}{n}\right) : GG' = \frac{cx}{n} + \frac{dx^2}{n^2},$$

et par conséquent

$$FG' = FG + GG' = b + \frac{cx}{n} + \frac{dx^2}{n^2} ;$$

enfin des triangles $G'OF$, $F'QF$, on conclut

$$G'O\,(n) : F'Q\,(x) \,::\, FG'\left(b + \frac{cx}{n} + \frac{dx^2}{n^2}\right) : FF' = \frac{bx}{n} + \frac{cx^2}{n^2} + \frac{dx^3}{n^3},$$

ce qui donne pour dernier résultat

$$PQ = AF' = AF + FF' = a + \frac{bx}{n} + \frac{cx^2}{n^2} + \frac{dx^3}{n^3}.$$

On étendra sans peine ce procédé au cas où l'équation proposée aurait un nombre quelconque de termes ; et lorsqu'on aura obtenu assez de points pour caractériser la marche de la courbe, on reconnaîtra aisément de combien de racines réelles cette équation est susceptible.

173. Si le cours de la courbe est tel que le rep ésente la ligne $XEGILY$, fig. 71, elle rencontrera cinq FIG. 71.

fois l'axe des abscisses, et indiquera par conséquent que
l'équation dont elle dérive a un pareil nombre de racines réelles : cette équation ne pourra être d'un degré
inférieur au cinquième. L'équation proposée sera

$$a + bx + cx^2 + dx^3 + ex^4 + fx^5 + \text{etc.} = 0,$$

et celle de la courbe à construire,

$$y = a + bx + cx^2 + dx^3 + ex^4 + fx^5 + \text{etc.}$$

Il est évident que les valeurs numériques de l'ordonnée y, ne sont autre chose que les résultats qu'on tire
de l'équation proposée, en donnant à x les valeurs
correspondantes aux différentes abscisses qu'on a choisies arbitrairement : la courbe $XEGILY$ offre donc en
quelque sorte l'équivalent du tableau dans lequel ces
résultats seraient inscrits, mais avec cet avantage qu'en
vertu de la loi de *continuité*, qu'on sent bien mieux
dans les lignes que dans les nombres, les intervalles
entre deux substitutions successives se remplissent avec
la plus grande facilité. Ayant calculé, par exemple,
les ordonnées $P'P$, $Q'Q$, $R'R$, fort proches les unes
des autres, et joignant leurs extrémités par un trait
continu, *sans angles ni jarrets*, on a d'une manière
assez exacte les ordonnées intermédiaires.

On observera, 1°. que puisque l'équation de la
courbe ne renferme que des puissances entières et positives de x, chaque valeur de cette indéterminée ne
donnera pour y qu'une seule valeur qui sera finie ou limitée tant que x le sera, mais que y sera susceptible de
prendre des accroissemens indéfinis ou illimités, lorsque x en recevra de tels, et que par conséquent la
courbe $XEGILY$ doit s'étendre à l'infini, de chaque
côté de l'axe AC des y.

2°. L'inspection seule de la figure fait voir que la
courbe $XEGILY$ ne saurait passer d'un côté de l'axe AB

à l'autre, sans rencontrer cet axe, ou analytiquement parlant, que l'ordonnée y ne peut changer de signe sans devenir nulle (*) ; d'où il suit que *si deux substitutions faites dans l'équation proposée, donnent deux résultats de signe contraire, il y a nécessairement une racine réelle comprise entre les valeurs de* x *employées dans ces substitutions.*

3°. Si l'on prend sur la même courbe deux points placés du même côté par rapport à l'axe AB, il y aura toujours entre eux un nombre pair d'intersections de la courbe et de cet axe : on en voit en effet deux entre E et I, quatre entre E et Y, ou entre X et L, etc. ou bien il n'y en aura aucunes, ainsi que cela arrive entre P et I. Au contraire, il y aura certainement un nombre impair d'intersections, si les points que l'on considère sont placés de différens côtés, comme le sont X et E, X et I, X et Y, etc. De là résulte cette proposition analytique : *entre deux valeurs de* x, *qui, par leur substitution dans l'équation proposée, donnent deux résultats de même signe, il ne peut y avoir qu'un nombre pair de racines réelles, et il y en aura un nombre impair si ces résultats sont de signes différens.*

4°. Enfin il arrive quelquefois que par suite des relations que peuvent avoir entre eux les coefficiens a, b, c, d, e, f, etc. deux intersections consécutives, comme K et M, se rapprochant continuellement, viennent à se confondre, et la partie $IKLMY$ de la courbe prenant la forme du trait ponctué $IL'Y$, ne fait plus que toucher

---

(*) Cela est vrai dans ce cas, parce que l'expression de y est sans dénominateur ; mais si on avait $y = \dfrac{a}{x}$, la succession des valeurs $x = +1$, $x = 0$ et $x = -1$, donnerait $y = +a$, $y = \dfrac{a}{0}$ ou infinie, et $y = -a$. C'est ainsi que les branches de l'hyperbole, considérée entre ses asymptotes, sont liées entre elles (120).

l'axe AB ; alors les deux racines représentées par AK et AM, deviennent égales entre elles et à l'abscisse AL'.

On voit facilement que si l'équation proposée n'avait pas d'autres racines réelles, la courbe qui en dérive ne couperait son axe nulle part, et qu'on ne pourrait par conséquent faire changer de signe le premier membre de cette équation, par aucune substitution. Il n'en serait pas de même dans le cas où trois intersections se réuniraient : la courbe couperait au moins une fois l'axe, soit avant, soit après ; et pour s'en convaincre, il suffit de voir ce qui resterait de cette courbe si les trois points H, K et M, ou F, H et K, venaient à se confondre. En suivant ces considérations, on reconnaîtra que, par la réunion d'un nombre pair d'intersections, la courbe dérivée de l'équation proposée peut se trouver toute entière d'un même côté de l'axe, mais que cette circonstance n'a jamais lieu lorsque le nombre des intersections, confondues en une seule, est impair ; et on conclura de là que lorsqu'une équation n'a pour racines réelles qu'un nombre pair de racines égales, il est impossible d'en reconnaître l'existence par aucune substitution.

Souvent l'inspection d'un petit nombre de points de la courbe, suffit pour indiquer l'espace où elle s'approche le plus de l'axe des abscisses ; alors multipliant dans cet espace, le nombre des points déterminés, on parvient à s'assurer s'il y a un contact ou bien des intersections, et si par conséquent l'équation proposée a des racines rigoureusement égales, ou seulement peu différentes les unes des autres : dans ce cas, la construction de la courbe sert autant à faciliter la résolution numérique qu'à en éclairer la marche.

APPENDICE

Contenant les premiers Principes de l'Application à l'Algèbre, aux Surfaces courbes et aux Courbes à double courbure.

OBSERV. Je crois devoir prévenir les Lecteurs peu habitués à ce genre de considérations, qu'ils trouveront dans le *Complément des Elémens de Géométrie*, les notions préliminaires indispensables pour l'intelligence de ce qui va suivre.

Equation du plan et de la ligne droite.

174. LA manière la plus commode de fixer la position d'un point quelconque M dans l'espace, *fig.* 72, FIG. 72. est de le projeter d'abord sur un plan BAC donné de position, en abaissant sur ce plan la perpendiculaire MM', et de rapporter ensuite la projection M', à deux axes AB et AC, perpendiculaires entre eux, par les coordonnées AP et PM'. Cela revient à rapporter le point lui-même, aux trois plans BAC, BAD et DAC, perpendiculaires entre eux ; car les coordonnées AP et PM', situées dans le plan BAC, représentent les distances MM'' et MM'' du point proposé M, aux deux autres plans DAC et BAD. Les droites AB, AC, AD, suivant lesquelles les plans coordonnés BAC, BAD, DAC, se coupent deux à deux, sont les axes

des coordonnées ; et on les distingue entre elles par la lettre qui marque la coordonnée qui leur est parallèle. Ainsi, en faisant $AP = x$, $PM' = y$, $M'M = z$, la ligne AB sera l'axe des x, la ligne AC, celui des y, et la ligne AD, celui des z.

Les plans coordonnés reçoivent eux-mêmes des dénominations semblables. Le plan BAC s'appellera le plan des x et y, parce qu'il contient les coordonnées x et y. La projection M'' du point M, sur le plan BAD, étant rapportée aux deux axes AB et AD, par les coordonnées $AP = x$ et $PM'' = M'M = z$, ce plan sera désigné sous le nom de plan des x et z. Enfin la projection M''' du point M, sur le plan DAC, étant rapportée aux axes AC et AD, par les coordonnées $AQ = PM' = y$ et $QM''' = M'M = z$, ce plan sera désigné sous le nom de plan des y et z.

Il faut observer, 1°. que les coordonnées y et z sont nulles en même temps pour tous les points de l'axe des x, AB; qu'il en est de même de x et de z relativement à l'axe des y, AC, et de x et de y relativement à l'axe des z, BD :

2°. Que pour tous les points du plan BAC, la coordonnée z est nulle, et qu'elle a une valeur constante dans tous ceux d'un plan quelconque, parallèle à ce premier ; en sorte que cette équation, $z = c$, lorsqu'elle est seule et qu'on n'a aucune autre détermination relativement aux deux coordonnées restantes x et y, doit être regardée comme désignant tous les points du plan mené parallèlement à BAC, à une distance égale à c. On verra de même que y est nulle pour tous les points du plan BAD, et que l'équation du plan qu'on mènerait parallèlement à ce premier, à une distance b, serait $y = b$.

Si on réunit ensemble les deux équations $z = c$ et $y = b$, c'est-à-dire, si on suppose qu'elles aient lieu en même temps, elles désigneront une droite parallèle à l'axe des x, et menée par le point du plan des y et z, dont les coordonnées sont c et b; car il est facile de voir que cette droite peut être regardée comme l'intersection de deux plans respectivement parallèles aux plans BAC, BAD.

Enfin, dans le plan DAC, la coordonnée x sera toujours nulle, et $x = a$ sera l'équation du plan parallèle à ce premier, mené à une distance égale à a. Les trois équations $z = c$, $y = b$, $x = a$, étant réunies, ne peuvent plus appartenir qu'au point qui se trouve dans l'intersection des trois plans respectivement parallèles à chacun des plans coordonnés.

175. Je vais examiner maintenant ce que signifierait une seule équation, entre deux des trois indéterminées x, y et z, et je prends pour exemple $z = Ax$. On voit d'abord (87) que cette équation appartient à une droite AN'', *fig.* 73, menée dans le plan des x et z, BAD; FIG. 73. mais elle a encore un sens plus étendu; car si on conçoit que la droite AN'' se meuve parallèlement à elle-même le long de l'axe AC, des y, dans quelque position qu'elle s'arrête, l'ordonnée z, ou $M'm$, prise au point quelconque M' situé sur la droite PM', parallèle à AC, sera égale à l'ordonnée Pm'', correspondante, dans le plan BAD, à l'abscisse $AP = QM'$. La droite AN'', par le mouvement que je lui suppose, décrit le plan $N''AC$, passant par les droites AN'' et AC; on aura donc $z = Ax$ pour tous les points de ce plan. On trouverait des conséquences analogues pour les autres plans coordonnés, en prenant des équations entre les indéterminées qu'ils contiennent; mais il vaut mieux passer tout de suite à un cas plus général, et considérer l'équation $z = Ax + By$.

En y faisant $y = 0$, il viendra $z = Ax$, d'où l'on conclura que la droite AN'', qui se trouve comprise dans cette dernière, renferme tous les points que la surface représentée par l'équation $z = Ax + By$, a de communs avec le plan coordonné BAD, sur lequel y est toujours nul, et que par conséquent cette droite AN'' est l'intersection de ce plan, avec la surface proposée.

Lorsqu'on fait $x = 0$, on obtient $z = By$, équation qui appartient à une droite AN''' menée par l'origine A, dans le plan DAC, et qui est l'intersection de ce plan, avec la surface représentée par l'équation $z = Ax + By$.

Si maintenant on conçoit que la ligne AN''' se meuve parallèlement à elle-même le long de AN'', elle décrira le plan $N'''AN''$; et quand elle sera parvenue dans une position quelconque $m'''M$, la portion Mm de l'ordonnée $M'M$ sera égale et parallèle à Qm''' : on aura par conséquent

$$M'M = Pm'' + Qm''' = Ax + By = z;$$

d'où il résulte que le plan $N'''AN''$ passant par les lignes AN'' et AN''', dont les équations sont

$$z = Ax ; z = By$$

a lui-même pour équation

$$z = Ax + By.$$

Si le plan proposé, au lieu de passer par l'origine A, se trouvait dans une position $G'''EG''$, déterminée par les lignes EG'', EG''', respectivement parallèles à AN'' et à AN''', il serait parallèle à $N'''AN''$; et en prolongeant l'ordonnée de celui-ci jusqu'à ce qu'elle rencontrât le premier, on aurait

$$M'L = M'M + ML = M'M + AE :$$

en nommant donc D la distance AE, et z l'ordonnée $M'L$, il viendrait, d'après ce qui précède,

$$z = Ax + By + D.$$

Telle est l'équation d'un plan mené dans une position quelconque : il est aisé de se convaincre qu'elle représente l'équation générale du premier degré à trois indéterminées ; car cette dernière ne peut être que de la forme

$$ax + \beta y + \gamma z + \delta = 0 \; ;$$

et en la divisant par γ, elle rentrera dans la première, lorsqu'on aura posé

$$-\frac{a}{\gamma} = A, \quad -\frac{\beta}{\gamma} = B, \quad -\frac{\delta}{\gamma} = D.$$

On voit donc que le coefficient γ n'ajoute rien à la généralité de l'équation ; je le conserverai néanmoins pour rendre les formules plus symétriques, et je représenterai l'équation d'un plan quelconque par..........

$$Ax + By + Cz + D = 0 \; ;$$

mais il faudra se rappeler que, dans tous les résultats, il y aura une des constantes qu'on pourra supposer égale à l'unité, ou déterminer par des conditions particulières.

176. En faisant successivement x, y et z nuls dans l'équation de ce plan, on trouvera qu'il coupe celui des y et z dans une ligne dont l'équation est $By + Cz + D = 0$, celui des x et z, dans une ligne dont l'équation est $Ax + Cz + D = 0$, et enfin celui des x et y dans une ligne ayant pour équation $Ax + By + D = 0$.

L'étendue des plans étant indéfinie, il faut concevoir que le plan $G''' E G''$ soit prolongé derrière les plans coordonnés BAD, DAC ; il rencontrera alors le plan BAC, et passera au-dessous. Toutes ces circonstances peuvent se lire dans son équation, en observant que chacune des indéterminées x, y et z, doit être prise positivement et négativement, et que si les parties AB, AC et AD, fig. 72, des axes des coordonnées, repondent FIG. 72. aux valeurs positives de ces quantités, les parties opposées Ab, Ac et Ad, répondront aux valeurs négatives. Cela peut se prouver immédiatement par le cours des lignes situées dans les plans BAC, BAD et DAC; on y parviendrait encore en transportant chacun de ces plans parallèlement à lui-même, de manière à rendre positives les ordonnées négatives qui lui sont perpendiculaires, et on raisonnerait alors comme on le fait à l'égard des lignes (76).

Il suit de là qu'on peut distinguer dans lequel des huit angles trièdres que les plans coordonnés forment autour du point A, tombe un point proposé, par le moyen des signes dont ses coordonnées sont affectées; il suffit pour cela de remarquer que lorsqu'on prend

$+x$, $+y$, $+z$, dans l'angle $ABCD$, on a
$+x$, $+y$, $-z$, dans l'angle $ABCd$,
$+x$, $-y$, $+z$, dans l'angle $ABDc$,
$-x$, $+y$, $+z$, dans l'angle $ACDb$,
$+x$, $-y$, $-z$, dans l'angle $ABcd$,
$-x$, $-y$, $+z$, dans l'angle $ADbc$,
$-x$, $+y$, $-z$, dans l'angle $ACbd$,
$-x$, $-y$, $-z$, dans l'angle $Abcd$,

177. Une ligne droite est donnée toutes les fois qu'on connaît deux plans qui la contiennent, et dont elle est alors l'intersection, parce que les coordonnées de ses points sont communes aux équations de ces plans. Soient donc

$$Ax + By + Cz + D = 0 \dots (1),$$
$$A'x + B'y + C'z + D' = 0 \dots (2),$$

les équations des plans donnés; en regardant les indéterminées x, y et z, comme ayant la même valeur dans ces deux équations, il n'en restera qu'une qu'on puisse prendre arbitrairement, et les deux autres calculées en conséquence de la première, feront connaître la position des différens points de la droite proposée.

Les

Les équations (1) et (2) ne sont pas les seules qui puissent représenter la droite proposée; car elle se trouve dans une infinité de plans différens : mais on choisit ordinairement parmi toutes les équations qu'elle pourrait avoir, celles qui ne renferment que deux des coordonnées x, y et z.

En éliminant successivement x, y et z, entre les équations (1) et (2), on obtiendra les trois suivantes :

$$(AB' - A'B)y - (CA' - C'A)z + AD' - A'D = 0,$$
$$(BC' - B'C)z - (AB' - A'B)x + BD' - B'D = 0,$$
$$(CA' - C'A)x - (BC' - B'C)y + CD' - C'D = 0,$$

qui deviendront

$$\gamma y - \beta z + \delta = 0 \ldots \ldots (3),$$
$$\alpha z - \gamma x + \varepsilon = 0 \ldots \ldots (4),$$
$$\beta x - \alpha y + \zeta = 0 \ldots \ldots (5),$$

en faisant, pour abréger,

$$AB' - A'B = \gamma, \ CA' - C'A = \beta, \ BC' - B'C = \alpha,$$
$$AD' - A'D = \delta, \ BD' - B'D = \varepsilon, \ CD' - C'D = \zeta.$$

Deux quelconques de ces équations suffisent pour remplacer les équations (1) et (2), et comprennent implicitement la troisième. En effet, si on multiplie l'équation (3) par α, l'équation (4) par β, l'équation (5) par γ, et qu'on ajoute les produits, on trouvera

$$\alpha \delta + \beta \varepsilon + \gamma \zeta = 0,$$

résultat que la substitution des valeurs de α, β, γ, δ, ε et ζ, rendra identique, ou qui exprimera la condition que doivent remplir ces quantités, pour que les équations (3), (4) et (5), étant données *à priori*, puissent appartenir à la même ligne droite.

L'équation (3) qui renferme la relation que doivent avoir entre elles les coordonnées y et z, pour tous les points de la droite proposée, appartient à l'ensemble

Trigonométrie.   R

des projections de ces points sur le plan des y et z, et est par conséquent l'équation de la projection de la droite proposée, sur ce plan (*Compl. des Élém. de Géom.* n° 4). On verra de même que l'équation (4) appartient à la projection de cette droite, sur le plan des x et z; et que l'équation (5) est celle de sa projection sur le plan des x et y. Deux quelconques de ces projections étant données, la droite est entièrement déterminée; cela est évident par l'analyse précédente, et parce que la droite proposée, n'est autre que l'intersection de deux quelconques des plans projetans (*Compl.* 5), plans dont l'équation est la même que celle de la projection sur laquelle ils sont élevés (175).

178. L'équation générale du plan ne renfermant que trois constantes nécessaires, il suffit d'un pareil nombre de conditions pour la particulariser. J'indiquerai successivement celles de ces conditions qui se rencontrent le plus fréquemment, et je traiterai en même temps les questions analogues, relativement aux lignes droites.

Lorsqu'il faut faire passer un plan par trois points, dont les coordonnées sont

$$x', y', z', x'', y'', z'', x''', y''', z''',$$

on met successivement

$$x', x'', x''', \text{ au lieu de } x,$$
$$y', y'', y''', \text{ au lieu de } y,$$
$$z', z'', z''', \text{ au lieu de } z,$$

dans l'équation générale du plan,

$$Ax + By + Cz + D = 0,$$

et il vient les trois équations suivantes :

$$Ax' + By' + Cz' + D = 0,$$
$$Ax'' + By'' + Cz'' + D = 0,$$
$$Ax''' + By''' + Cz''' + D = 0,$$

au moyen desquelles on détermine les quantités $\dfrac{A}{D}$, $\dfrac{B}{D}$, $\dfrac{C}{D}$, et on trouve

$$\frac{A}{D} = \frac{z'(y''-y''') - z''(y'-y''') + z'''(y'-y'')}{x'(y''z'''-y'''z'') - x''(y'z'''-y'''z') + x'''(y'z''-y''z')},$$

$$\frac{B}{D} = \frac{x'(z''-z''') - x''(z'-z''') + x'''(z'-z'')}{x'(y''z'''-y'''z'') - x''(y'z'''-y'''z') + x'''(y'z''-y''z')},$$

$$\frac{C}{D} = \frac{y'(x''-x''') - y''(x'-x''') + y'''(x'-x'')}{x'(y''z'''-y'''z'') - x''(y'z'''-y''z') + x'''(y'z''-y''z')}.$$

Il est aisé de voir que si on voulait déterminer les équations des projections d'une droite qui passe par deux points donnés, on y parviendrait d'une manière analogue, en substituant les coordonnées de ces points dans les équations générales $x = az + \alpha$, $y = bz + \beta$, et on trouverait ainsi

$$x - x' = \frac{x' - x''}{z' - z''}(z - z'), \quad y - y' = \frac{y' - y''}{z' - z''}(z - z') \quad (88).$$

179. Pour reconnaître quand deux lignes données sont dans un même plan, ou, ce qui revient au même, se coupent, il faut s'assurer si les indéterminées x, y et z peuvent être communes aux quatre équations des projections de ces droites (*Compl.* 19); or, il est évident qu'en éliminant x, y et z, il restera une équation qui exprimera la condition sans laquelle les équations des droites proposées ne sauraient avoir lieu pour le même point. Soient

$$\left. \begin{array}{l} x = az + \alpha \\ y = bz + \beta \end{array} \right\} \qquad \left. \begin{array}{l} x = a'z + \alpha' \\ y = b'z + \beta' \end{array} \right\}$$

les équations de ces droites; on en tirera sur-le-champ

$$az + \alpha = a'z + \alpha', \qquad bz + \beta = b'z + \beta',$$

et éliminant z, il viendra

$$(\alpha' - \alpha)\,(b' - b) - (\beta' - \beta)\,(a' - a) = 0.$$

180. Deux plans qui sont parallèles ont leurs communes sections, avec chaque plan coordonné, respectivement parallèles entre elles (*Compl.* 15); mais si

$$Ax + By + Cz + D = 0,\ A'x + B'y + C'z + D' = 0,$$

représentent les équations de ces deux plans, leurs communes sections respectives avec les plans des x et z, et des y et z, auront pour équations

$$\begin{aligned} Ax + Cz + D &= 0, & A'x + C'z + D' &= 0, \\ By + Cz + D &= 0, & B'y + C'z + D' &= 0, \end{aligned}$$

et ne seront parallèles deux à deux que lorsqu'on aura

$$\frac{A}{C} = \frac{A'}{C'}, \qquad \frac{B}{C} = \frac{B'}{C'} \qquad (89).$$

Tirant de ces dernières les valeurs de A' et de B', on obtiendra pour l'équation du plan parallèle au premier,

$$\frac{C'}{C}\,(Ax + By + Cz) + D' = 0.$$

Il reste D' à déterminer dans ce résultat; or en supposant que le plan cherché doive passer par un point dont les coordonnées soient x', y' et z', on aura

$$\frac{C'}{C}\,(Ax' + By' + Cz') + D' = 0;$$

retranchant cette équation de la précédente, D' disparaîtra, et divisant alors par $\dfrac{C'}{C}$, il viendra

$$A\,(x - x') + B\,(y - y') + C\,(z - z') = 0.$$

Il est à propos de remarquer qu'en regardant A, B, C, comme des quantités quelconques, l'équation ci-dessus sera commune à tous les plans qui passent par le point proposé.

Puisque deux droites sont parallèles lorsque leurs projections sur chacun des plans coordonnés, sont respectivement parallèles (*Compl.* 20), leurs équations seront, dans ce cas, de la forme

$$x = az + \alpha \left.\right\} \qquad x = az + \alpha' \left.\right\}$$
$$y = bz + \beta \left.\right\} \qquad y = bz + \beta' \left.\right\}.$$

Si la seconde doit passer par le point dont les coordonnées sont x', y' et z', on aura, pour déterminer α' et β', les équations

$$x' = az' + \alpha' \quad \text{et} \quad y' = bz' + \beta',$$

dont on tirera, en opérant comme tout-à-l'heure,

$$x - x' = a(z - z'), \quad y - y' = b(z - z').$$

181. Pour trouver l'équation d'un plan perpendiculaire à une droite donnée, il faut se rappeler que les communes sections de ce plan, avec chacun des plans coordonnés, sont perpendiculaires aux projections de la droite donnée (*Compl.* 32). Soient

$$x = az + \alpha, \qquad y = bz + \beta,$$

les équations de cette droite, et

$$Ax + By + Cz + D = 0,$$

celle du plan cherché; les communes sections de ce dernier, sur le plan des x et z, et des y et z, seront représentées par

$$Ax + Cz + D = 0 \quad \text{ou} \quad x = -\frac{Cz}{A} - \frac{D}{A},$$
$$By + Cz + D = 0 \quad \text{ou} \quad y = -\frac{Cz}{B} - \frac{D}{B};$$

et pour que ces droites soient perpendiculaires aux projections de la droite donnée, il faudra qu'on ait

$$a = \frac{A}{C}, \qquad b = \frac{B}{C} \qquad (90).$$

Substituant les valeurs de A et de B, tirées de ces

équations, dans celle du plan cherché, on aura

$$C(ax + by + z) + D = 0;$$

et si ce plan doit passer par le point dont les coordonnées sont x', y' et z', son équation deviendra

$$a(x - x') + b(y - y') + z - z' = 0.$$

Si l'équation du plan était donnée, et qu'on demandât celle de la droite qui lui est perpendiculaire, il faudrait alors remplacer a et b par les valeurs indiquées ci-dessus ; il viendrait

$$x - x' = \frac{A}{C}(z - z'), \quad y - y' = \frac{B}{C}(z - z')$$

pour les équations de la droite perpendiculaire au plan représenté par $Ax + By + Cz + D = 0$, et assujétie à passer par le point dont les coordonnées sont x', y' et z'.

FIG. 72. 182. La distance du point M, *fig.* 72, dont les coordonnées sont x, y et z, à l'origine A, a pour expression

$$\sqrt{\overline{AP}^2 + \overline{PM'}^2 + \overline{MM'}^2} = \sqrt{x^2 + y^2 + z^2} \quad (Compl.\ 24).$$

Celle de deux points quelconques M et m, s'obtient en prenant $PO = pm'$, $M'N = m'm$, et en considérant les triangles $m'OM'$ et mNM, rectangles l'un en O, l'autre en N : il en résulte

$$\overline{m'M'}^2 = \overline{m'O}^2 + \overline{M'O}^2, \quad \overline{mM}^2 = \overline{mN}^2 + \overline{MN}^2;$$

mais en désignant par x', y', z', les coordonnées du point m, il vient

$$m'O = x - x', \quad M'O = y - y', \quad MN = z - z',$$

et observant que $mN = m'M'$, on trouve

$$mM = \sqrt{(x - x')^2 + (y - y')^2 + (z - z')^2}.$$

183. Ceci mène à l'équation de la sphère, puisque tous les points de sa surface devant être également éloignés de son centre, si on suppose d'abord qu'il soit à l'origine et que le rayon soit r, on aura dans

tous ces points ,

$$x^2 + y^2 + z^2 = r^2;$$

et si les coordonnées du centre sont x', y', z', il viendra

$$(x-x')^2 + (y-y')^2 + (z-z')^2 = r^2.$$

184. Ce qui précède fait trouver d'une manière très-simple l'expression du cosinus de l'angle compris entre deux droites données. Soient

$$\left. \begin{array}{l} x - x' = a\,(z-z') \\ y - y' = b\,(z-z') \end{array} \right\} \quad \left. \begin{array}{l} x - x' = a'\,(z-z') \\ y - y' = b'\,(z-z') \end{array} \right\}$$

les équations des projections de ces droites, qui se coupent au point dont les coordonnées sont x', y' et z'; si on imagine qu'elles se meuvent parallèlement à elles-mêmes, jusqu'à ce que leur point d'intersection soit à l'origine, leur angle ne changera pas, et les équations ci-dessus se réduiront à

$$\left. \begin{array}{l} x = az \\ y = bz \end{array} \right\} \quad \left. \begin{array}{l} x = a'z \\ y = b'z \end{array} \right\}$$

Si l'on conçoit ensuite une sphère qui ait son centre à l'origine, et dont le rayon soit représenté par r; la distance des points où sa surface coupera chacun des côtés de l'angle cherché, sera évidemment la corde de cet angle. On trouvera les coördonnées du point de rencontre de la première droite avec la surface de la sphère, en déterminant x, y et z, par les équations de cette droite et par celle de la sphère ; on aura ainsi

$$x = \frac{ar}{\sqrt{1+a^2+b^2}}, \quad y = \frac{br}{\sqrt{1+a^2+b^2}}, \quad z = \frac{r}{\sqrt{1+a^2+b^2}}:$$

nommant x', y' et z', les coordonnées du point de rencontre de la seconde droite avec la surface de la sphère , on aura de même

$$x' = \frac{a'r}{\sqrt{1+a'^2+b'^2}}, \quad y' = \frac{b'r}{\sqrt{1+a'^2+b'^2}}, \quad z' = \frac{r}{\sqrt{1+a'^2+b'^2}}$$

L'expression du quarré de la distance de ce point au précédent, sera $(x-x')^2 + (y-y')^2 + (z-z')^2$; et en y mettant pour $x-x'$, $y-y'$, $z-z'$, leurs valeurs, on trouvera, après les réductions,

$$r^2\left[2 - \frac{2(1+aa'+bb')}{\sqrt{(1+a^2+b^2)(1+a'^2+b'^2)}}\right];$$

mais on sait que le quarré de la corde d'un angle quelconque V, est égal au produit du sinus-verse multiplié par le diamètre (13) : on aura donc $2(1-\cos V)$ pour la valeur de ce quarré, et comparant avec l'expression trouvée ci-dessus, dans laquelle on fera $r=1$, il viendra

$$\cos V = \frac{1+aa'+bb'}{\sqrt{(1+a^2+b^2)(1+a'^2+b'^2)}}.$$

Il sera facile de déduire de là

$$\sin V = \frac{\sqrt{(ab'-a'b)^2 + (a-a')^2 + (b-b')^2}}{\sqrt{(1+a^2+b^2)(1+a'^2+b'^2)}};$$

Pour que les deux droites proposées soient perpendiculaires, il faudra qu'on ait $\cos V = 0$, et par conséquent $1 + aa' + bb' = 0$.

185. Le cosinus de l'angle que deux plans quelconques font entre eux, se déduit immédiatement de l'expression qu'on vient de trouver ; car cet angle est égal à celui que font deux droites, menées perpendiculairement à chacun des plans proposés, par un point quelconque de leur commune section (*Compl.* 46). Ces plans étant représentés par les équations

$$Ax+By+Cz+D=0 , \quad A'x'+B'y'+C'z'+D'=0,$$

si on conçoit qu'ils se meuvent parallèlement à eux-mêmes, jusqu'à ce qu'ils soient parvenus à l'origine des coordonnées, leur angle ne changera pas, et leurs équations se réduiront à

$$Ax+By+Cz=0 , \quad A'x'+B'y'+C'z'=0;$$

celles des droites qu'on mènera perpendiculairement
à chacun d'eux, par ce point, seront (181)

$$x = \frac{A}{C} z, \qquad\qquad x = \frac{A'}{C'} z,$$

$$y = \frac{B}{C} z, \qquad\qquad y = \frac{B'}{C'} z;$$

substituant donc dans l'expression de cos V, au lieu de
a et b, de a' et b', les valeurs que donnent ces équations, il viendra

$$\cos V = \frac{AA' + BB' + CC'}{\sqrt{(A^2 + B^2 + C^2)(A'^2 + B'^2 + C'^2)}}.$$

Si l'un des plans proposés, le second, par exemple,
était celui des x et y, pour lequel on a toujours
$z = 0$, il est évident que A' et B' deviendraient nuls
dans cette supposition, et que cos V se réduirait à

$$\frac{C}{\sqrt{A^2 + B^2 + C^2}}.$$

On trouvera de même que le cosinus de l'angle,
formé par le premier plan proposé avec celui des x
et z, pour lequel on a $y = 0$, $A' = 0$ et $C' = 0$, sera

$$\frac{B}{\sqrt{A^2 + B^2 + C^2}};$$

et que le cosinus de l'angle du même plan avec celui
des y et z, pour lequel $x = 0$, $B' = 0$, $C' = 0$, sera

$$\frac{A}{\sqrt{A^2 + B^2 + C^2}}.$$

Dans le cas où les deux plans proposés seraient
perpendiculaires entre eux, on aurait cos $V = 0$, et
par conséquent $AA' + BB' + CC' = 0$.

Des surfaces du second degré.

286. Les surfaces, de même que les lignes, se

divisent en ordres, suivant le degré de leurs équations. Le plan est la surface du premier ordre, parce que son équation ne monte qu'au premier degré. Les surfaces du second ordre sont toutes comprises dans l'équation

$$Ax^2 + By^2 + Cz^2 + 2Dxy + 2Exz + 2Fyz \left.\begin{array}{l} \\ {} + 2Gx + 2Hy + 2Kz \end{array}\right\} = L,$$

la plus générale qu'on puisse former dans le second degré, avec les trois indéterminées x, y et z.

En résolvant cette équation par rapport à l'une de ces lettres, par rapport à z, par exemple, on trouvera

$$z = -\frac{Ex + Fy + K}{C} \pm$$

$$\frac{1}{C} \sqrt{\{(K^2 + CL) + 2(EK - CG)x + 2(FK - CH)y}$$

$$+ (E^2 - AC)x^2 + 2(EF - CD)xy + (F^2 - BC)y^2\}.$$

Ce résultat fait voir qu'au même point du plan des x et y, répondent deux points sur la surface proposée, et que par conséquent chacune des valeurs de z produit par la substitution de toutes les valeurs possibles de x et de y, une portion de surface qui est, par rapport à la surface totale, ce que sont les branches d'une courbe à l'égard de cette courbe ; on donne à ces portions le nom de *Nappes*.

On remarquera d'abord que la partie rationnelle de la valeur de z exprime l'ordonnée d'un plan, qui partage la surface en deux parties symétriques ; car si on faisait partir les ordonnées de ce plan, en posant

$$z + \frac{Ex + Fy + K}{C} = u,$$

la nouvelle ordonnée u aurait deux valeurs égales, l'une positive et l'autre négative : le plan dont il s'agit est donc, à l'égard des surfaces du second degré, ce qu'est un diamètre par rapport aux courbes de ce degré.

On se ferait difficilement l'idée de la forme que doit affecter une surface dont on a l'équation, si on n'en considérait que des points isolés; mais au lieu de cela, on imagine une infinité de sections faites dans cette surface par des plans, que pour plus de simplicité on prend parallèles à l'un des plans coordonnés : le cours de ces diverses courbes étant connu, leur continuité rend sensible la forme de la surface proposée.

Tous les points d'un plan mené parallèlement à celui des x et y, à une distance désignée par a, étant compris dans l'équation $z = a$, si on substitue cette valeur dans l'équation générale des surfaces du second degré, le résultat

$$\left.\begin{array}{l} Ax^2 + By^2 + 2Dxy \\ + 2(Ea + G)x + 2(Fa + H)y \end{array}\right\} = L - 2Ka - Ca^2$$

exprimera la relation qu'ont entre elles les coordonnées du plan des x et y pour les points de la surface proposée, distans de ce plan de la quantité a, et appartiendra donc sur le plan des x et y, à la projection de la courbe, dans laquelle le plan dont l'équation est $z = a$, rencontre la surface du second degré; et comme ce plan est parallèle à celui des x et y, il est évident que la section faite dans la surface même ne différera pas de sa projection sur le plan dont il s'agit.

En prenant pour a diverses valeurs, on aura les diverses sections parallèles au plan des x, y; si l'on fait $a = o$, l'équation résultante

$$\left.\begin{array}{l} Ax^2 + By^2 + 2Dxy \\ + 2Gx + 2Hy \end{array}\right\} = L,$$

donnera la courbe du second degré, dans laquelle la surface rencontre ce plan. On déterminerait

de la même manière les équations des sections parallèles au plan des x et z et à celui des y et z.

On conçoit facilement , et on en a d'ailleurs vu
l'exemple sur la sphère (183), que les surfaces, suivant qu'elles sont placées d'une manière plus ou moins
symétrique par rapport aux axes des coordonnées, ont
des équations plus ou moins simples, et que par
conséquent pour analyser les différentes espèces de
surfaces , que peut représenter l'équation générale
de celles du second degré , il faut d'abord la débar-
rasser des termes qui ne dépendent que de la situation
particulière des axes des coordonnées , ce qui peut se
faire, soit en discutant le radical , d'une manière ana-
logüe à celle qu'on a suivie pour les lignes du second
degré, dans les n°s 111 — 120 , soit en construisant des
formules générales pour la transformation des coordonnées dans l'espace, et en employant , comme dans les
n°s 125 — 127 , les quantités relatives à la position des
axes, à simplifier autant qu'il est possible l'équation générale. On peut consulter pour ces détails , qui sortent
entièrement des Elémens, le premier volume de mon
Traité du Calcul différentiel et du Calcul intégral.

187. Je ferai remarquer seulement qu'on peut tirer
du n° 184 , l'équation du cône droit , placé dans une situation quelconque par rapport aux plans coordonnés.

En effet, le cône droit étant engendré par le mouvement d'une droite assujétie à tourner autour d'un
autre, en faisant avec elle un angle constant, si on
désigne par α, β, γ, les coordonnées du sommet, qu'on
prenne pour la droite fixe ou l'axe du cône , les équations

$$x - \alpha = a\,(z - \gamma),$$
$$y - \beta = b\,(z - \gamma);$$

pour la droite mobile ou le côté du cône, les équations

$$(x - \alpha) = a'\,(z - \gamma),$$
$$(y - \beta) = b'\,(z - \gamma),$$

le cosinus de l'angle de ces deux droites sera

$$\frac{1 + aa' + bb'}{\sqrt{(1 + a^2 + b^2)(1 + a'^2 + b'^2)}};$$

comme il doit être constant, on le représentera par c, puis on observera que a, b appartenant à l'axe, désignent des quantités connues, et que

$$a' = \frac{x - \alpha}{z - \gamma}, \qquad b' = \frac{y - \beta}{z - \gamma}.$$

En substituant ces valeurs, on formera l'équation

$$\frac{1 + a\left(\frac{x - \alpha}{z - \gamma}\right) + b\left(\frac{y - \beta}{z - \gamma}\right)}{\sqrt{(1 + a^2 + b^2)\left[1 + \left(\frac{x - \alpha}{z - \gamma}\right)^2 + \left(\frac{y - \beta}{z - \gamma}\right)^2\right]}} = c,$$

qui se réduit facilement à

$$\frac{a(x - \alpha) + b(y - \beta) + (z - \gamma)}{m\sqrt{(x - \alpha)^2 + (y - \beta)^2 + (z - \gamma)^2}} = c \; (*),$$

en faisant pour abréger $\sqrt{1 + a^2 + b^2} = m$.

Si on place le sommet à l'origine des coordonnées, on aura

$$\alpha = 0, \quad \beta = 0, \quad \gamma = 0,$$

(*) Il est aisé de voir que si l'on faisait $z = 0$, dans cette équation, le résultat, qui appartiendrait à la section du cône par le plan des x et y, prendrait la forme de l'équation générale du second degré à deux inconnues, et qu'on pourrait par ce moyen montrer *algébriquement*, l'identité des courbes du second degré avec les sections faites dans un cône droit par un plan ; mais cette voie serait beaucoup plus compliquée et moins générale que celle qu'on a suivie dans les num. 152 — 156, puisqu'on y a considéré un cône quelconque. D'ailleurs, le calcul pour un cône oblique à base circulaire, se trouve dans l'*Appendix de superficiebus*, placé à la fin du second volume de l'*Introductio in analysin infinitorum* d'Euler, imprimée en 1748.

et

$$\frac{ax + by + z}{m \sqrt{x^2 + y^2 + z^2}} = c.$$

Si on fait coïncider l'axe du cône avec l'axe des z, il viendra $a = 0$, $b = 0$, $m = 1$, puisqu'on a sur cet axe $y = 0$, $x = 0$, quel que soit z ; et l'équation ci-dessus se réduit à

$$\frac{z}{\sqrt{x^2 + y^2 + z^2}} = c,$$

de laquelle on tire, par l'élévation au quarré,

$$z^2 (1 - c^2) = c^2 (x^2 + y^2).$$

En faisant dans cette équation $z = n$, elle devient

$$n^2 (1 - c^2) = c^2 (x^2 + y^2),$$

équation qui appartient à un cercle dont le centre est dans l'axe des z, et dont le rayon est $\dfrac{n \sqrt{1 - c^2}}{c}$. Il suit de là que toutes les sections faites par un plan parallèle à celui des x et y, dans le cône proposé, sont des cercles, ce qui est d'ailleurs évident par la nature de ce cône.

On tire de l'équation ci-dessus

$$z = \frac{c}{\sqrt{1 - c^2}} \sqrt{x^2 + y^2};$$

il est facile de voir que $\sqrt{1 - c^2}$ est le sinus de l'angle que fait le côté du cône avec l'axe des z, et que par conséquent $\dfrac{c}{\sqrt{1 - c^2}}$ est la cotangente de cet angle, ou la tangente de celui que la même droite fait avec le plan des x et y.

Si on voulait que le sommet du cône fût à un point quelconque de l'axe des z, cet axe coïncidant toujours avec celui du cône ; on aurait

$$z - \gamma = \frac{c}{\sqrt{1 - c^2}} \sqrt{x^2 + y^2}.$$

En faisant $z = 0$, on obtiendra l'équation de la courbe suivant laquelle le cône rencontre le plan des x, y, et qu'on peut regarder comme la base. Cette équation sera

$$-\gamma = \frac{c}{\sqrt{1 - c^2}} \sqrt{x^2 + y^2},$$

ou

$$\frac{\gamma^2 (1 - c^2)}{c^2} = x^2 + y^2 ;$$

elle appartient à un cercle dont le rayon est

$$\frac{\gamma \sqrt{1 - c^2}}{c}.$$

Si on représente par r ce rayon, on aura

$$r^2 = \frac{\gamma^2(1 - c^2)}{c^2}, \quad \text{et } \gamma = \frac{cr}{\sqrt{1 - c^2}} ;$$

l'équation

$$z - \gamma = \frac{c}{\sqrt{1 - c^2}} \sqrt{x^2 + y^2}$$

se changeant alors en

$$z - \frac{cr}{\sqrt{1 - c^2}} = \frac{c}{\sqrt{1 - c^2}} \sqrt{x^2 + y^2},$$

peut être mise sous la forme

$$z \sqrt{1 - c^2} - cr = c \sqrt{x^2 + y^2} :$$

dans le cas où $c = 1$, elle se réduit à

$$r^2 = x^2 + y^2.$$

188. Cette dernière équation qui ne contient plus que deux des trois coordonnées, appartient néanmoins à la surface cylindrique dans laquelle se transforme le

cône lorsque son sommet s'éloigne à l'infini ; car c désignant le cosinus de l'angle formé par la droite génératrice du cône et son axe, l'hypothèse $c = 1$, rend cet angle nul et établit le parallélisme des deux droites dont il s'agit : la première en tournant autour de la seconde, décrit donc la surface d'un cylindre droit perpendiculaire au plan des x et y, et ayant pour base sur ce plan, le cercle dont le rayon est r, et dont le centre est à l'origine des coordonnées.

Ceci conduit à remarquer qu'une équation quelconque qui ne contient que deux des trois coordonnées, et qui ne désigne qu'une courbe sur le plan de ces coordonnées, appartient, dans l'espace, à une surface, puisque la coordonnée qui n'entre point dans cette équation, se trouvant indépendante des deux autres, a une infinité de valeurs pour chaque point du plan cité ; et ces valeurs répondent à tous les points de la droite élevée perpendiculairement au plan coordonné par le point que l'on y considère.

L'ensemble de toutes les droites élevées ainsi sur chaque point de la courbe, constitue une surface *cylin-drique*, en prenant cette dénomination dans toute l'étendue qu'on lui assigne dans le *Complément des Élémens de Géométrie*.

Des Courbes considérées dans l'espace.

189. Lorsqu'on envisage les courbes dans l'espace, elles résultent toujours de l'intersection de deux surfaces, de même que la ligne droite résulte de la rencontre de deux plans (177). On peut par exemple indiquer un cercle, en donnant la sphère dont il fait partie et le plan qui la rencontre. En supposant que la sphère ait son centre à l'origine des coordonnées, et que le plan soit quelconque, le système des équations

x^2

$$x^2 + y^2 + z^2 = r^2 \quad (1)$$
$$Ax + By + Cz = D \quad (2)$$

appartiendra au cercle suivant lequel se rencontrent la sphère et le plan proposé, puisque ce système ne conviendra qu'aux points qui se trouvent en même temps sur l'une et l'autre surface.

Il est visible qu'on peut transformer le système des équations (1) et (2) en une infinité d'autres qui soient équivalens ; mais le plus souvent on élimine alternativement une des trois indéterminées x, y ou z, et l'on obtient, entre ces quantités combinées deux à deux, trois équations qui appartiennent aux projections de la courbe cherchée, sur chacun des plans coordonnés.

Dans l'exemple ci-dessus, on a

$$x^2 + y^2 + \left(\frac{D - Ax - By}{C}\right)^2 = r^2$$
$$x^2 + z^2 + \left(\frac{D - Ax - Cz}{B}\right) = r^2$$
$$y^2 + z^2 + \left(\frac{D - By - Cz}{A}\right)^2 = r^2 ;$$

deux quelconques de ces équations donnent la troisième, et elles appartiennent (128) à des ellipses qui sont les projections du cercle, sur chacun des plans coordonnés (*Compl.* 65).

Pour concevoir nettement de quelle manière une courbe est représentée par les équations de ses projections, il faut considérer que ces équations appartiennent à des surfaces cylindriques élevées perpendiculairement sur les projections (188), de même que les équations des projections d'une droite désignent aussi ses plans projetans.

Il suit de là, que la courbe proposée résulte de

Trigonométrie.   S

l'intersection des surfaces cylindriques élevées sur deux de ses projections , (*Compl.* 77).

190. Dans le plus grand nombre de cas, l'intersection de deux surfaces courbes ne saurait avoir tous ses points dans un même plan , et forme alors une courbe à *double courbure;* telle est par exemple l'intersection d'une sphère et d'un cylindre droit , lorsque l'axe du cylindre ne passe pas par le centre de la sphère.

Si l'on suppose que la sphère ait son centre à l'origine, et que l'axe du cylindre étant parallèle à celui des z, sa base, sur le plan des x et y, soit un cercle passant par l'origine et ayant pour diamètre l'axe des x, les équations des surfaces contenant la courbe proposée, seront

$$x^2 + y^2 + z^2 = r^2$$
$$2ax - x^2 = y^2$$

et l'on aura pour les projections en x, z et en x,y,

$$2ax - x^2 = y^2$$
$$2ax + z^2 = r^2.$$

Le centre de la sphère se trouvant sur la surface du cylindre , la courbe proposée pourrait se décrire en fixant une pointe de compas sur cette surface, et faisant tourner l'autre sur la même surface, avec une ouverture égale au rayon de la sphère (*Compl.* 77).

Pour en trouver tant de points qu'on voudra , il faut déterminer les coordonnées y et z au moyen de l'abscisse x, par les équations des projections , qui donnent

$$y = \sqrt{2ax - x^2}, \quad z = \sqrt{r^2 - 2ax}.$$

On reconnaît l'étendue de la courbe proposée en assignant les cas dans lesquels ces coordonnées deviennent imaginaires ; or, on ne trouve de valeurs réelles pour y que depuis $x = o$ jusqu'à $x = 2a$, et pour z, depuis $x = o$ jusqu'à $x = \dfrac{r^2}{2a}$, du côté positif, et depuis

$x = $ o jusqu'à l'infini du côté négatif ; mais il est évident qu'il ne faut prendre que la partie de l'abscisse x, commune aux deux projections, puisqu'il suffit qu'une des coordonnées devienne imaginaire pour que la courbe ait atteint sa limite : elle ne s'étendra donc que depuis $x = $ o jusqu'à $x = \dfrac{r^2}{2a}$.

La considération des projections elles-mêmes confirme ce résultat. L'équation en x et y appartenant au cercle $AE'F'e'$, *fig.* 74, qui sert de base au cylindre et celle qui renferme x et z, appartenant à la parabole $H''I'h''$, dont le paramètre $= 2a$, et la distance $AI' = \dfrac{r^2}{2a}$, il est évident qu'on ne peut employer à la description de la courbe proposée que les portions $E'Ae'$ et $H''I'h''$, de ses projections, correspondantes sur l'axe AB à la partie AI'.

191. Enfin, pour s'assurer analytiquement que la courbe proposée n'est pas plane, il faut chercher si elle ne peut être l'intersection de l'un des cylindres élevés sur ses projections, par aucun plan. En désignant par

$$Ax + By + Cz = D$$

l'équation d'un plan quelconque, son intersection avec le cylindre élevé sur la parabole $H''I'h''$, sera représentée par les équations

$$Ax + By + Cz = D$$
$$2ax + z^2 = r^2;$$

la projection de cette intersection aura pour équation sur le plan des y et z,

$$A\frac{(r^2 - z^2)}{2a} + By + Cz = D,$$

et devra coïncider, dans tous ses points, avec celle de la courbe proposée, sur le même plan des y et z, qui est

$$y^2 = r^2 - z^2 - \left(\frac{r^2 - z^2}{2a}\right)^2;$$

or on tire de la précédente,

$$y = \frac{2aD - Ar^2 - 2aCz + Az^2}{2aB}:$$

il faudra donc que pour toutes les valeurs de z, on ait

$$\left(\frac{2aD - Ar^2 - 2aCz + Az^2}{2aB}\right)^2 = r^2 - z^2 - \frac{(r^2 - z^2)^2}{4a^2}.$$

En développant ce résultat, on lui fera prendre la forme

$$Pz^4 + Qz^3 + Rz^2 + Sz + T = 0,$$

les lettres P, Q, R, S et T, désignant des coefficiens formés des quantités A, B, C, D; et pour que cette équation soit vérifiée indépendamment de z, il faudra qu'on ait séparément

$$P = 0, \quad Q = 0, \quad R = 0, \quad S = 0, \quad T = 0.$$

On s'assurera par l'élimination qu'aucune de ces cinq équations ne rentre dans les autres, et que par conséquent on ne peut déterminer les quatre coefficiens A, B, C, D, de manière à satisfaire à toutes en même temps; il n'y a donc aucun plan qui puisse comprendre la courbe proposée; et si on voulait déterminer z par l'équation ci-dessus, on ne pourrait avoir au plus que quatre valeurs, en sorte que la courbe proposée ne peut être coupée par un plan, en plus de quatre points.

F I N.

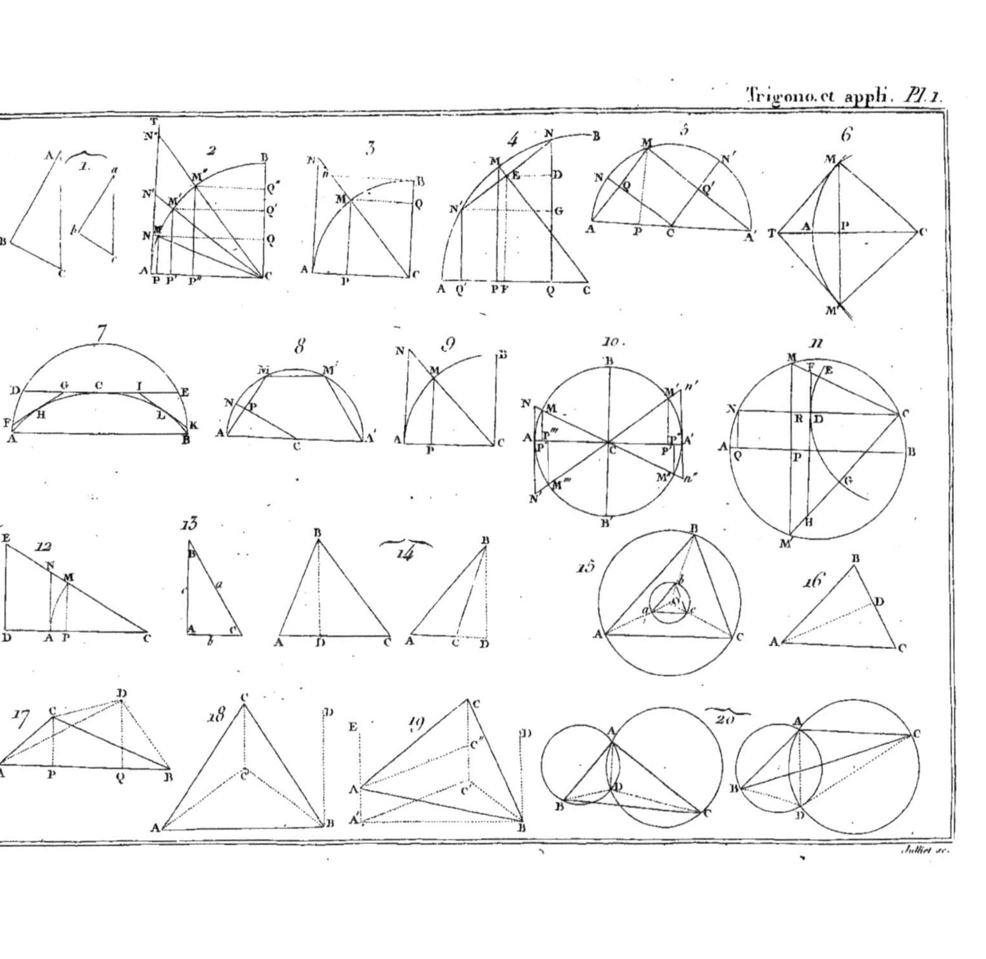

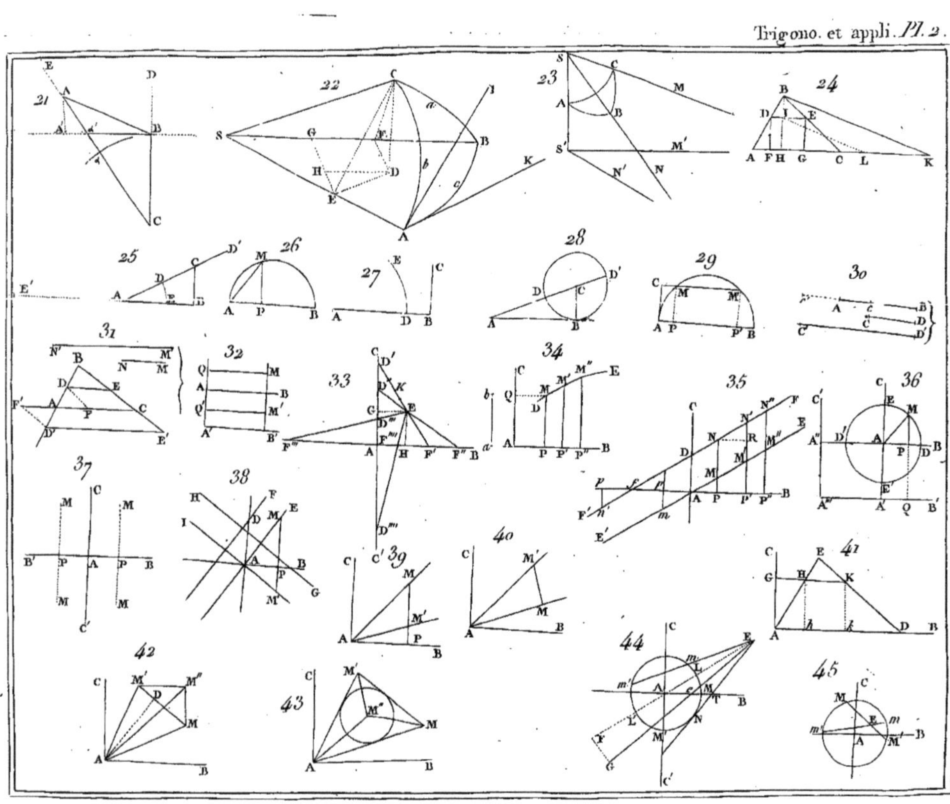

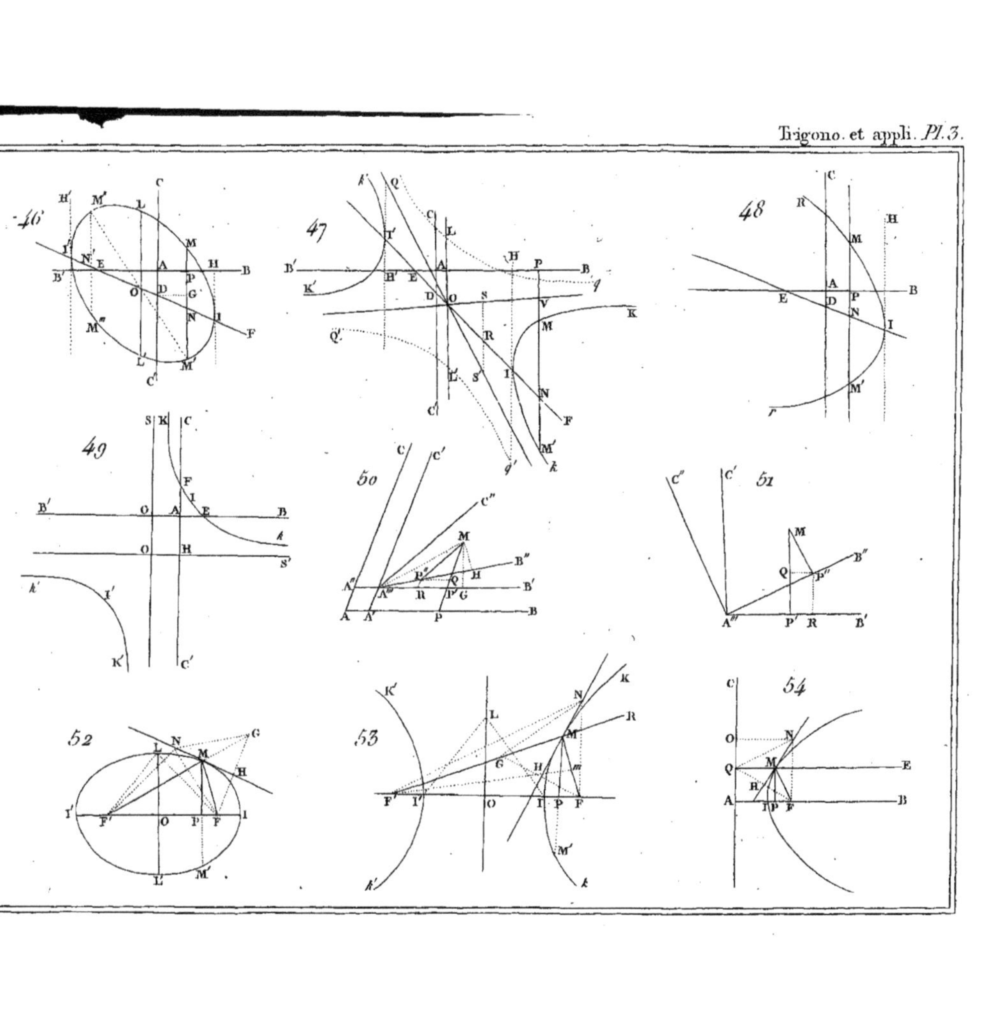

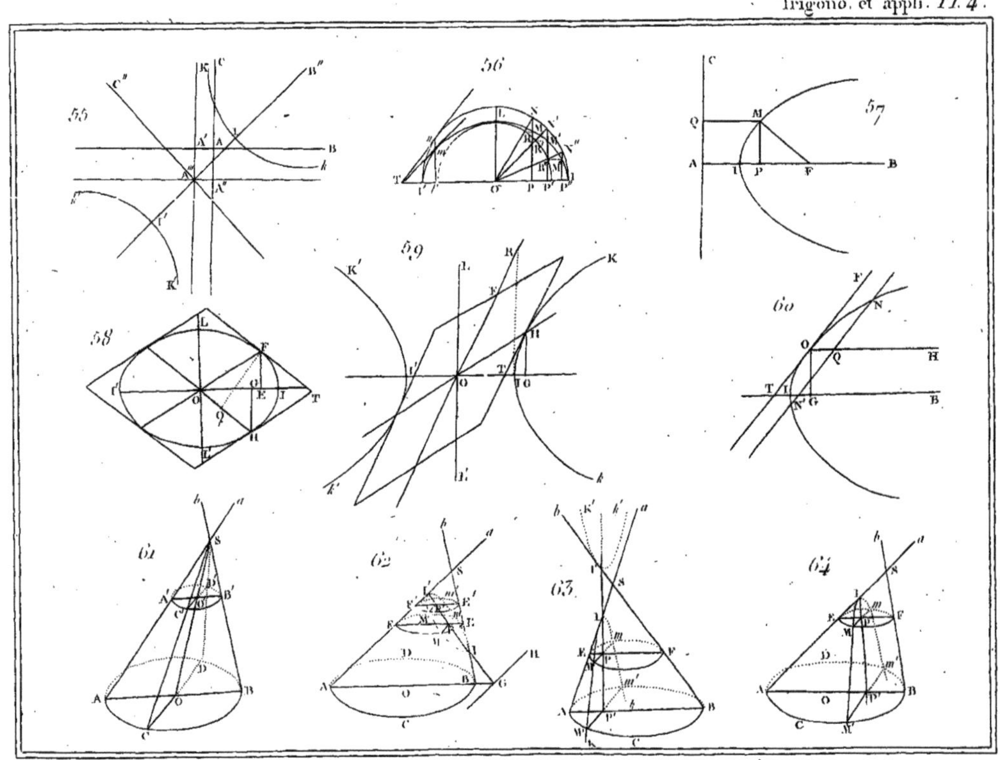
55
56
57
58
59
60
61
62
63
64

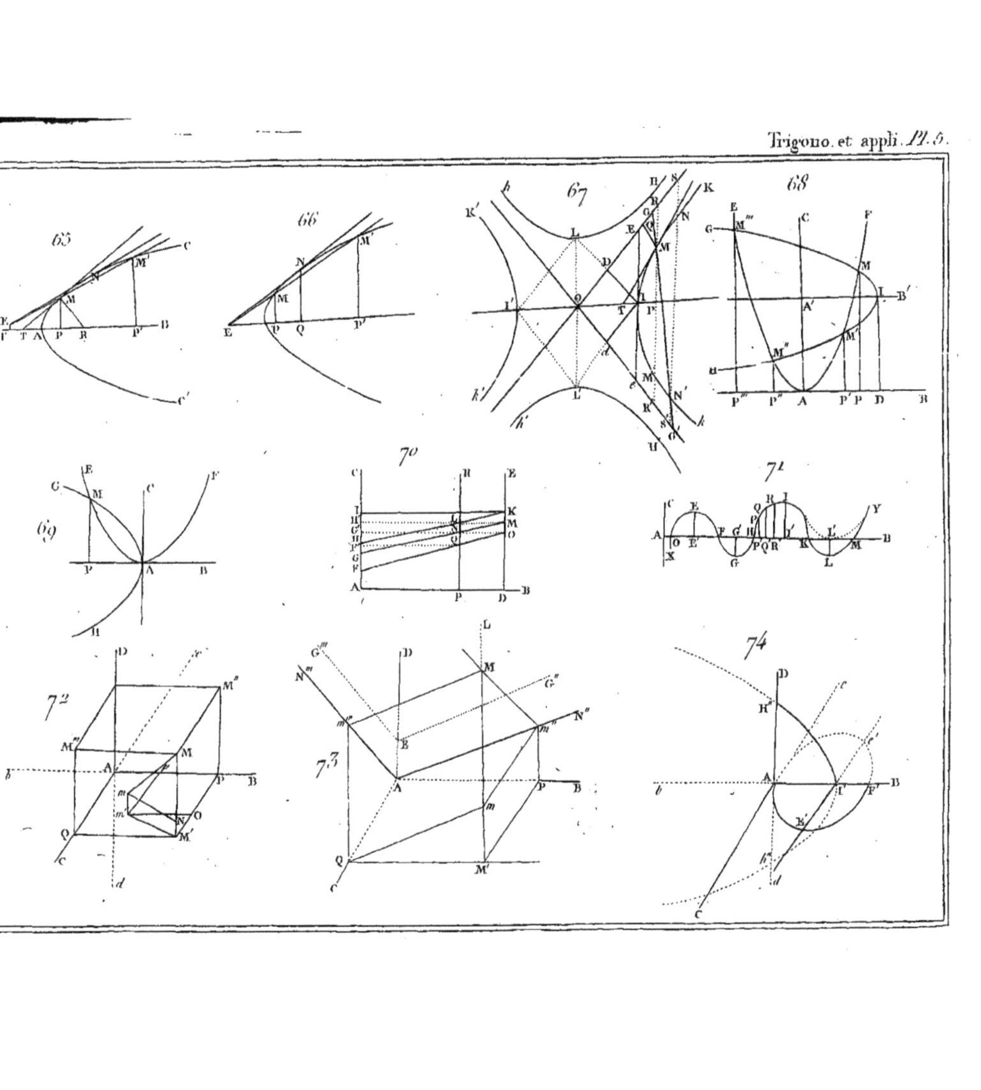

65
66
67
68
69
70
71
72
73
74